JN268076

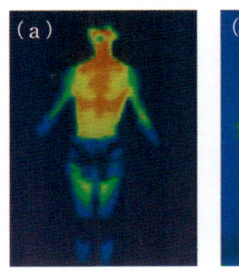

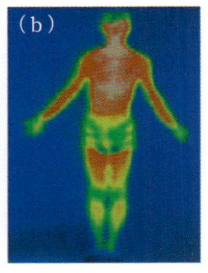

（a） 冷環境 22°C，（b） 温環境 28°C

口絵1 冷環境と温環境における体の表面温度分布の違い（図2.18）

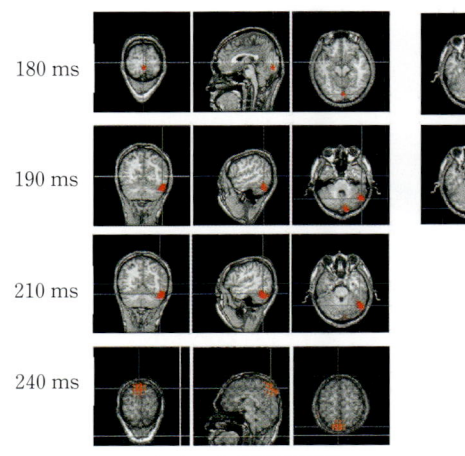

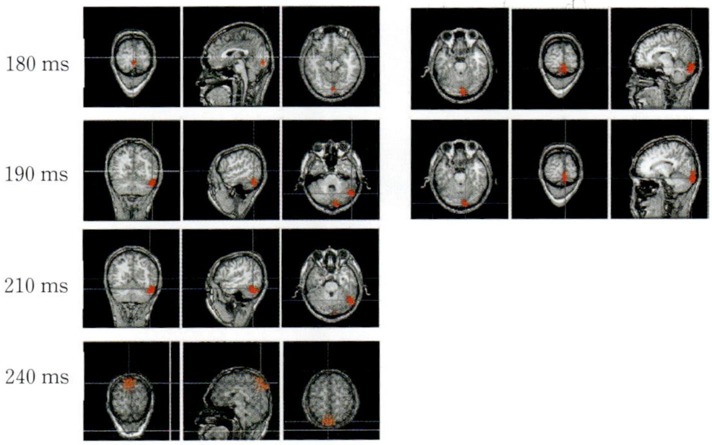

180 ms

190 ms

210 ms

240 ms

（a） 心的回転課題　　　　　　（b） 制御課題

口絵2 心的回転課題に対する脳内電源推定（図2.27）

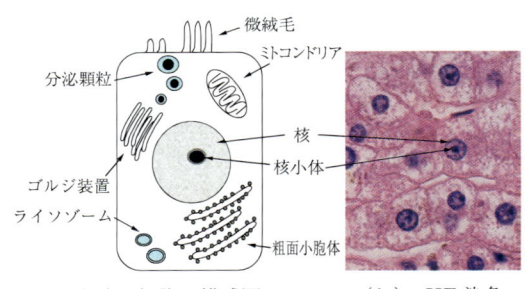

（a） 細胞の模式図　　（b） HE染色

口絵3 細胞の微細構造（核と細胞質）（図2.31）

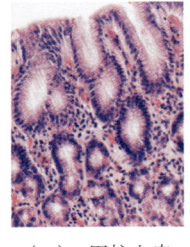

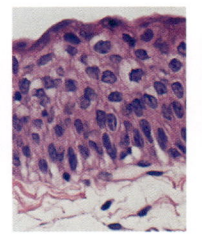

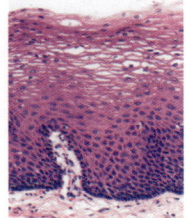

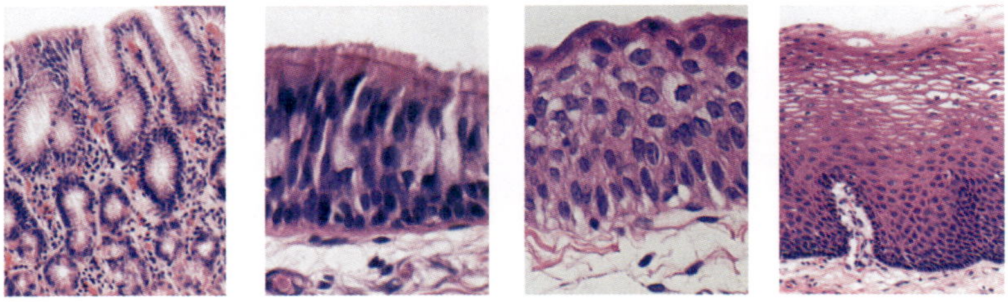

（a） 円柱上皮　（b） 線毛円柱上皮　（c） 移行上皮　（d） 重層扁平上皮

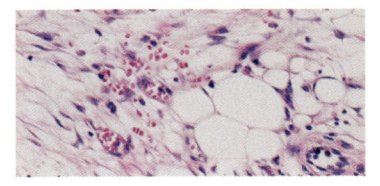

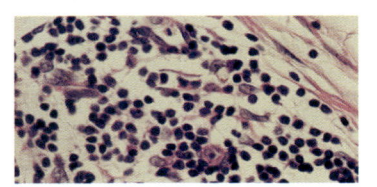

（e） 結合組織　　　　　　　　　（f） リンパ組織

口絵4 各種の生体組織（HE染色）（図2.33）

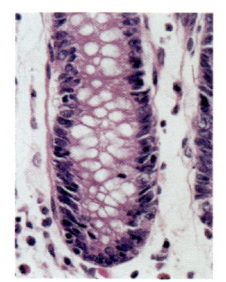

(a) 正常細胞 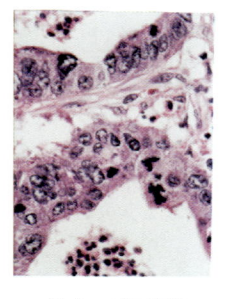　　(b) がん細胞

口絵 5　正常細胞とがん細胞（図 2.35）

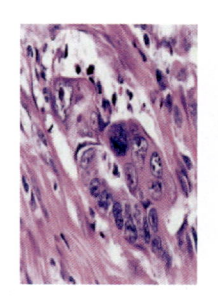

(a) 多形性 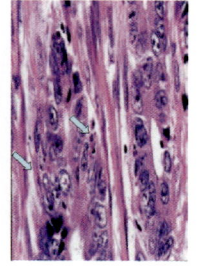　　(b) アポトーシス

口絵 6　がん細胞の多形とアポトーシス（図 2.36）

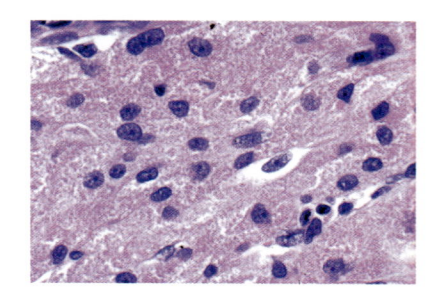

口絵 7　顆粒細胞腫の HE 染色像（図 2.37）

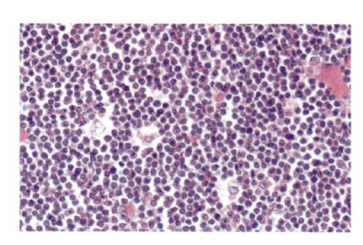

(a) HE 染色 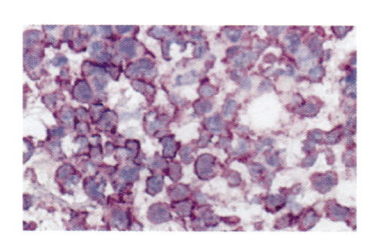　　(b) CD 3 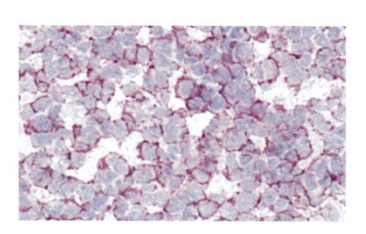　　(c) CD 8

口絵 8　抗原抗体反応における染色例（図 2.40）

(a) 不整陥凹をともなう隆起性病変 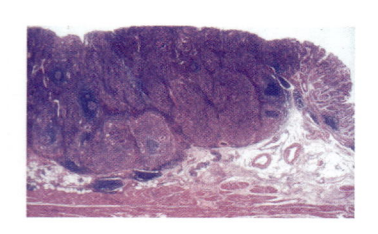　　(b) 境界明瞭な充実性発育

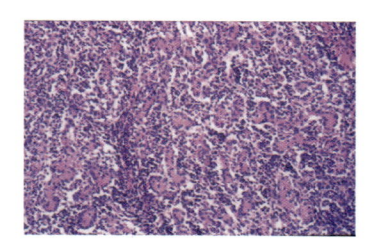

(c) 高度のリンパ球浸潤 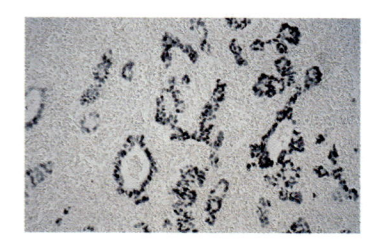　　(d) *in situ* hybridization 法

口絵 9　ウイルス感染の胃がんにおける分子生物学的手法（*in situ* hybridization）（図 2.42）

口絵 10 大腸の壁構造(四層構造)とがん(図 2.43)

粘膜
粘膜下層
固有筋層
漿膜

（a）危険因子なし　　　（b）高分化　　　（c）リンパ組織増生あり

口絵 11 大腸がんにおけるリンパ節転移(−)の症例(図 2.44)

（a）転移危険因子多数　　　（b）間質の線維化あり，リンパ組織増生なし

（c）ly　　　（d）低分化成分

口絵 12 大腸がんにおけるリンパ節転移(+)の症例(図 2.45)

（a）PC 1-PC 2　　　（b）PC 1-PC 3

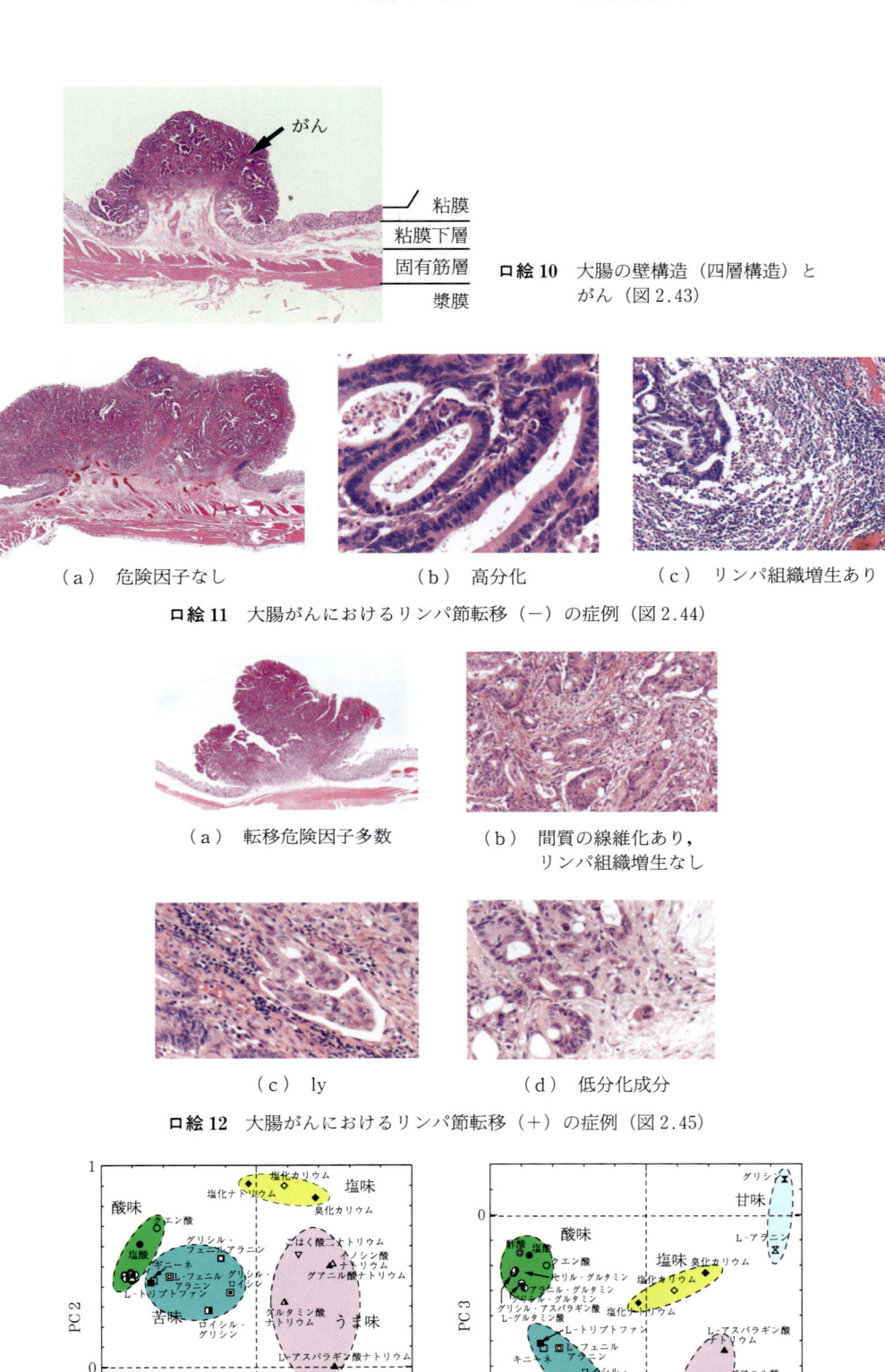

口絵 13 各種呈味物質に対するテイストマップ〔K. Toko：Biomimetic Sensor Technology, Cambridge University Press (2000) より転載〕(図 4.5)

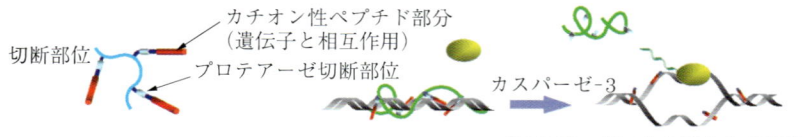

(a) プロテアーゼ応答型キャリヤーシステム

(b) プロテインキナーゼ応答型キャリヤーシステム

口絵14 細胞内シグナルに応答して遺伝子を解放し，発現を起こさせる新しいキャリヤーシステム（図4.19）

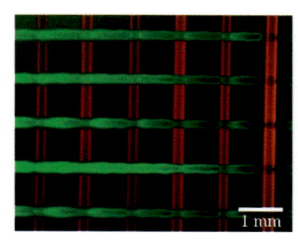

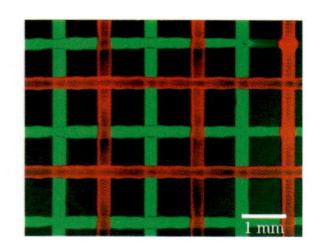

(a) 格子状ディスペンス（緑色：FITC染色ゼラチン水溶液 赤色：ローダミン染色ゼラチン水溶液）

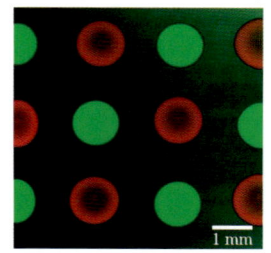

(b) 点状ディスペンス（20倍）

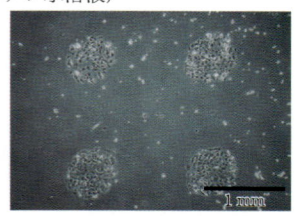

(c) 細胞非接着性感温性ポリマーの上にゼラチンをディスペンスし，さらに平滑筋細胞を播種したもの（位相差顕微鏡写真）

口絵15 ディスペンスロボットにより作製した2種類の光反応性ゼラチンのマトリックスの(a)格子状および(b)円状パターン並びに(c)細胞コロニー（図6.9）

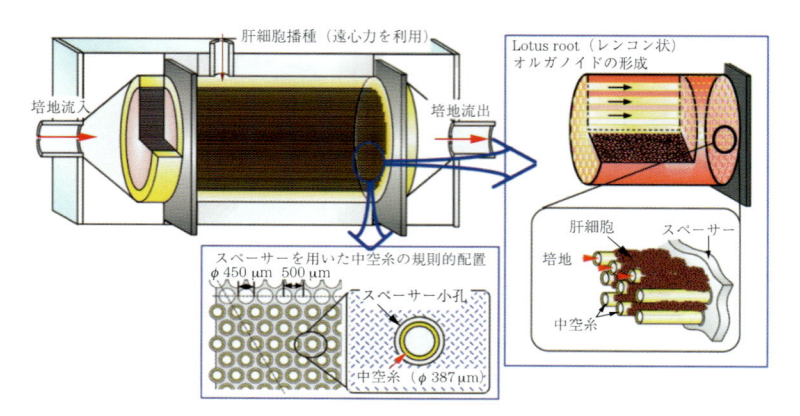

口絵16 肝小葉類似構造型人工肝臓モジュール（liver lobule-like structure module, LLSモジュール）（図6.20）

生体工学概論

工学博士 村上 輝夫 編著

コロナ社

■執筆者一覧

編　　者　村　上　輝　夫（九州大学大学院工学研究院）

執 筆 者　村　上　輝　夫（九州大学大学院工学研究院）（1章，3.1節）
（執筆順）
　　　　　廣　川　俊　二（九州大学大学院工学研究院）（2.1節）
　　　　　渡　部　正　夫（九州大学大学院工学研究院）（2.2節）
　　　　　真　田　俊　之（九州大学大学院工学研究院）（2.2節）
　　　　　髙　松　　　洋（九州大学大学院工学研究院）（2.3節）
　　　　　上　野　照　剛（東京大学大学院医学系研究科）（2.4節）
　　　　　恒　吉　正　澄（九州大学大学院医学研究院）（2.5節）
　　　　　八　尾　隆　史（九州大学大学院医学研究院）（2.5節）
　　　　　山　本　元　司（九州大学大学院工学研究院）（3.2節）
　　　　　三　浦　裕　正（九州大学病院）（3.3節）
　　　　　古谷野　　　潔（九州大学大学院歯学研究院）（3.4節）
　　　　　松　下　恭　之（九州大学大学院歯学研究院）（3.4節）
　　　　　都　甲　　　潔（九州大学大学院システム情報科学研究院）（4.1節）
　　　　　前　田　瑞　夫（理化学研究所前田バイオ工学研究室）（4.2節）
　　　　　片　山　佳　樹（九州大学大学院工学研究院）（4.3節）
　　　　　高　原　　　淳（九州大学先導物質化学研究所）（5.1節，5.2節）
　　　　　土　山　聡　宏（九州大学大学院工学研究院）（5.3節）
　　　　　近　藤　良　之（九州大学大学院工学研究院）（5.4節）
　　　　　石　川　邦　夫（九州大学大学院歯学研究院）（5.5節）
　　　　　松　田　武　久（九州大学大学院医学研究院）（6.1節）
　　　　　船　津　和　守（九州大学名誉教授）（6.2節）
　　　　　梶　原　稔　尚（九州大学大学院工学研究院）（6.2節）
　　　　　水　本　　　博（九州大学大学院工学研究院）（6.2節）
　　　　　立　石　哲　也（物質・材料研究機構）（6.3節）

（2006年1月現在）

は じ め に

　本書は，生体工学（バイオエンジニアリング）の分野に取り組む学生や研究者・技術者ならびに臨床医を対象として，大学院におけるシリーズ講義の実績に基づき，教科書ないしは参考書として編集したものである。

　欧米では，以前より生体工学や生体医工学に関する教育と研究が一体化して進められており，医療福祉技術の進展に貢献している。国内においても，最近では有数の大学では，学際的な生体工学の組織が編成され，生体工学の教育・研究についても体制づくりが進んでいるものの，いまなお不十分な状況にある。特に，遺伝子治療やナノメディスン，再生医療，ロボット手術などの先端医療技術の導入や，超高齢化社会への進行にともなう医療福祉機器の高度化への要請が強まる中で，生体工学の役割の増大が予測され，生体工学関連の研究者の育成が要望されている。欧米に比較した場合の国内の医療福祉産業の弱点は，先進的な工業技術を医療福祉技術として応用したり，新たな医療福祉技術を開発する能力を有する生体工学分野の研究者を十分に擁していない点であり，有能な若手研究者の育成が待望されている。また，医療現場の臨床医が工学的な新技術を導入する場合には，工学的な知識やセンスがその成果を左右することが多いようである。

　したがって，著者らの多くが所属する九州大学においても，工学および医学・歯学の分野にわたって，生体工学の学際的教育を充実化することが強く要望されていた。しかるに，相互の専門領域の壁を越え得る生体工学の若手研究者を育成するには不十分な教育体制にあった。また，異分野の知見や考え方を正しく理解することは，生体工学の研究進展に直接的な効果をもたらすだけでなく，新たな発想を産み出す要因となることも期待された。さらに，多数の部局にまたがる学際的教育体制の構築は，研究面での交流を促進する機会を増進させ，新たな共同研究に発展することも期待された。

　そのような背景と要望に対応するために，2002〜2003年度にわたり，九州大学教育研究プログラム・研究拠点形成プロジェクト（P&P）Cタイプ（教育改善）としての支援を受けて，研究課題「生体工学における学際的教育の創設」（http://biorc.mech.kyushu-u.ac.jp/cdc/）において，多様な専門分野の大学院生を対象にして，「生体工学特論第一・第二」および「生体工学実験第一・第二」を創設し，新たな教育体制を構築した。本書は，この講義課目（継続実施中）を基盤にして編集したものであり，学内外で各分野の第一線で活躍されている講義担当者に執筆を依頼した。生体工学を学ぶ場合の基礎的な工学的・生物学的・

医学的考え方から，臨床問題，先端技術までを網羅しており，多様な生体工学分野への取組みを志す読者の要望に応え得る構成とすることができた。本書が，生体工学の本質を理解できる若手研究者・技術者や臨床医の育成に寄与できることを期待したい。

　ご多忙のところ執筆いただいた方々（別記）ならびに企画・編集に協力いただいた各位に厚くお礼を申し上げるとともに，出版に当たりご尽力いただいたコロナ社に謝意を表する。

2006 年 1 月

村上　輝夫

目　　次

1.　生体工学概説

1.1　生体工学の役割と位置付け ………………………………………………………… *1*
1.2　生体工学の有用性 ……………………………………………………………………… *3*
　1.2.1　構造の観察から機能の解明へ ………………………………………………… *3*
　1.2.2　生体系における形態と機能 …………………………………………………… *4*
　1.2.3　人工組織と人工臓器・インプラント ………………………………………… *6*
　1.2.4　再生医療とナノテクノロジー ………………………………………………… *6*

2.　生体工学の基礎

2.1　生体関節のバイオメカニクス ……………………………………………………… *8*
　2.1.1　関節表面に作用する荷重の計算法 …………………………………………… *8*
　2.1.2　関節の三次元運動の記述法 …………………………………………………… *17*
2.2　生体流体工学 ………………………………………………………………………… *24*
　2.2.1　生体と流体工学 ………………………………………………………………… *24*
　2.2.2　血管と血流 ……………………………………………………………………… *24*
　2.2.3　血液のレオロジー ……………………………………………………………… *28*
　2.2.4　血流と生体機能 ………………………………………………………………… *31*
2.3　生体熱工学 …………………………………………………………………………… *33*
　2.3.1　身体と熱と温度 ………………………………………………………………… *33*
　2.3.2　医療における高温・低温の利用 ……………………………………………… *35*
　2.3.3　生体熱輸送方程式 ……………………………………………………………… *37*
　2.3.4　生体組織の熱物性値 …………………………………………………………… *39*
　2.3.5　生体の凍結 ……………………………………………………………………… *40*
2.4　生体情報学と脳磁気科学 …………………………………………………………… *43*
　2.4.1　バイオマグネティクス ………………………………………………………… *43*
　2.4.2　経頭蓋的磁気刺激 TMS ……………………………………………………… *44*
　2.4.3　脳磁図計測 MEG ……………………………………………………………… *45*
　2.4.4　磁気共鳴イメージング MRI ………………………………………………… *47*
　2.4.5　再生医療を目指す磁場配向技術 ……………………………………………… *48*
2.5　生体組織・病理学 …………………………………………………………………… *49*
　2.5.1　病　理　学 ……………………………………………………………………… *49*

2.5.2　序　　論 ……………………………………………………………… 49
　　2.5.3　生体細胞の組織学的特徴 ………………………………………… 51
　　2.5.4　がん細胞の組織学的特徴 ………………………………………… 53
　　2.5.5　病理学的解析方法 …………………………………………………… 55
　　2.5.6　病理学的検索の臨床への応用 ……………………………………… 58
　　2.5.7　病理学の実際 ………………………………………………………… 61

3. 生体工学と臨床バイオメカニクス

3.1　生体機能設計 ……………………………………………………………… 62
　　3.1.1　生体機能設計の視点 ………………………………………………… 62
　　3.1.2　生体関節の潤滑機構と人工関節の生体機能設計 ………………… 64
3.2　ロボティクスと福祉工学 ………………………………………………… 73
　　3.2.1　福 祉 工 学 …………………………………………………………… 73
　　3.2.2　ロボティクスの福祉機器への応用 ………………………………… 74
　　3.2.3　福祉機器の開発例 …………………………………………………… 80
3.3　整形外科バイオメカニクス ……………………………………………… 82
　　3.3.1　整形外科とバイオメカニクス ……………………………………… 82
　　3.3.2　骨のバイオメカニクス ……………………………………………… 82
　　3.3.3　関節のバイオメカニクス …………………………………………… 84
　　3.3.4　筋, 腱および靱帯のバイオメカニクス …………………………… 86
　　3.3.5　人工膝関節のバイオメカニクス …………………………………… 87
　　3.3.6　整形外科バイオメカニクスに関する基礎研究の紹介 …………… 89
　　3.3.7　「骨・関節の10年」 ………………………………………………… 93
3.4　歯科インプラントと臨床バイオメカニクス …………………………… 94
　　3.4.1　歯科インプラントとは ……………………………………………… 94
　　3.4.2　インプラントを用いた各種補綴法 ………………………………… 95
　　3.4.3　インプラントの生体力学的特性 …………………………………… 96
　　3.4.4　合　併　症 …………………………………………………………… 96
　　3.4.5　歯科インプラントのバイオメカニクス …………………………… 97
　　3.4.6　インプラント破折症例に対するバイオメカニクス ……………… 97
　　3.4.7　インプラント支台オーバーデンチャーの最適デザインに関するバイオメカニクス …… 99

4. バイオセンサと生体ナノ工学

4.1　バイオセンサ ……………………………………………………………… 103
　　4.1.1　味を測るということ ………………………………………………… 103
　　4.1.2　味覚センサ …………………………………………………………… 104
　　4.1.3　アミノ酸とジペプチド ……………………………………………… 107
　　4.1.4　食品への適用 ………………………………………………………… 110

4.1.5　味覚センサで香りを測る ……………………………………… *111*
　　4.1.6　展　　　望 ………………………………………………………… *112*
4.2　ナノ診断工学 ……………………………………………………………… *114*
　　4.2.1　ナノ診断とは ……………………………………………………… *114*
　　4.2.2　ナノ診断の対象物質 ……………………………………………… *115*
　　4.2.3　ナノ診断の基本 …………………………………………………… *118*
　　4.2.4　ナノ診断システム ………………………………………………… *119*
　　4.2.5　ナノ粒子診断 ……………………………………………………… *122*
　　4.2.6　ナノテクノロジー診断と展望 …………………………………… *123*
4.3　ナノ治療工学 ……………………………………………………………… *124*
　　4.3.1　ドラッグターゲティングとナノ粒子 …………………………… *124*
　　4.3.2　遺伝子送達 ………………………………………………………… *129*
　　4.3.3　ナノ治療工学の可能性 …………………………………………… *133*

5.　生　体　材　料

5.1　医用高分子材料 …………………………………………………………… *134*
　　5.1.1　高分子材料と医用材料 …………………………………………… *134*
　　5.1.2　高分子材料の特徴 ………………………………………………… *134*
　　5.1.3　医用高分子材料とは ……………………………………………… *137*
　　5.1.4　高分子と医薬 ……………………………………………………… *142*
　　5.1.5　生分解性高分子材料 ……………………………………………… *143*
5.2　医用材料の表面化学 ……………………………………………………… *145*
　　5.2.1　医用材料と表面 …………………………………………………… *145*
　　5.2.2　表面・界面とは …………………………………………………… *146*
　　5.2.3　接触角と表面エネルギー ………………………………………… *146*
　　5.2.4　表面・界面の構造評価法 ………………………………………… *150*
　　5.2.5　材料表面のダイナミクス ………………………………………… *152*
　　5.2.6　血液適合性高分子材料 …………………………………………… *153*
　　5.2.7　細胞の接着性 ……………………………………………………… *156*
5.3　生体用金属材料の合金設計と組織制御 ………………………………… *157*
　　5.3.1　生体材料における金属の位置付けと合金設計・組織制御の目的 … *157*
　　5.3.2　金属の結晶構造とその制御 ……………………………………… *158*
　　5.3.3　ステンレス鋼 ……………………………………………………… *159*
　　5.3.4　コバルトクロム合金 ……………………………………………… *163*
　　5.3.5　チタンおよびチタン合金 ………………………………………… *166*
5.4　金属材料の強度 …………………………………………………………… *171*
　　5.4.1　金属材料の腐食環境中での強度 ………………………………… *171*
　　5.4.2　歯科インプラントの疲労強度評価の例 ………………………… *174*
　　5.4.3　フレッティング疲労 ……………………………………………… *176*

5.5 生体セラミックス材料 ……………………………………………… 180
5.5.1 生体セラミックス材料の分類 …………………………………… 180
5.5.2 生体不活性セラミックス ………………………………………… 181
5.5.3 生体活性セラミックス …………………………………………… 182
5.5.4 生体吸収性セラミックス ………………………………………… 182
5.5.5 生体硬組織 ………………………………………………………… 183
5.5.6 リモデリング ……………………………………………………… 184
5.5.7 アルミナ …………………………………………………………… 185
5.5.8 アパタイト ………………………………………………………… 185
5.5.9 リン酸三カルシウム ……………………………………………… 187
5.5.10 生体活性ガラスと生体活性結晶化ガラス ……………………… 187
5.5.11 炭酸カルシウム …………………………………………………… 188
5.5.12 石膏 ………………………………………………………………… 188
5.5.13 炭素 ………………………………………………………………… 189
5.5.14 歯科用陶材 ………………………………………………………… 189
5.5.15 セメント …………………………………………………………… 189

6. 人工臓器・インプラントと再生医工学

6.1 組織工学と材料工学 …………………………………………………… 192
6.1.1 組織工学における材料工学の視点 ……………………………… 192
6.1.2 多孔質体形成 ……………………………………………………… 193
6.1.3 レーザー加工した微細孔形成体 ………………………………… 194
6.1.4 高電圧紡糸によるナノメッシュ ………………………………… 195
6.1.5 マイクロ光造形技術 ……………………………………………… 197
6.1.6 細胞播種およびマトリックス形成の自動作製装置 …………… 197
6.1.7 管状血管組織の製作工場 ………………………………………… 199
6.1.8 実用化技術 ………………………………………………………… 201
6.2 人工臓器工学 …………………………………………………………… 201
6.2.1 人工臓器 …………………………………………………………… 201
6.2.2 人工肝臓 …………………………………………………………… 202
6.2.3 人工膵臓 …………………………………………………………… 208
6.2.4 ハイブリッド型人工臓器の実用化 ……………………………… 210
6.3 再生医工学 ……………………………………………………………… 210
6.3.1 再生医工学と生体組織工学 ……………………………………… 210
6.3.2 体性幹細胞・前駆細胞の分離・増殖技術の開発 ……………… 212
6.3.3 細胞組織化技術の開発 …………………………………………… 213
6.3.4 今後の展開 ………………………………………………………… 217

引用・参考文献 ……………………………………………………………… 219
索引 ………………………………………………………………………… 230

1 生体工学概説

1.1 生体工学の役割と位置付け

　生体工学(バイオエンジニアリング，bioengineering)は，名称のごとく生体を対象にした工学全般を包含しているため，バイオテクノロジーや生体医工学，バイオメカニクスをはじめとして，バイオメカニズム，バイオニクス，バイオマテリアル，バイオトライボロジー，福祉工学，スポーツ工学などの多様な分野に対応しており，今後の発展が期待される学際的学問分野[1,2]†である。取り組み方や目的により分類するとつぎの3分野に大別される。

〔1〕 **生体系の構造や機能についての工学的理解**　生体ないしは生命体は，合理的な構造や機構，機能を有しているために，約40億年前の生命誕生以来，現在の環境に至るまで進化を遂げながら生存を続けており，工学的な視点からは，必要な機能要求を満足する一つの「満足解」として解釈できる。また，軽量化・コンパクト性・エネルギー効率性などの観点では最適設計に相当する場合も多い。生体の特色は，生きていることであり，生命維持のために代謝活動を行うとともに，環境の変化に応じて適応や修復が可能なことである。適応の許容限界以内では，恒常性(ホメオスタシス，homeostasis)を有するとともに，環境に適応するために再構築(リモデリング，remodeling)という現象が生じるし，刺激や負荷が低すぎれば機能が低下ないしは退化する。骨における再構築は，Wolffの法則[3]と称されるが，詳細な機構については未解明であり，探求が進められており，軟組織についても適応や再構築の機構[4]が解明されつつある。一般に，生体は，損傷に対しては修復機構を有し，外的攻撃に対しては免疫系を含む防御機構を有している一方で，寿命に限度があるし，不合理と見なされる面も有している。このように，人工系とは大きな違いがあるため，不明なことが多く，工学的な視点からの解明が必要とされている。

〔2〕 **工学技術の生体系・医療福祉への応用**　各種工学技術に基づき開発された各種計測・診断装置や治療法，人工臓器・インプラント，リハビリ・福祉機器や健康・スポーツ用機器・用具等が広範に使用されている。ヒトや生体環境を対象にするため，生体内・生体外

---

† 肩付数字は巻末の引用・参考文献の番号を示す。

使用に応じた生体適合性という条件を満たす必要があり，無害性・無毒性・低侵襲性・生体環境安定性等が要求される．特に，各種の人工臓器・インプラントの開発により，機能のレベルでは生体の機能を完全には代替できないものの，脳以外では人工物で日常的な機能を代替できるレベルに到達できている事例が増加している．さらなる機能改善や耐久性の向上のためには，新たな工学技術の導入が期待されている．この領域については，生体医工学や医用工学，福祉工学，スポーツ工学等と称される分野で活発な研究や開発が実施されている．

〔3〕 **生体系における諸機構の人工系への応用**　ロボットに見られるような生体を規範にしたバイオミメティック（生体模倣的）な人工機械とともに，生物系を規範にした各種デザインが実用化されている．例えば，蜂の巣にヒントを得た軽量構造体のハニカム構造や，新幹線のぞみ500系においてフクロウの羽にヒントを得てパンタグラフに微小突起群を付与し，渦の発生を抑制してその風切り騒音を低減した例や，カワセミのくちばし部と類似放物線形状を有する先頭車体の採用によりトンネル騒音を低減した事例（のぞみ700系）がある．また，最近の競泳用水着の開発では，鮫表皮の鮫肌を模して流体抵抗を低減し，記録改善をもたらした例があり，一方では，カワセミの撥水性に着目し，吸水性の低減と流体抵抗を低減した水着も開発されており，多様な応用が実用化されている．このほか，生長変形法などをはじめとして，生体を手本にした最適設計法の創出や大規模複雑システムの解析への展開なども試みられている．

　このように，生体工学の分野は，特に20世紀後半に急速な進歩を遂げ，生命科学の進展や医療・診断技術の向上は健康増進や高寿命化に貢献してきた．また，21世紀は生命科学の世紀とも称されており，分子生物学・遺伝子技術・再生医工学・脳科学などのバイオ関連技術の飛躍的な進展が予測され，IT（情報技術）やナノテクノロジーとの融合を含む研究基盤の拡充と新産業の創出が期待されている．さらに，わが国では，2015年ごろには65歳人口が25％を突破する超高齢化社会への移行が予測され，QOL（quality of life，生活の質）向上・自立支援を目指した医療・福祉介護技術の変革が必要とされている．また，高度先進医療技術の進展とともに人工臓器・インプラントや遺伝子治療・組織再生等の医療手段の患者への適用に関して安全性評価や倫理的な判断が要請されている．なお，地球レベルでは，2050年ごろに到来が予測されている地球人口90～100億人時代に対して，生態系の調和を維持した食糧生産（生物資源）技術やバイオマスの有効利用を推進する環境・エネルギー技術の確立が必要とされ，広範なバイオエンジニアリング技術戦略も重要視されている．

　生体工学・バイオエンジニアリングは21世紀のフロンティアと目され世界規模の新規産業の創出も期待されているが，バイオ新技術が真に役立つためには種々の工学技術が必要とされる．しかし，多様な学際的課題に対峙する場合にはバイオ系固有の条件や現象を十分に把握して取り組む必要があり，生体工学分野を担う新たな人材の育成や新組織の構築も重要

であり，本書が今後の指針を示す座右の書となれば幸いである。

　国外の動向の例として，例えば，アメリカ合衆国では国策としてバイオエンジニアリング戦略が積極的に画策されており，National Institute of Health（米国国立衛生研究所）において20以上の研究所・機関から構成される大規模なバイオ関連の研究組織 BECON（bioengineering consortium）が設置され，多分野を横断した先端的研究活動が活発に実施されている。なお，BECON では医療を主対象にしているが，バイオエンジニアリングを以下のように定義[5]している。Bioengineering integrates physical, chemical, mathematical, and computational sciences and engineering principles to study biology, medicine, behavior, and health. It advances fundamental concepts ; creates knowledge from the molecular to the organ systems levels ; and develops innovative biologics, materials, processes, implants, devices, and informatics approaches for the prevention, diagnosis, and treatment of disease, for patient rehabilitation, and for improving health.（NIH Working Definition of Bioengineering – July 24, 1997）

　ヨーロッパやアジアでも生体工学分野が重視され研究教育体制が拡充されつつあるが，国内でも研究機関・大学等で生体工学を基幹とする改組が実施されつつあり，今後の発展が期待される。

1.2　生体工学の有用性

1.2.1　構造の観察から機能の解明へ

　生体工学の黎明期の例としては，レオナルド・ダ・ビンチの詳細な解剖学的観察は生体の各組織・臓器の機能の解明に貢献するとともに，工学への応用は人類の発想を拡大した。その後，16世紀におけるヤンセン父子による顕微鏡の発明（1590年）は，人間の視野の世界をマイクロレベルに展開させた。イギリスの科学者ロバート・フックは，複式の光学顕微鏡を使用し，観察例を「ミクログラフィア」（1665年）として出版した。彼は，コルクを観察したことにより，多数の微細な部屋から構成されていることを発見し，構成単位を，細胞（cell）と命名した。このような新たな工学技術の創出により，細胞生物学の扉が開いたわけであり，その後の電子顕微鏡をはじめとして，プローブ顕微鏡，X線 CT，MRI（magnetic resonance imaging）などの各種の計測装置の開発が生物の構造解明に多大な貢献をもたらした。ワトソン，クリックによる DNA の二重らせん構造の解明も，X線構造解析の実用化に基づくものであり，ヒトゲノム解析（2003年）も高速なシーケンサーの開発により実現された。しかるに，最終的には産生タンパクの解明や情報伝達を含めた機能解明が必要であり，構造解明に基づく機能解明が各分野で実施されつつある。真の機能解明のために

4   1. 生体工学概説

は，分子・遺伝子・組織・器官・臓器・個体・個体群の階層別・階層間に対応した諸実験やシミュレーション・モデリングを含む各種工学技術が必要であり，今後とも重要な研究分野となると期待される。

1.2.2 生体系における形態と機能

生体におけるナノ・マイクロレベルからマクロなレベルにおける形態は，機能を実現するために必要な形態を有しているが，ここでは，骨格系を例に挙げて紹介する。

マクロな形態の違いの例としてヒトの手を考えると，二足歩行を可能としたことにより，歩行から解放され，多様で巧緻な作業を可能とするレベルに進化した。例えば，ヒトの手とオランウータンの手を比較すると，中指に対する親指の長さの比率が大きく異なること[6]がわかる。すなわち，ヒト：65％に対し，オランウータン：45％と大きく異なる。この違いにより，ヒトはつまみ動作を可能としているが，オランウータンはそのような動作ができない。構造の違いが機能の違いに大きくつながる例である。

つぎに，ヒト骨格の直立状態をマクロ的視点で観察すると，体重負荷は，重心を通り，余分なモーメントが作用しない姿勢をとっていることがわかる。側方から観察すると，股関節・膝関節・足関節を結ぶ鉛直線と体重線が一致しているし，正面像でも左右の各関節は一直線上にあり，この機能軸（Mikuritz 線）は，内反・外反の進行を判断する基準とされている。

筋・骨格系の力学モデル化に際しては，体重と筋力等の双方を考える必要がある。例えば，片脚起立時に体幹のバランスを保つ（転倒を防ぐ）ためには，図1.1に示すように股関

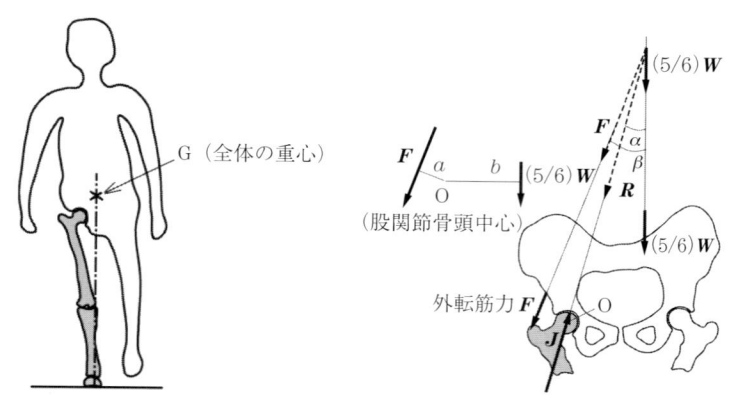

F：外転筋力　　W：体重
a：大腿骨頭中心から外転筋群作用線までの距離
b：大腿骨頭から片脚を除く体重の重心線との距離
$Fa = (5/6)Wb$　　$b/a = 2.7$ の場合は $F = 2.14W$　　関節反力は $J = 3.1W$

図1.1　片脚起立時の股関節作用力

節まわりに，体重〔体重を W とすると，荷重支持側下肢を除く $(5/6)W$〕に対して外転筋群（中殿筋・小殿筋・大腿筋膜腸筋群の筋群）が作用するので，自由体（この場合は骨盤）における平衡図（free body diagram）より，股関節には体重の3倍以上の力が加わることが算出される。

運動時には慣性力も作用するため，特に下肢の関節では体重の数倍レベルの負荷が作用するが，過度な負荷を受けなければ損傷は生じない。そこには，力学的に合理的な形態が実現されており，関節を構成する骨端部では，軟骨・軟骨下骨・海綿骨から構成されており，海綿骨部は，骨梁と液性成分から構成されており，応力分散と衝撃吸収に寄与する構造となっている。その骨梁構造は，図1.2の股関節骨頭部の例[7]に示されるように，主要負荷時の主応力線と一致（圧縮骨梁群と引張骨梁群の組合せ）することが，Wolffらにより指摘されている。また，管状骨の骨幹部（図1.2下部）は，皮質骨を主体とした中空管構造になっており，軽量化（最小重量で最大強度）を実現する最適構造の一つに相当する。

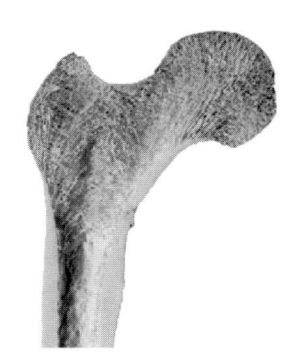

図1.2 股関節の断面（正面像）[7]

向井千秋宇宙飛行士が2週間の最初の宇宙飛行（1994年）から帰還した直後に，「紙にも重さを感じます」と述べ，歩きづらかったといっていたが，宇宙空間のような微小重力場では，地上の重力場に適応していた筋・骨格系は力学的刺激が急減するために，筋萎縮が生じて（筋線維が細くなり）筋力が低下し，骨中のカルシウムが血中に流出し，骨密度低下をともなう骨のリモデリングが発生する。したがって，宇宙滞在時には，トレーニング等により筋・骨格系の退化を防ぐ対策が必要とされる。微小重力場では，このほか，平衡障害が生じる，頭部への血流量が増加する，結石が生じやすい等のさまざまな障害が生じやすくなる。

骨は，皮質骨と海綿骨に大別されるが，体積に対する表面積比が大きい海綿骨はリモデリングが短期間で生じ，海綿骨は20％/年で入れ替わるといわれている。骨芽細胞と破骨細胞とのバランスによりリモデリングが行われ，骨細胞が代謝系を制御していると考えられている。また，引張刺激で破骨細胞が活性化されるため骨折時からの修復時には引張側が吸収され，一方，圧縮側が強化される傾向がある。このような力学場と細胞の応答については，マクロな骨形態変化・密度変化と骨組織や骨梁レベルのミクロな構造変化・密度変化を含めた

実験的評価や理論解析が進められつつある。なお，詳細な紹介は専門書に譲るが，骨吸収や骨形成の機構を議論するためには，骨細胞・破骨細胞・骨芽細胞間の相互作用や生物学的条件に加えて力学的・物理的・生化学的条件も考慮する必要がある。そこでは，分子・遺伝子レベルのシグナル伝達・物質移動・反応機構の理解が必要であり，最近では多様な手法によりその実態が究明されつつある。このように，生体系における形態と機能の関連を議論するためには，多階層にわたる統合的な視点が必要とされる。

1.2.3 人工組織と人工臓器・インプラント

高齢化が進行するにつれ，組織や臓器の機能低下により，人工物で置換する症例が増大しており，今後とも生体医工学の主要な研究課題となると予測されている。例えば，人工心臓については，補助人工心臓は，臨床現場で広く利用されるレベルに到達しているが，埋込み型も性能が向上しつつある。すなわち，米国ルイビル大学チームでは，電磁誘導による電力送電式完全埋込み人工心臓を臨床応用（2001年）しており，延命を実現している。日本でも埋込み型が試みられ，各種のタイプの人工心臓の臨床応用を目指して研究が進められつつある。人工心臓弁については，リスクの高いデバイスであり国内での開発がなされず，外国製品のみが使用されており，チタン合金またはCoCr合金製のハウジングとパイロライトカーボン製リーフレット（小板）の組合せで構成されている。

また，人工股関節や人工膝関節を主体とする人工関節は，運動機能の回復（寝たきりから自立歩行へ）や疼痛の除去に関して良好な臨床成果が得られており，国内では，年間約10万例，米国では60万例以上の置換術が実施されている。それらの摩擦面は，主として，耐食性金属またはバイオセラミックスと超高分子量ポリエチレンで構成されているが，サブミクロンオーダの微小な摩耗粉発生が周囲組織のマクロファージを活性化させて炎症反応を生じ，骨融解が発生し，ついには人工関節の緩み（loosening）が起きる症例が増えている。このような症例では再置換が必要となるため，摩耗の低減が要望されており，新たな工学技術，特にトライボロジー技術の導入による改善[8]が必要とされている。

人工関節や心臓ペースメーカの国内市場規模はいずれも500億円規模であるが，このような埋込み型臓器・インプラント・デバイスは外国製品が主体（人工心臓弁やペースメーカは外国製が100％，人工関節は90％程度，コンタクトレンズや人工腎臓，歯科補綴具は国産の割合が多い）であり，日本人患者の特性に対応する視点でも国産技術の向上が待望されている。

1.2.4 再生医療とナノテクノロジー

生体より収集した細胞や幹細胞を体外または体内で培養し，皮膚・血管・骨・軟骨などの

病変部位の機能を再建する再生医療の臨床応用や研究開発が進行している。特に，子供は成長するため，人工物の埋込みではなく再生医療が望ましい。再生医工学または組織工学の技術展開が進みつつあるが，例えば，再生軟骨の場合には，体外での通常の培養では，軟骨本来の特性が得られず，静水圧や圧縮負荷，摩擦刺激などの適宜な力学的刺激により，関節軟骨と類似の機能に接近することが報告されている。また，ほぼすべての細胞へ分化するとされている万能細胞である胚性幹細胞（embryo stem cell，ES細胞）は，倫理的な是非が議論されているが，臓器再生の有効な一つの手段として期待されている。細胞と生分解性担体（scaffold）と増殖因子の最適化が再生組織の機能を支配するといわれているが，新たな手法も期待される分野である。

ナノテクノロジーの応用例としては，例えば，ナノカプセルによるがん細胞に限定したピンポイント投薬などが試みられているが，ナノレベルの物理的・化学的操作が可能になれば，副作用を激減した療法となり得るため，再生医療技術と複合した形態を含めて今後の研究開発が期待されている。

生体工学の分野では，各種工学技術の融合，生体系と人工系の技術融和が必要とされており，医工学はじめ多分野研究者による学際的研究開発の推進が望まれている。そのような場では，異分野の考え方や理論・技術などの根源を理解して取り組む必要があり，生体工学を学ぶことは有用な基盤になると期待される。本書では，多方面の研究者に執筆していただいており，本書を通じて多様な知識・技術や考え方を修得していただければ幸甚である。

2 生体工学の基礎

2.1 生体関節のバイオメカニクス

　生体工学の基礎を学習する上で，ヒトの身体運動に関する知識はきわめて有用であり，その後，生体工学関係の研究を展開する際にも役立つ。身体運動の理論は古典力学の応用であるが，身体運動を生成する関節や筋骨格系の複雑さと冗長さのため，従来の機械には見られない難しさと新しさを含んでいる。本節では，簡単なモデルと初等力学のみで関節のバイオメカニクスを概説するが，取り上げる事例には未解決の問題が多く含まれている。

2.1.1　関節表面に作用する荷重の計算法[1]

〔1〕**関節の力学モデル**　生体内の関節接触力や接触応力を直接計測できる非侵襲的な方法は存在せず，これらの値は切断肢を用いた計測や力学モデルによる計算で求めなければならない。関節の力学モデル作成時に必要なことは，座標系の選定，関節の構成要素に対する幾何学的考察と物理パラメータ値の決定である。

　関節の各分節に働く負荷外力の値が既知であれば，力学モデルの条件式を解くことで，筋，靱帯，関節表面に作用する荷重を算出できる。ただし，一般に，ヒトの関節回りには多数の筋，靱帯が付着しているため，関節の力学モデルを扱う場合に，方程式の数より未知数の数が多くなるという不静定問題に直面する。そこで，なんらかの規範を設けて，この不静定問題を解こうとする試みがなされてきている。この規範は単に不静定問題を解くためだけでなく，生理学的な合理性に基づいて設定されねばならない。また，このようにして得られた筋張力は筋電図（EMG, electromyogram）データなどと符合するものでなければならない。

　以下に，ヒト肘関節を例に，モデルの作成手順を解説した後，条件の与え方によってさまざまな解が求められることを示す。

　関節の座標系を設定する際には，主要骨格の解剖軸，あるいは，主要筋がモーメントを発生する回転軸に沿って座標軸を配列することが望ましく，例えば肘関節の場合，**図 2.1** のよ

2.1 生体関節のバイオメカニクス

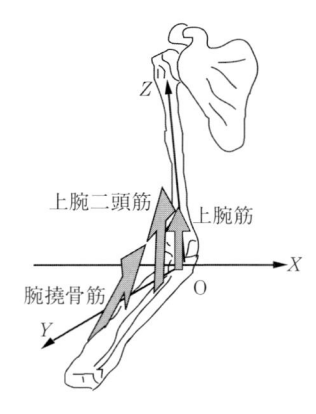

図 2.1 肘関節での座標系

うに直交座標系を配置するのが最適である。

任意の関節に対するつりあいは式 (2.1)，(2.2) のように表される。

$$F_e = \sum_{i=1}^{m} f_{im} + \sum_{i=1}^{k} f_{ik} + \sum_{i=1}^{c} f_{ic} \tag{2.1}$$

$$C_e = \sum_{i=1}^{m} (r_{im} \times f_{im}) + \sum_{i=1}^{k} (r_{ik} \times f_{ik}) + \sum_{i=1}^{c} (r_{ic} \times f_{ic}) \tag{2.2}$$

ここで，F_e と C_e は，それぞれ関節座標系の原点 O の点で定義される分節間の合成力とモーメント，f_{im}，f_{ik}，f_{ic} は i 番目の筋，靱帯，関節表面接触域に働く力，r_{im}，r_{ik}，r_{ic} は点 O から i 番目の筋，靱帯，関節表面接触域の各作用線上の点へのベクトル，m はモデルの筋の数，k は靱帯の数，c は単一結合状態にある関節の接触領域の数，× はベクトル積である。

式 (2.1)，(2.2) を直交座標系の X，Y，Z 軸方向，および X，Y，Z 軸回りの式に分解すると 6 本の方程式が得られるが，一般に，未知数の数 ($m+k+c$) は 6 より多くなる。式 (2.1)，(2.2) を使用するには，すべての要素の幾何学条件を決定しておく必要がある。筋・靱帯の作用線は，一方の付着位置から他方の付着位置への方向線と見なせる。筋・靱帯の付着位置が決定されると，種々の関節位置での筋・靱帯力の作用線や関節中心から筋・靱帯へのベクトルも決定できる。付着面積が広い筋・靱帯の付着位置は正確には決定できない場合がある。

膝関節の外側側副靱帯などでは両端付着部間の直線で作用線を表すことができるが，通常は，筋や靱帯の横断面中心を使用するなど，さまざまな作用線モデルを考えなければならない。

一般に，関節表面は軟骨で覆われており，この軟骨は荷重を分散させる機能を有する。関節接触面には圧縮応力が分布しているが，関節モデルを作成する場合，面内に作用する関節応力を，面圧の中心と見なせる 1 点に作用している関節力に置き換えると便利である。関節表面の摩擦係数は普通，無視できるほどに微小であるため，関節力は関節表面に垂直に作用

すると見なせる。

ほとんどの関節表面形状はかなり複雑で，個体間でも異なっている。関節表面形状を表すには従来からB-Spline曲面式[2]などが多用されてきたが，矩形，格子状のデータ点列を必要とすること，また，データ点列間で余分なうねりを生じやすいことなどの欠点があるため，B-Spline曲面式に代わってパラメータ多項式[3]を当てはめることも試みられている。さらには，滑らかな関節曲面と関節表面に存在する微小うねりを同時に復元するため，多項式とフーリエ級数を併用した試みもある[4]。

〔2〕 **筋および関節に働く力の計算**　すでに述べたように，関節の力学モデルを扱う場合には，一般に不静定問題を解かなければならない。そこで，なんらかの条件を付加してこれを解こうとする試みや，適当な評価関数を設けて最適化問題に帰着させる方法が検討されている。

荷重を分担している要素の数が式の数と同じになるように関節モデルを単純化できるならば，式(2.1)，(2.2)は一義的に解ける。

すべての関節に当てはまる単純化の第一歩は，腱や靱帯は圧縮力を受け持たず，関節接触力は張力を受け持たないという性質を利用することである。運動中に明らかに緩んでいると考えられる靱帯を関節モデルから除外すると解析が容易になる。さらには，類似の機能や構造を有する筋類を1グループに統合することもできる。式(2.1)，(2.2)より得られる解の中には不適当な解も多数含まれる。不適当な解とは，筋や靱帯が圧縮力，関節接触力が張力を生じたり，実際に発生し得ない過大応力値を示すような解のことである。よって種々の筋，靱帯の作用を試行錯誤的に追加しながら，不適解が得られる状態を削除しつつ，モデルの簡略化を進めることができる。

ここで，図2.1の肘関節をできるだけ簡略化し，図2.2のように肘関節角度が90°屈曲の静止状態にあり，二次元で1自由度のリンクモデルで表す。図を例に不静定問題を考える。

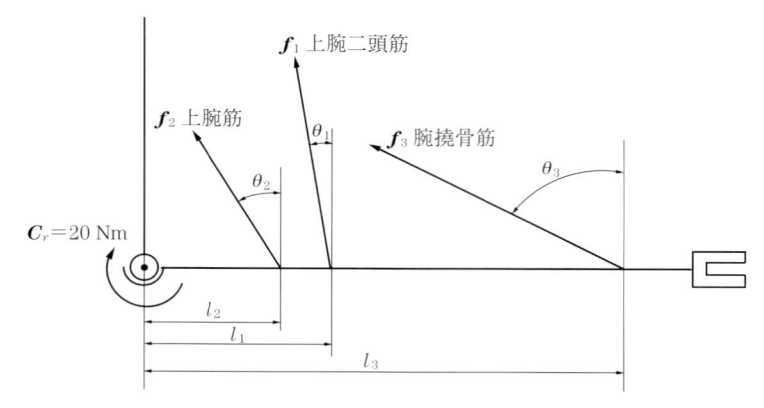

図2.2　簡略化した肘関節モデル

このモデルは，3種の筋（上腕二頭筋，腕橈骨筋，上腕筋）と，無摩擦のピン継手で連結された2本のリンクのみで構成されている．リンク質量は無視でき，図の矢印の方向に20 Nmの外力モーメントが加わっているとする．3筋の張力は外力モーメントとつりあっており，拮抗筋力も靭帯力もないものとする．この場合，式（2.1）は式（2.3）のように簡略化され，3個の未知数は上腕二頭筋力 f_1，上腕筋力 f_2，腕橈骨筋力 f_3 となる．

$$C_r = 合成モーメント = r_1 f_1 + r_2 f_2 + r_3 f_3 = 20 \text{ Nm} \tag{2.3}$$

ここで，r_1, r_2, r_3 は，それぞれ，上腕二頭筋，上腕筋力，腕橈骨筋のモーメントアームであり，図より

$$r_i = l_i \cos \theta_i, \quad i = 1, 2, 3 \tag{2.4}$$

である．

図のモデルでは，肘関節にピン継手を仮定しているので，関節力は水平，垂直方向で筋力とつりあう．よって，筋張力ベクトル f_{im} が与えられれば，関節力ベクトル f_c は次式（2.5）から求まる．

$$F_e = \sum_{i=1}^{3}(f_{im}) + f_c = 0 \tag{2.5}$$

式（2.3）での3筋のモーメントアームはAnら[5]によって求められており，これを生理学的断面積（PCSA, physiological cross sectional area）の値とともに**表2.1**に示す．なお，生理学的断面積とは，**図2.3**に示すように筋体積を筋長で割って得られる等価断面積のことである．

図2.2のように簡略化したモデルにおいてさえ，式（2.3）は依然，不静定のままである．

表2.1 肘90°屈曲でのモーメントアーム r_i と生理学的断面積 PCSA_i

i	肘屈曲筋	r_i [cm]	PCSA_i [cm²]
1	上腕二頭筋	4.6	4.6
2	上腕筋	3.4	7.0
3	腕橈骨筋	7.5	1.5

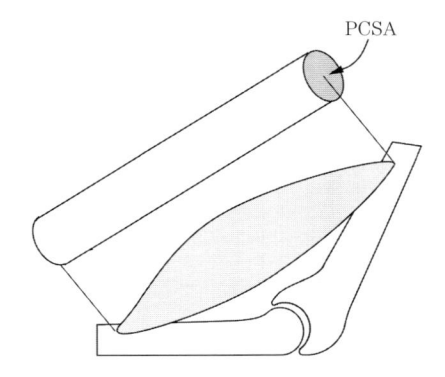

図2.3 筋の生理学的断面積の定義法

以下では，なんらかの条件を付加したり，適当な評価関数を設けた場合の合計8種類の解法例を紹介する。

　（a）種々の条件を付加して不静定問題を解く試み

　① 単一筋モデル　　かりに，張力を受け持つ筋が上腕二頭筋のみならば，式（2.3）より，上腕二頭筋力 f_1 は

$$f_1 = \frac{合成モーメント}{r_1} = \frac{20}{0.046} = 435 \text{ N} \tag{2.6}$$

と求まる。同様に，上腕筋あるいは腕撓骨筋のみのモデルであれば，f_2 は 588 N，f_3 は 267 N と求まる。ただし，EMG データによれば，図 2.2 の状態では肘関節の 3 屈曲筋のすべてが活動パターンを示すことが知られており，単一筋のみが張力を受け持つという解は不適解である。

　ところで，式（2.3）は 3 個の未知数を直交 3 軸に割り当てた場合の平面式を表しており，図 2.4 に示す 3 角形の平面上のすべての点が式（2.3）を満足する。以後はこの平面を特に解平面と呼ぶことにする。

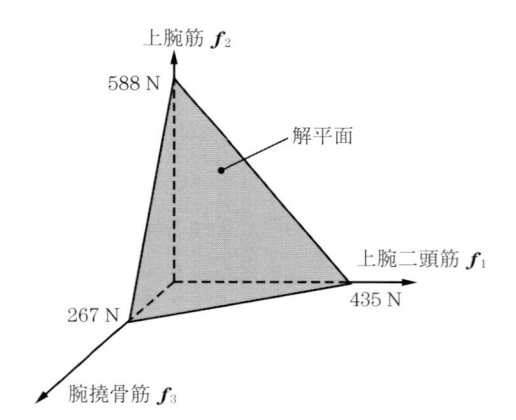

図 2.4　式（2.3）の解平面

　② 筋断面積に比例した負荷配分　　不静定問題を解くための付加条件として，モデルに含まれる筋の張力どうしに適当な配分率を課すことが考えられる。例えば，3 筋のすべてに等しく応力を分配するという方法があり，これは，負荷を各筋の生理学的断面積に比例して配分する方法である。この考え方を肘関節に当てはめると，つぎの結果を得る。

$$f_i = \frac{\text{PCSA}_i}{\text{PCSA}_{\max}} f_{\max} \tag{2.7}$$

ここで

　　　$\text{PCSA}_{\max}$ ＝最大筋の $\text{PCSA} = \text{PCSA}_2 = 7.0 \text{ cm}^2$

　　　$f_{\max}$ ＝最大 PCSA 筋にかかる力＝ f_2

であり，よって f_1 と f_3 は

$$f_1 = \frac{4.6}{7.0}f_2, \quad f_3 = \frac{1.5}{7.0}f_2 \tag{2.8}$$

となる。ここで，式 (2.3) を用い

$$\begin{aligned} 20\,\mathrm{Nm} &= r_1 f_1 + r_2 f_2 + r_3 f_3 \\ &= 0.046\frac{4.6}{7.0}f_2 + 0.034 f_2 + 0.075\frac{1.5}{7.0}f_2 \end{aligned} \tag{2.9}$$

より

$$f_1 = 164\,\mathrm{N}, \quad f_2 = 249\,\mathrm{N}, \quad f_3 = 53\,\mathrm{N}$$

が求められる。この解法を用いると，全筋に等しい応力 356 kPa が働くという結果が得られる。

③ **筋体積に比例した負荷配分** 負荷を各筋の体積に応じて比例配分する方法も考えられる。例えば，上腕二頭筋と上腕筋は等しい張力を受け持つが，腕撓骨筋はそれらの半分と考えられる。これによりつぎの筋力が得られる。

$$f_1 = f_2 = 170\,\mathrm{N}, \quad f_3 = 85\,\mathrm{N}$$

（b） **評価関数を設けて不静定問題を解く試み** なんらかの条件を付加する代わりに，適当な評価関数を設けて最適化問題に帰着させることにより，不静定問題を解く方法も考えられる。最適化とは，求めるべき変数の関数で定義されたある値，すなわち評価関数 U を，変数に課せられた拘束条件の領域内で，最大，最小にする方法である。関節がモーメントを発生する際，各筋は無秩序に張力を発生しているのではなく，なんらかの生理学的あるいは力学的な合理性に基づいて張力を発生していると考えられる。この合理性を探り出すため，さまざまな評価関数が提案されている。関節の運動条件に応じて異なった評価関数が選ばれる。疼痛を最小化することを目的として変形性膝関節症をモデル化するのであれば，関節接触力の最小化が最適化条件となる。筋疲労を問題とする場合と，短期間の運動効率を問題にする場合とでは，最適化条件は異なる。

④ **筋力の合計を最小化** Penrod ら[6] は手関節，Yeo[7] は肘関節を対象に，それぞれの関節での筋数が冗長になってしまう問題を解決するため，各筋力の合計を最小化することを試みたが，結局，モーメントアームが最長の筋のみが活動するという結果を得るに止まっている。筋力の合計を最小化することは，純粋に幾何学的な最適化問題を扱っているに過ぎない。図 2.2 の肘関節モデルの場合，評価関数 U と最適化条件 U_opt はそれぞれ

$$U = \sum_{i=1}^{3} f_i, \quad U_\mathrm{opt} = \min U \tag{2.10}$$

で与えられ，結果は

$$f_1 = 0\,\mathrm{N}, \quad f_2 = 0\,\mathrm{N}, \quad f_3 = 267\,\mathrm{N}$$

のようにモーメントアームが最長の腕撓骨筋のみが活動するという非現実的な状態を表す。

⑤ **筋応力の合計を最小化** 表2.1で示した生理学的断面積PCSAを用い，筋力の代わりに筋応力f_i/PCSA_iの合計を最小にする場合を考えると，評価関数Uと最適化条件U_{opt}はそれぞれ

$$U=\sum_{i=1}^{3}\frac{f_i}{\text{PCSA}_i}, \quad U_{\text{opt}}=\min U \tag{2.11}$$

で与えられ，結果は

$$f_1=0\,\text{N}, \quad f_2=588\,\text{N}, \quad f_3=0\,\text{N}$$

となる。今度は，PCSAとモーメントアームの積が最大となる上腕筋f_2がほかの筋より優先的に活動するという結果を得る。しかし，この解は④の場合と同様，ほかの2筋の協調的活動が認められないため，受け入れられない。

⑥ **筋応力に上限値を設ける** これまで示した④，⑤の方法では，筋（応）力になんの上限も設定しなかったが，筋力をある最大値以下に制限することは，許容値以上の筋力が発生することを防ぎ，ほかの筋をも運動に関与させるのに有効である。

Crowninshield[8]は，肘関節の解析で，筋応力f_i/PCSA_iの合計値の最小化を最適化関数に選んだ上で，応力値に上限を設けて解析を行っている。その結果，最大応力値を生理学的許容値（600 kPa）よりかなり低く設定した場合に，筋力の予測値とEMG信号とによい相関関係が認められ，上限値を600 kPaに設定するのは非常に激しい運動時にのみ妥当であると結論している。

筋応力に制限を設けるという考え方を，図2.2の肘関節モデルに適用しよう。

最大許容応力の上限値を，生理学的な最大許容応力600 kPaと等しくとると，解平面は**図2.5**に示したように減少する。この制約は極端に高い筋応力値を除外したものである。式(2.11)の評価関数を，筋応力の上限値とともに用いれば，筋応力の上限値は，つぎのような筋力の上限値に書き直せるから

$$f_i \leq \text{PCSA}_i \times 600\,\text{kPa} \tag{2.12}$$

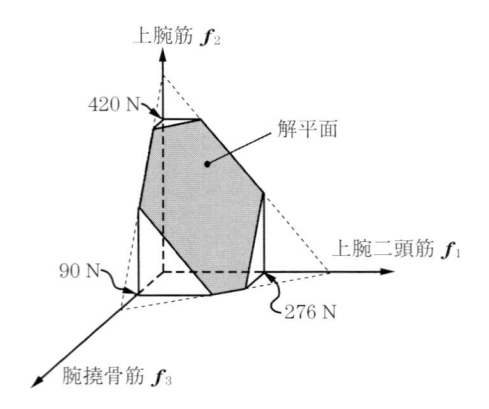

図2.5 3筋力に上限を設けた場合の解平面

その結果は

$$f_1 = 124\,\text{N}, \quad f_2 = 420\,\text{N}, \quad f_3 = 0\,\text{N}$$

となる。

この結果は，上腕筋 f_2 が最大の力を出した上で，外力モーメントとのつりあいのため，上腕二頭筋 f_1 の補助が必要であることを示す。この結果は，図 2.2 に示した 20 Nm のモーメントを支えるような軽度の作業を行う場合には当てはまらず，非常に激しい運動中にのみ当てはまると考えられる。

筋応力の上限値を低くすると，解平面はさらに減少する。筋力がその PCSA に比例するように定めると，各筋間の等しい応力分配値は 356 kPa になることを先に示した。この値は，解が求まるという条件を満たす上限値としては最小である。したがって，軽度の運動を行う場合には，356 kPa 以上で，しかも 600 kPa 以下の値を筋応力の上限値に設定するのがもっとも妥当であろう。最大応力限界値を 400 kPa に設定すると，結果は

$$f_1 = 184\,\text{N}, \quad f_2 = 280\,\text{N}, \quad f_3 = 27\,\text{N}$$

となる。この場合，全 3 筋が活動し，筋応力の大きさも生理学的限界内に納まっている。

Pedotti ら[9] は，筋力の上限を設定するのにつぎのような規範を用いている。彼らは，人の歩行中の各瞬間ごとの筋長と筋収縮速度を基に，最大可能収縮力 $f_{\max}$ を計算し，2 種の線形最適化関数

$$U_1 = \sum f_i, \quad U_2 = \sum \frac{f_i}{f_{\max}} \tag{2.13}$$

および，2 種の非線形最適化関数

$$U_3 = \sum f_i^2, \quad U_4 = \sum \left(\frac{f_i}{f_{\max}}\right)^2 \tag{2.14}$$

について調べた。非線形最適化関数の計算にはラグランジュ未定乗数法を用いた。文献での EMG 活動と筋力予測値との相関値に基づき，最適化規範として，U_4 が最適であることを求めている。

Patriarco ら[10] は，断面積に比例して負荷を分配するのは類似の筋のみであるという条件を設け，上記 Pedotti らが提案した規範に基づいて，筋の負荷レベルの制限を設けた。彼らの結果によれば，生理学的根拠に基づく拘束条件を付加することにより，個々の筋の役割を識別することが可能である。

⑦　各筋応力の立方和を最小化　　Crowninshield と Brand[11] は，筋活動の予測に筋収縮の持久性を規範に用いている。彼らは，筋収縮の持久性と筋力とがたがいに非線形的な負の相関関係を示す点に注目し，つぎの，評価関数 U と最適化条件 U_{opt} を提案している。

$$U = \sum \left(\frac{f_i}{\mathrm{PCSA}_i}\right)^3, \quad U_{\mathrm{opt}} = \min U \tag{2.15}$$

式 (2.15) では，各筋応力をできるだけ低く保ち，かつ，より多くの筋が活動することを最適化条件としている．人の歩行のように持続性や反復性を要求される動作に式 (2.15) を適用した場合には，妥当な結果が得られている．式 (2.15) を肘関節の例に適用し，最適化を行うためにラグランジュ未定乗数法を用いると

$$f_1 = 168\,\text{N}, \quad f_2 = 272\,\text{N}, \quad f_3 = 40\,\text{N}$$

となり，Crowninshield と Brand が述べたように，筋応力は低く，全筋が活動しているという結果が得られる．

⑧ **最大応力を受け持つ筋の応力値を最小化**　An ら[12] は，最大応力を受け持つ筋の応力値を最小化することを最適化規範とし，つぎの不等式を追加している．

$$\frac{f_i}{\text{PCSA}_i} \leq \sigma \tag{2.16}$$

ここで，変数 σ は全筋の上限値であり，最適化はこの σ を最小化することである．評価関数 U と最適化条件 U_opt は

$$U = \sigma, \quad U_\text{opt} = \min U \tag{2.17}$$

で表される．これを解くのは簡単な線形プログラムであり，各筋応力の平方和が最小になるようにすればよい．この手法を肘関節の例に適用すると，つぎの解を得る．

$$f_1 = 164\,\text{N}, \quad f_2 = 249\,\text{N}, \quad f_3 = 53\,\text{N}$$

注目すべきは，②の筋断面積に比例した筋力を設定した場合と同じ解が得られ，3筋すべてに等しい筋応力が作用するという結果が得られていることである．

Chao と An[13] は，手指関節を対象に，13 種の異なった最適化規範を検討している．彼らは，筋力の合計，関節接触力の合計，重み係数を掛けた筋力の合計，拘束モーメントの合計，などの値を最小化している．その結果，わずか 6 組の最適解が求まり，これから，最適化規範の多くは相互に関連し合っていることが明らかとなった．

〔3〕**まとめ**　多数の筋力解法の中から，代表的な 8 種類の解法を簡単な 1 自由度の肘関節モデルに適用した例を紹介した．その結果を**表 2.2** に示す．モデル化の際に用いた仮定のいかんで，求めるべき関節接触力の値も多様に異なり，これらの中には不適解も含まれている．得られた筋力解の妥当性を検証する手段に EMG パターンが用いられていることはすでに述べたとおりであるが，この EMG パターンも運動の種類によって異なる．関節運動の種類や負荷状態に依存して，これまで述べた解法のいくつかが時系列的あるいは複合的に関与しているとも考えられる．現実の肘関節はより複雑な構造を有し，三次元的かつ動的な運動を行っているから，図 2.2 のように簡略化しすぎたモデルでは真の関節接触力を求めることはできないだろう．しかしながら，図 2.2 のような簡略モデルを対象にさまざまな筋力解法のアプローチを検討することは，生体機能を理解する上で有効である．

表 2.2　各条件下での筋力解 f_i

		筋力〔N〕		
		f_1	f_2	f_3
①	単一筋モデル			
	上腕二頭筋	435	0	0
	上腕筋	0	588	0
	腕橈骨筋	0	0	267
②	筋断面積に比例した負荷配分	164	249	53
③	筋体積に比例した負荷配分	170	170	85
④	筋力の合計を最小化	0	0	267
⑤	筋応力の合計を最小化			
	筋応力上限値　無制限	0	588	0
⑥	筋応力上限値　600 kPa	124	420	0
	筋応力上限値　400 kPa	184	280	27
⑦	各筋応力の立方和を最小化	168	272	40
⑧	最大応力を受け持つ筋の応力値を最小化	164	249	53

2.1.2　関節の三次元運動の記述法[14]

関節運動において並進運動は一般に微小であるため，回転運動のみを対象とする。関節の三次元回転運動を表す場合，回転の定義法や，座標系の取り方によってさまざまな問題を生じる。例えば，直交 3 軸回りの回転の順序に依存して最終的な姿勢が異なること，第 1，第 2 軸回りの回転で第 3 軸回りに擬似的な回転現象が表れることなどである。以下，膝関節と肩関節を対象にその具体例を紹介する。

〔1〕**オイラー角表示法**　オイラー角表示は，直交座標系における剛体の 3 軸回転運動を表す最も一般的な方法である。文献上では多様に異なるオイラー角の定義がなされているが，回転が生ずる軸の数と関連付けて 3 軸（Dexter）タイプと 2 軸（Goldstein）タイプとに大別される。3 軸タイプとは，**図 2.6** に示すように，固定座標系 $R_f(X, Y, Z)$ に対し，移動座標系 $R_m(x, y, z)$ が，Z 軸回りに α，ついで「新座標系」の y' 軸回りに β，最後に「新々座標系」の x'' 軸回りに γ だけ回転したと定義することであり，$Z \to y' \to x''$ のように，見かけ上，Z, y', x'' の 3 軸を回転軸としていることによる。この場合の，最終

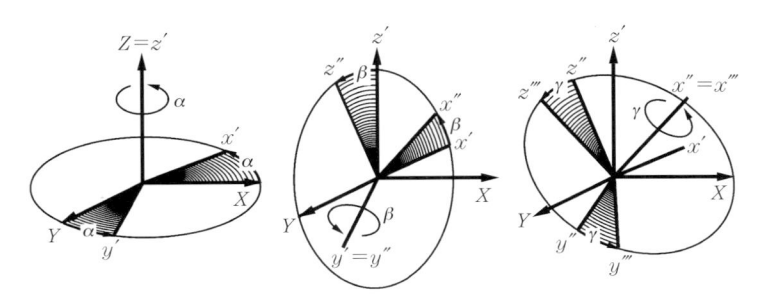

図 2.6　3 軸（Dexter）タイプのオイラー角の定義法

座標系と元の固定座標系との関係は

$$R_m = \begin{bmatrix} c_\alpha c_\beta & s_\alpha c_\beta & -s_\beta \\ -s_\alpha c_\gamma + c_\alpha s_\beta s_\gamma & s_\alpha s_\gamma + s_\alpha s_\beta s_\gamma & c_\beta s_\gamma \\ s_\alpha s_\gamma + s_\beta c_\gamma c_\lambda & -c_\alpha s_\gamma + s_\alpha s_\beta c_\gamma & c_\beta c_\gamma \end{bmatrix} R_f \tag{2.18}$$

のように表され，ここで s と c はそれぞれ sin と cos を表す。一方，2 軸タイプとは，見かけ上，Z，y'，z'' のように2軸のみを回転軸としていることに由来し，この場合の最終座標系と元の固定座標系との関係は式 (2.18) とは異なった変換式で表される。3 軸タイプといい，2 軸タイプというも，剛体の三次元姿勢を表すのに，一定の約束事を設けていることに変わりはなく，約束事の定義が異なっているにすぎない。

ところで，図 2.6 のようなオイラー角表示法では，回転の順序に依存して最終的な姿勢が異なることが知られている。この回転順序依存性は，数学的には，以下に示す座標変換式で示すことができる。

$$R_m = [r_\alpha][r_\beta][r_\gamma] R_f \tag{2.19}$$

ここで，R_f は固定座標系でのベクトル，R_m は同じベクトルを移動座標系で表したもの，$[r_\alpha][r_\beta][r_\gamma]$ は移動座標系の軸回りで生ずる回転の順序である。もし，回転 α と β の順序が逆になったら，変換行列は以下のようになる。

$$R'_m = [r_\beta][r_\alpha][r_\gamma] R_f \tag{2.20}$$

式 (2.19)，(2.20) で表された2種類の回転順序は，行列 $[r_\alpha]$ と $[r_\beta]$ の内積が可換ではないため（$[r_\alpha][r_\beta] \neq [r_\beta][r_\alpha]$），結果として異なる回転姿勢をもたらす。

この定義に従うならば

（1） 軸と回転角は同一でも，回転を行う順序によって，得られるベクトルの値は異なる
（2） 定義により，回転順序が明確にされているとして，実際の回転がその順序どおりに行われるとは限らない
（3） 剛体の位置・姿勢を表すのに，回転順序という，もう一つのパラメータを必要とする

といった問題が生じる。原因はオイラー角表示法では，ある軸回りの回転が行われるつど，新たに座標軸を定義しなおしていることによる。

回転順序依存性などといったことが現実に起こらないことは，図 2.7 に示す Roth[15] のリンクモデルで証明されている。図で，剛体 Σ に固定された S_A 軸回りの回転と，Σ に固定された S_B 軸回りの回転が順を追って生ずる場合を考える。S_A 軸回りの回転による変換行列を A，S_B 軸回りの回転による変換行列を B とすれば，剛体 Σ が最初 S_B 軸回りに β だけ回転し，ついで S_A 軸回りに α だけ回転した場合，全体の変換は行列 $T = AB$ で表される。

つぎに回転の順序を交代し，最初に Σ が S_A 軸回りに α だけ回転したとすると，この時

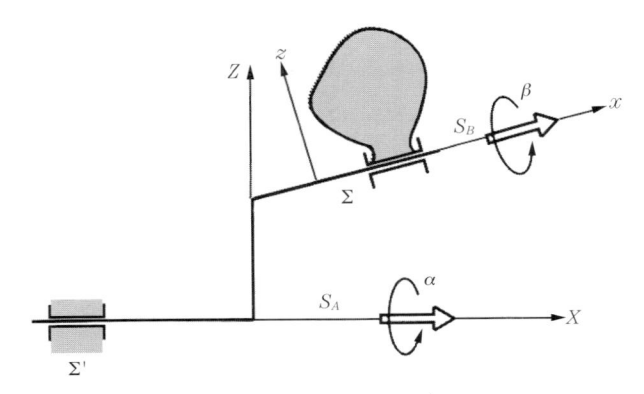

2.1 生体関節のバイオメカニクス

図 2.7 Roth のリンクモデル[15]

点で S_B 軸の位置や姿勢は変化してしまうから，これを元の S_B 軸の代わりに S_{B2} 軸と呼ぶことにする．引き続き，S_{B2} 軸回りに β の回転が行われるが，この場合の変換行列を T_2 とすれば，相似変換則により，$B_2 = ABA^{-1}$ が成り立つ．全体の変換を T_2 とすれば

$$T_2 = B_2 A = (ABA^{-1})A = AB = T \tag{2.21}$$

となり，結局，回転の順序は全体の変換に影響を与えない．

〔2〕 **関節座標系** 膝関節の回転運動は屈伸，内外旋，内外反の3種で定義されている．これら3種の回転を表すのにオイラー角表示法が不適当であることは〔1〕で述べたとおりである．われわれが関節運動を表す上では

(1) 一般性：3軸回りの変換 (α, β, γ) を変えることで，物体の姿勢を任意に設定できること

(2) 唯一性：特定の姿勢は唯一の (α, β, γ) の組合せに対応すること

(3) 回転順序独立性：$(\alpha \to \beta \to \gamma)$ の回転の順序を変えても最後の姿勢は変わらないこと

の3条件が必要となる．これら3条件を満足するには3軸回りの回転角の定義と解釈を変える必要があり，Grood ら[16]と Chao[17]は，今日，関節座標系として知られている浮動軸や gyroscopic Euler system を提案している．

図 2.8 は Grood らの浮動軸を膝関節に当てはめた例を示したものである．図で，基本ベクトル e_1，e_3 で表される2軸は，それぞれ大腿骨と脛骨とに個別に固定された剛体固定軸であり，それぞれ屈伸 α と内外旋 γ を表すために用いる．一方，第三の軸 e_2 は，固定2軸の共通垂線で定義する．この第三の軸は，大腿骨，脛骨のいずれにも固定されていないため，浮動軸と呼ばれ，この第三の軸回りの回転で内外反 β を定義する．

図 2.8 で，回転順序依存性が存在しない秘密は e_2 軸を e_1 軸と e_3 軸の外積で決定している点にあり，大腿骨が e_1 軸（$= X$ 軸）回りに α だけ回転しても e_1 軸と e_3 軸の向きは変わ

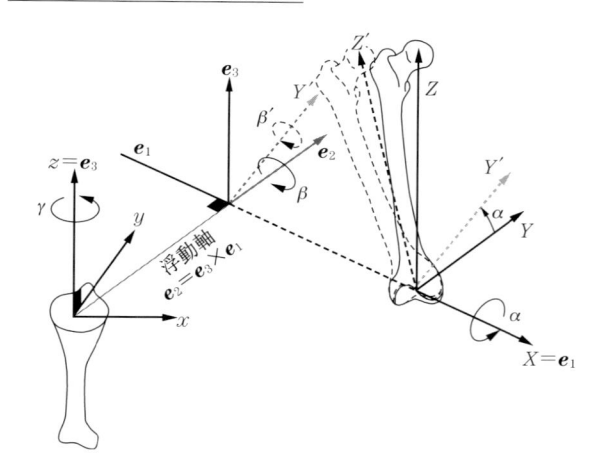

図 2.8 関節座標系

らず，したがって e_2 軸も変化しない。しかし，3軸オイラー角表示法では，X 軸回りに大腿骨が α だけ回転した結果，新しい Y' 軸ができ，この軸回りに回転させることになるから，最初に回した角度 α が決まらないと，つぎにどれだけ回すべきかが決まらず，順序性が出てくるというわけである。

地球コマや羅針盤などに用いられているジンバル機構では，ロータや指針の軸が外輪とは独立に一定の姿勢を保つことができるが，Chao の gyroscopic Euler system は Grood らの浮動軸をジンバル機構で具体化したものである。

オイラー角表示法は，一定の約束の下で物体の三次元姿勢を示すには優れた方法であるが，あたかも，実際に行われた回転運動を記述しているように誤解されやすい。Grood らや Chao が提案した関節座標系は現実に行われた3軸回転を記述するのに適しており，3軸の定義が解剖学的運動軸（屈伸，内外反，内外旋）と一致している。関節座標系では，オイラー角表示法で前提としている二つの条件

（1） 直交3軸座標系を使用すること

（2） 一方を固定座標系，他方を移動座標系とし移動座標系の三次元姿勢を固定座標系で表すこと

を否定し，一対のリンク間で実際に生じた回転運動を表すことのみを目的としている。このために，二つの固定軸と一つの浮動軸それぞれに固定された合計3種の座標系を必要とする。

〔3〕 **擬似回旋運動について**[18), 19)] 肩関節を例に擬似回旋の問題を取り上げる。擬似回旋とは3軸回りの回転運動において，第一，第二の軸回りの回転によって，第三の軸回りに実際には生じていない見かけ上の回転が観察される現象であり，別名"誘起回転"とも呼ばれる。肩関節の回転運動は屈伸，内外旋，内外転の3種で定義されている。屈伸が主体の膝関節運動と異なり，3種の回転が広範囲に行われる肩関節運動は，**図 2.9**（a）のように球面座標系で表されることが多い。

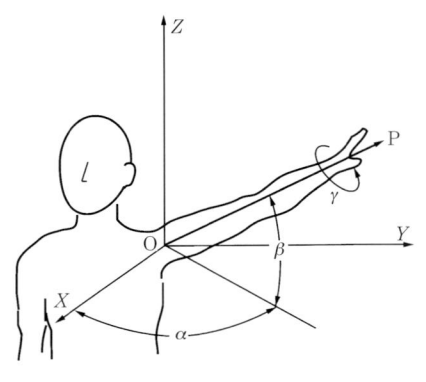

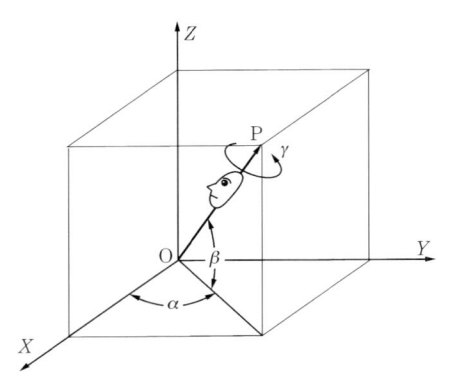

(a) 肩関節肢位の球面座標表示　　　　(b) 有顔ベクトル

図2.9　肩関節運動

上肢を上腕と前腕を一体化し，剛体リンク $\overrightarrow{OP}$ で置き換え，その三次元姿勢を表す際，$\overrightarrow{OP}$ の方向ベクトルは球面座標での緯度 α と経度 β で表される。しかし，これら2変数のみでは回転の3自由度を表すことはできず，リンクの長軸回りの内外旋角度 γ を表すために新たな基準位置を設定しておく必要がある。そこで，図（b）のように剛体リンク $\overrightarrow{OP}$ をベクトルと見なし，このベクトル回りの回転を考慮するため，内外旋角0の位置に顔をつけた「有顔ベクトル」[20] が提案されている。

図2.9の内外旋角度 γ には α や β の値いかんで擬似回旋角度が含まれることを以下に示す。**図2.10**で，β と γ をそれぞれ $\beta=\beta_0$，$\gamma=0$ と一定に保ちながら，$\alpha=0$, $\pi/2$, π, $3\pi/2$, 2π とリンク $\overrightarrow{OP}$ を Z 軸回りに一周させると，$\gamma=0$ にもかかわらず，$\overrightarrow{OP}$ には明らかに回旋が生じている。また，$\beta\to\pi/2$ として $\overrightarrow{OP}$ が北極を指し示す極限を考えると，α 変位と β 変位の識別ができなくなる。このような状態は"ジンバルロック"[17] と呼ばれ，この状態では3軸回転角を直接求めることはできない。

一般に，図2.10の γ のような回旋運動には，真の回旋（図2.10では生じていない）に

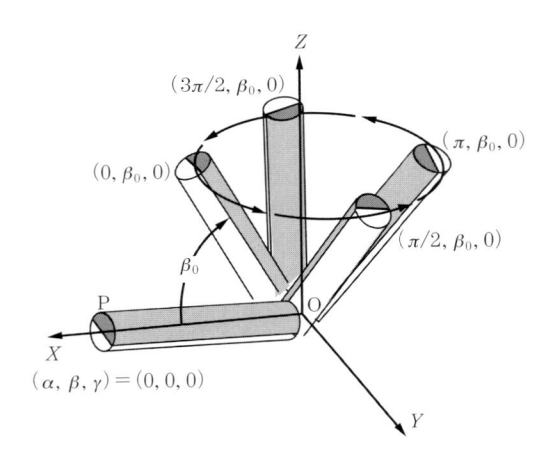

図2.10　擬似回旋の例（極座標変数 α, β の定義は図2.9と同じ）

擬似回旋が含まれることが知られている。その理由は内外旋角度 γ の基準位置を示す方向ベクトル $\overrightarrow{OP}$ 自体が (α, β) の関数になっているためである。ただし，$\overrightarrow{OP}$ の運動が子午線上（$\alpha=$ 一定）あるいは赤道上の水平面内（$\beta=0$）の場合には，γ に擬似回旋運動は含まれない。

図 2.10 のような不都合を除き，真の回旋量を表すため，オイラー角の角速度に戻り，これを積分して回旋量を求める方法が提案されている[18]。オイラー角はベクトルではないが，角速度はベクトル量となる。角速度は回転軸上で，大きさは回転の速さに，向きは回転方向に右ねじが進む向きのベクトルとして定義される。図 2.11 は図 2.6 のオイラー角表示を角速度表示に変更したものである。図で，$\dot{\omega}$ が真の回旋角速度，$\dot{\alpha}\sin\beta$ が擬似回旋速度，$\dot{\gamma}$ が両者を含めた見かけの回旋速度を表す。ベクトル合成により，$\overrightarrow{OP}$ の見かけの回旋速度 $\dot{\gamma}$ は次式で与えられる。

$$\dot{\gamma}=\dot{\omega}+\dot{\alpha}\sin\beta \tag{2.22}$$

式（2.22）を積分すれば，時刻 $t_1 \sim t_2$ 間に生じた見かけの回旋量が求まるが，この値は，時刻 t_1 における回旋角度と時刻 t_2 間における回旋角度の差として求められる。すなわち，見かけの回旋量に関しては加法定理が成り立つ。しかしながら，時刻 $t_1 \sim t_2$ 間における真の回旋量 Ω_{1-2} を求めるには

$$\Omega_{1-2}=\int_1^2 \dot{\omega}\, dt = \int_1^2 \dot{\gamma}\, dt - \int_1^2 \dot{\alpha}\sin\beta\, dt \tag{2.23}$$

の計算が必要になる。なお，$\dot{\alpha}=0$ あるいは $\beta=0$ の場合には，式（2.22）の右辺第二項が 0 のため擬似回旋運動は生じず，$\dot{\gamma}=\dot{\omega}$ となり，見掛けの回旋量と真の回旋量は一致する。

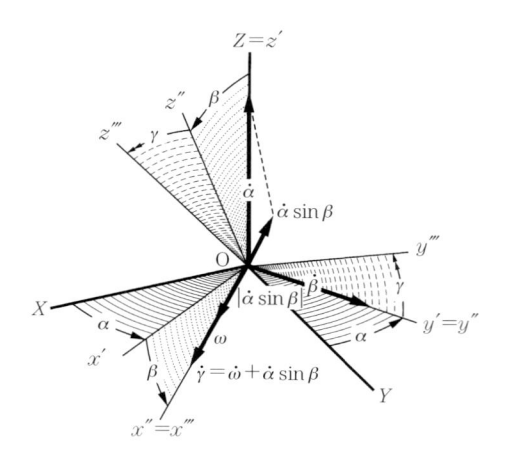

図 2.11　角速度ベクトル

図 2.10 の問題をさらに端的に表した例に Codman のパラドックス[21]がある。図 2.12 （a）で，上肢の初期肢位は体幹に平行に下垂し，掌を内側に向け，親指は前方を向いているとする。まず，上肢を前額面内（XZ 面内）で，①を経て，②に至るまで 180°挙上させ

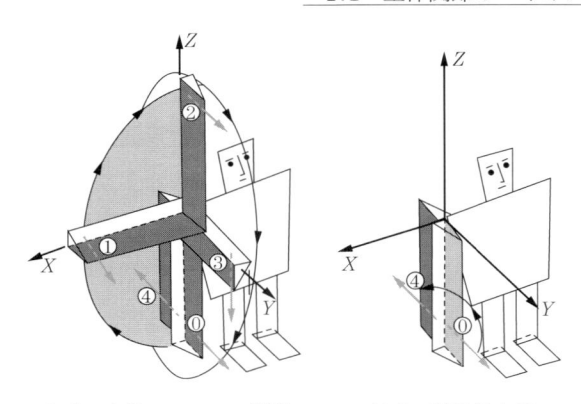

(a) 上肢のCodman運動　　(b) 随意的内旋

図 2.12 Codmanのパラドックス

る．つぎに，上肢を矢状面内（ZY面内）を③を経て，④まで下降すると，掌は外側を向き，親指は後方を向いている．前額面での挙上，矢状面での下降では回旋が起きないのに，両者を連続して行うと，下垂した上肢を随意的に180°回旋（内旋）させた図（b）の場合と同じ結果になってしまう．

Codmanのパラドックスを解き明かすには，上肢が丁度①，②，③の位置に来たときのいわゆる"ジンバルロック"状態の取扱いが障害となる．MiyazakiとIshida[19]は，εを任意微小量として，例えば180°を180°±εと置き換え，式（2.23）を適用することにより，①→②→③→④で真の回旋量Ωが0となることを証明している．**表2.3**は，上肢がCodmanの運動経路をたどった場合と，下垂した上肢を随意的に180°内旋させた場合とで，同じ結果をもたらすカラクリを説明したものである．

表 2.3 Codmanの運動と随意的内旋での回旋量の違い

	見かけ上の回旋量 $\int \dot{\gamma} dt = \Omega + \int \dot{\alpha} \sin\beta\, dt$	真の回旋量 $\Omega = \int \dot{\omega}\, dt$	擬似回旋量 $\int \dot{\alpha} \sin\beta\, dt$
Codmanの経路	$-180°$	$0°$	$-180°$
随意的内旋	$-180°$	$-180°$	$0°$

以上のモデルでは上肢を1本の剛体リンクで近似したが，現実には肘関節が存在する．式（2.23）を一般化して，体幹に対する上腕と前腕のオイラー角が既知のときに，前腕の上腕に対する回旋量はどのように表されるかという問題を解くには複雑な計算が必要となる．

〔4〕**ま と め**　　関節の三次元回転運動を表す場合の問題点の解決法として，膝関節を対象に関節座標系を，また肩関節を対象にオイラー角速度ベクトル表示法を紹介した．

オイラー角表示法は，実際に行われた回転運動がどうであれ，回転後の三次元姿勢を一定の約束の下で厳密に表すには適した方法である．逆に，関節座標系による表示法では，3軸回りの回転順序などにとらわれることなく，実際に生じた屈曲・伸展，内外旋，内外反など

の解剖学的角度を直接表すことができる。ただし，例えば，大腿骨に対する脛骨の三次元姿勢を表すのに，関節座標系で表される角度変数を直接用いることはできない。角速度ベクトル表示法は関節分節の三次元姿勢と各分節相互の相対的回転量を厳密に結び付けるものであるが，数式が複雑になり過ぎ，臨床応用には適していない。直感的わかりやすさを取るか，数学的厳密さを取るかは，対象とする関節構造や解析条件に依存して決定しなければならない。

2.2 生体流体工学

2.2.1 生体と流体工学

液体と気体とを合わせて流体と総称するが，生体は流体なしには活動できない。人間の体重の約60％は水が占めており，その水の約2/3は細胞の中に存在している。血液やリンパ液などは8割以上が水分であり，骨にも2割ほど水が含まれている。また，空気の中に含まれる酸素は細胞活動に不可欠であり，人間は呼吸することにより，酸素を摂取する。摂取された酸素は血液により体中の細胞へと運ばれる。

特に流体とかかわりのある臓器としては大きく三つ挙げられる。すなわち，循環器系，消化器系，呼吸器系である。循環器系では血管が代表的な臓器である。人間の血管の長さは全長約96 000 km，体内の全血液量は，人種を問わず成人の場合，体重の約1/13といわれており[22]，安静状態で心臓から送られる血液量は毎分約$5l$である。つぎに消化器系では口，食道，胃，小腸，大腸，直腸，また消化腺系では唾液腺，肝臓，膵臓，脾臓等がある。典型的な人間は1日に約$1.2l$の水分と，800 gの食物を摂取する。これらに加えて$1.5l$の唾液，$2l$の胃液，$0.5l$の胆汁，$1.5l$の膵液，$1.5l$の腸液の合計$7l$の消化液を分泌している[23]。消化液のほとんどは体外には排出されず，分解と再利用が繰り返されている。さらに呼吸器系では肺，肺胞，気道等がある。安静状態における成人の1分間当りの呼吸数は約15～20回，呼吸量は1分間あたり8～$10l$程度である。

本節では特に循環器系について話をすすめる。生理学の観点から考えた場合，血液循環の一番の重要な点は細胞活動に必要な物質の輸送である。血液により酸素と栄養物とが細胞へと輸送され，代わりに細胞で産出された二酸化炭素と老廃物とが細胞から輸送される。また，熱も血液によって輸送され，体温の均一化に役立っている[22]。

2.2.2 血管と血流

まず血液循環の視点から血管と血流を考える。人間の全身の血液循環には2系統存在する（図2.13）。一つは体循環であり，心臓の左心室から大動脈として出た血管は動脈，細動脈

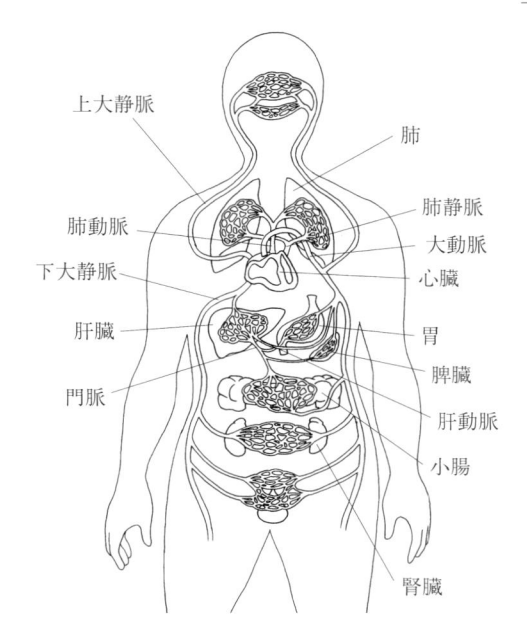

図 2.13 全身の血管と臓器

へと分岐し，最終的には毛細血管となり，体の隅々の組織・細胞にまで血液を送る．その後，毛細血管は再び細静脈，静脈へと合流し，最終的に大静脈となり心臓の右心房へと戻る．また，もう一つは肺循環であり，心臓の右心室から肺動脈として出た血管は分岐し毛細血管となり肺胞で血液中の二酸化炭素を放出し，赤血球中に酸素を吸収するガス交換が行われる．その後，肺静脈へと合流し，心臓の左心房へと戻る．このように血管は血液が流れるための管として働いている．しかしながら血管はただの管ではなく生物学的な構造と機能とを有しており，血液とともに生体組織としての役割を担っている．

〔1〕 **血管の構造と機能**　図 2.14 に示すように，動脈は内膜，中膜，外膜の3層からなり，それぞれの膜の間に弾性板がある[24]．内膜の血管内腔側は内皮細胞で覆われ，その下に血管基底膜，弾性板がある．中膜は平滑筋細胞と弾性線維等の細胞外マトリックスが発達

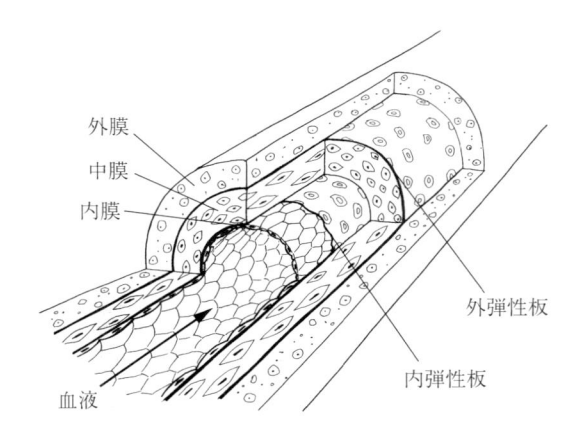

図 2.14 血管（動脈）の構造

しており，厚く弾力に富む。外膜は血管に栄養を与える血管や，神経，コラーゲン等の細胞外マトリックスからなる。

　静脈は動脈と同様に3層の膜構造を有しているが，比較して筋組織と弾性線維の発達が悪く弾力性に乏しく，膜の区別が不明確な場合も多い[25]。主要な静脈には，心臓からの逆流を防ぐために結合組織性の静脈弁がある。

　毛細血管は，薄い内皮細胞が細網線維からなる基底膜によって取り巻かれ，その外側を周皮細胞が囲んでいる[24]。毛細血管の直径は 5～10 μm 程度であり，血球成分が通過する。毛細血管は物質交換の場であり，物質やガスが内皮細胞の間を透過，もしくは細胞内を経て輸送され，組織・臓器の細胞と血液との物質交換が行われる。

〔2〕 **血管内血流の基礎式**　　血管内の血流の挙動を考える場合には，血流の挙動を支配する基礎方程式が必要であり，最も重要な基礎方程式は連続の式と運動方程式である。最初の基礎方程式は，「血管の一つの断面（断面積 A）から速度 u で流れ込む密度 ρ の血液の質量流量 $Q=\rho Au$（単位時間に断面積 A を通過する流体の質量）と，ほかの断面から流れ出る血液の質量流量は等しい」という物理法則に基づいている。この法則は質量保存の法則と呼ばれている[26]。

　血液は非圧縮性流体（ρ が一定である流体）と見なすことができ，血流は直管の中を流れる一次元流れであると考えられる単純な場合には，質量保存の法則は以下の式で表される[27]。

$$\frac{\partial u}{\partial t}+\frac{\partial}{\partial x}(uA)=0 \tag{2.24}$$

式（2.24）は連続の式と呼ばれている。

　つぎに流体の運動を記述する運動方程式が必要となる。これはニュートンの力学の法則より導かれる。後述する粘性の影響を無視することにより簡単化した流体の運動方程式は次式で表される。

$$\rho\left(\frac{\partial u}{\partial t}+u\frac{\partial u}{\partial x}\right)=-\frac{\partial p}{\partial x} \tag{2.25}$$

式（2.25）はオイラーの運動方程式と呼ばれている（重力の影響は無視した）。これらの式を用いた簡単な解析例として，つぎに動脈血管を伝わる波について考える。

〔3〕 **脈波**[28),30),31]　　動脈の波は脈波と呼ばれる[29]。昔から脈拍を測ることにより非侵襲診断や健康管理が行われてきたように，動脈脈波より体の機能に関する情報を抽出することが可能である[30]。脈波速度は心臓の拍動により生じた脈波が動脈を伝播する速度であり，動脈血管の弾性と深い関係があることが Young によって指摘された[31]。以下でこの脈波速度を求める。

　動脈血管は径，厚さ，性質が一様な円管とし，血管内部と外部の圧力差は無視する。血管

断面積 A は血管内圧力 p のみの関数となると仮定する.

$$A=A(p) \tag{2.26}$$

つぎに ΔA と Δp をそれぞれ，A および p の微小増加分とする．p が増加すると A は増加することを考慮すると，$\Delta A/A$ は血管の面積ひずみの増分となり，次式（2.27）で定義される

$$\kappa = \frac{\Delta p}{\frac{\Delta A}{A}} \tag{2.27}$$

は血管の弾性率を表す[28]．式（2.27）は，圧力の変化による血管断面積の変化は $\Delta A = A\Delta p/\kappa$ で表せることを示している．これを式（2.24），（2.25）に代入し線形化を行うと

$$\frac{\partial p}{\partial t} + \kappa \frac{\partial u}{\partial x} = 0 \tag{2.28}$$

$$\frac{\partial u}{\partial t} + \frac{1}{\rho}\frac{\partial p}{\partial x} = 0 \tag{2.29}$$

が得られる．式（2.28）を t で，式（2.29）を x でおのおの偏微分し，辺々差し引くことにより次式が得られる．

$$\frac{\partial^2 p}{\partial t^2} = c_0^2 \frac{\partial^2 p}{\partial x^2} \tag{2.30}$$

式（2.30）は波動方程式と呼ばれる．この式は圧力の変化が速度 c_0 で伝わることを表しており，Moens と Korteweg らにより脈波速度 c_0 は以下のように導かれた[27]．

$$c_0 = \sqrt{\frac{\kappa}{\rho}} = \sqrt{\frac{\frac{\Delta p}{\Delta A}}{\rho}} = \sqrt{\frac{A}{\rho}\frac{\Delta p}{\Delta A}} \tag{2.31}$$

式（2.30）を用いて，血管内を伝播する脈波速度 c_0 と血管物性，特に弾性との関係をつぎに考える．

〔4〕**脈波速度と血管特性**　血圧が上昇すると血管壁が血管半径方向および長さ方向に伸び，血管の弾性による力と血圧とが平衡する．血管の伸びが軸対称で微小であり，軸方向の伸びを無視すると，血管の平衡位置からの半径方向の微小変位 ξ を用いて，血管の円周方向の単位面積当りの力 $\boldsymbol{T_\theta}$ は次式で示される[28]．

$$-\frac{\boldsymbol{T_\theta}}{R} = -\frac{1}{R}\frac{Eh}{1-\sigma^2}\frac{\xi}{R_0} \tag{2.32}$$

ここで，R_0 は平衡時の血管半径，$R=R_0+\xi$ は血管半径，E は血管のヤング率，σ は血管のポアソン比，h は血管の厚さである．$\boldsymbol{T_\theta}/R$ が血管内圧力 p に等しいこと[28]を利用し，式（2.32）を線形化すると

$$\Delta p = \frac{\Delta \xi}{R_0^2}\frac{Eh}{1-\sigma^2} \tag{2.33}$$

が得られる。$\Delta A = 2\pi R_0 \Delta \xi$ を利用し，$\sigma = 0$ とともに式 (2.31) に代入すると，脈波速度 c_0 が

$$c_0 = \sqrt{\frac{Eh}{2\rho R}} \tag{2.34}$$

で与えられる。式 (2.34) は Moens-Kortweg の公式と呼ばれる[27]。

式 (2.34) を用いると，血管壁が厚いほど，また動脈が硬いほど脈波速度は速くなることがわかる。そのため脈波速度を測定することによって，動脈硬化の定量的指標を得ることができる[29), 30)]。動脈硬化症は動脈壁が弾性を失い硬化し，さらに血管の内膜または内膜下組織が肥大し，血管の内腔が狭くなり，血液がスムーズに流れなくなる循環器系疾患である。ほかにも脈波波形を診断することにより，弁脈症，心筋症，不整脈等のさまざまな疾患を検知することが可能である。

2.2.3 血液のレオロジー

2.2.2 項では，流体力学と弾性力学の基礎式を用いることにより，血管特性が検討でき診断の一助となる例を示した。特に動脈硬化症は重篤な循環器系疾患である。心筋細胞に栄養を送る冠状動脈の動脈硬化により，冠状動脈が閉窄し，心筋細胞の死に至る虚血性心疾患は現代の主要な循環器疾患である[25]。これらの血管の疾患には血流により形成される流れ場の構造，すなわち血行動態が大きな因子を占めていると考えられている。したがって，心臓の収縮により駆動される血液の血管内でどのような速度分布となるのか，また，動脈硬化症においては，血液が血管壁にどのような力を及ぼしているかを考えることが重要となってくる。

〔1〕 **レオロジー** 流体はせん断応力（単位面積当りのせん断力）を加えると流動する[31]。流体の運動を記述するオイラーの式 (2.25) に，粘性の影響を取り込むためには応力と流体の局所的な性質の関係を表す構成方程式が必要であり，応力と流体の性質との関係とが明らかになれば，流体の挙動をより詳細に解析することが可能となる。

血液の流体力学的性質とその流動挙動を研究する学問分野を血液レオロジーまたはヘモレオロジーという。レオロジーとは，物質の変形と流動とを取り扱う分野であり，Bingham, E. C. が，1929 年に命名した言葉である[27]。

〔2〕 **粘性とせん断応力** 流体内部で流れを妨げようとする摩擦力を生じさせる性質を粘性という[32]。粘性とは流体を変形させるときに抵抗を示す性質である。**図 2.15** に示すように，2 枚の平行な板の間に流体を満たし，下の板を固定し，上の板を一定の速度 U で動かし，流れが定常（流体内の各点における速度が時間的に変化しない）となると，内部の流体の速度 u は 0 から U まで直線状に変化する。このような流体の流れを Couette の流れと

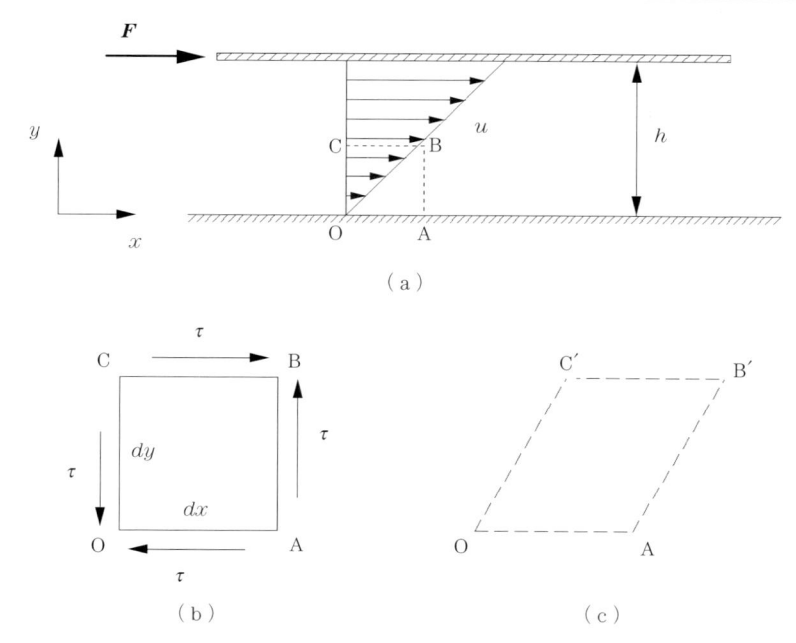

図 2.15 Couette 流れと流体のせん断

呼ぶ。

この流れ場の中の四角形 OABC に着目する。時間 t の後には四角形の上辺と下辺とで流体の速度が異なるために，平行四辺形 OAB'C' に変形する。このとき $\partial u/\partial y = U/Y$ はせん断ひずみ速度 $\dot{\gamma}$ と呼ばれる。せん断ひずみ速度 $\dot{\gamma}$ により発生する応力をせん断応力 τ と呼び，板を動かす際に，板が流体より受ける抵抗力となる。

ニュートンは，ほとんどの流体では τ が $\dot{\gamma}$ に比例し，その比例定数 μ が流体固有の物性値であることを実験的に発見した[26]。

$$\tau = \mu \dot{\gamma} \tag{2.35}$$

式 (2.35) はニュートンの粘性法則と呼ばれ，μ が粘性の強さを示す粘度である[27]。ほとんどの低分子の液体や気体では，ニュートンの法則が成立し，このような流体をニュートン流体という。

〔3〕**非ニュートン流体**　一般に高分子の液体や溶液および多くの生体由来の流体はニュートンの粘性の式には従わない。このような流体を非ニュートン流体と呼ぶ[31]。応力 τ とせん断ひずみ速度 $\dot{\gamma}$ との関係が，ニュートン流体では線形であるのに対して，非ニュートン流体は非線形である。非ニュートン流体では τ と $\dot{\gamma}$ には比例関係ではないため，式 (2.35) 中の μ は定数ではない。$\mu_a = \tau/\dot{\gamma}$ をみかけの粘性と呼び，μ_a は $\dot{\gamma}$ または τ に依存するため，物性値ではなくなる。

図 2.16 に $\dot{\gamma}$ と μ_a との関係の例を示す。図の（a）は μ_a が $\dot{\gamma}$ に依存せず一定の場合であ

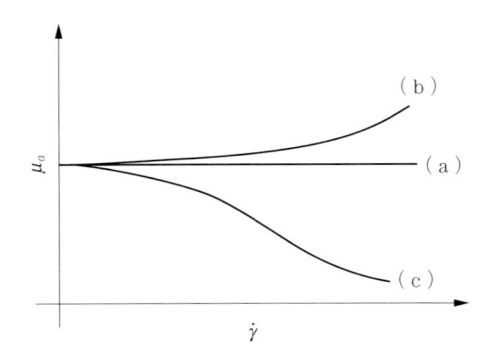

図 2.16 せん断ひずみ速度と見かけの粘度の関係

り，ニュートン流体を表す。（b）は μ_a が $\dot{\gamma}$ の増加とともに増加する場合であり，せん断粘稠化またはダイラタンシーという。（c）は μ_a が $\dot{\gamma}$ の増加とともに減少する場合であり，せん断流動化またはチクソトロピーという。

〔4〕 **血液の成分** 体重 60 kg の成人の総血液量は約 4.5 l であり，血液は約 45 % の細胞成分と約 55 % の液体成分から構成される[31]。また，血液の細胞成分は赤血球，白血球，血小板から構成される。血液の中で赤血球が占める容積比率をヘマトクリット値といい，静脈血のヘマトクリット値は 40〜50 % である。白血球は顆粒球，リンパ球，単球に分類される。単球が組織に到達し変化したものをマクロファージという。マクロファージは老廃細胞，組織，細菌，異物を取り込み貪食し，殺菌処理する役割がある[27]。

また，液体成分を血漿という。血漿の約 90 % は水であり，ほかはタンパク質，糖質，脂質等である。この中には脂質の一種（ステロールの一種）であるコレステロールが含まれ，血中のコレステロールはリポタンパク質により運ばれる。リポタンパク質のうち低密度リポタンパク質（LDL）が高いと動脈硬化症発症危険率が増加することが知られている[25]。

〔5〕 **血液の粘性** 血液の粘度は，せん断ひずみ速度に依存した非ニュートン流体である[31]。低せん断ひずみ速度領域では，血液の粘度は増加する。これは赤血球と血漿タンパク質との相互作用により赤血球が凝集構造を形成し，流動抵抗が増加するためである。せん断ひずみ速度の増加により，この凝集構造が壊されるために，血液の粘度は急激に低下する。

一方，高せん断ひずみ速度領域では，血液の粘度は低下する。これは赤血球が楕円板に変形し，流れに平行に配向するためである。血液中に脂肪，糖分，乳酸等が多い場合や，酸素が不足すると赤血球の変形能力を低下させ，赤血球を硬化させる要因となるため，粘度が上昇する[27]。

血液粘度の上昇は，全身の循環障害，血液酸素運搬能低下を招き，脳血管障害の危険を増加させるほか，頭痛，めまい，視力障害，耳鳴り，筋肉痛などの過粘稠度症候群と呼ばれる循環障害に至る。

2.2.4 血流と生体機能

血管内の血流流れは，必ずしも層流ではなく，乱流と呼ばれる流れも存在する。乱流は時間的，空間的に非常に不規則な流れであり，層流と比較すると，血流内部の速度分布が大きく変化しており，特に血管壁面近傍でのせん断応力および血管壁面上でのせん断応力が増加する。血管壁に作用するせん断応力の増加は，血管内皮細胞の障害や生理学的機能の変化の原因となる。また，血流内部でのせん断応力の増加は，赤血球の崩壊や血栓形成等を引き起こすといわれている。そこで，血管，特に血管内皮細胞と血液・血流とがたがいにどのように影響を及ぼしあっているかを考える。

〔1〕 **血管内皮細胞での生理学** 血管の内膜の内側（血液側）は単層の血管内皮細胞で覆われており[25]，血管内皮細胞は，血流中のさまざまな刺激を受け，生理的機能を発揮している。まず，血管内皮細胞はたがいに接着し，血液が外に漏れるのを妨げ，血液と血管壁を隔てる役割を果たしており[24]，特定の物質輸送の機能も有している。また，血管収縮性に作用する生理活性物質を産生し，平滑筋細胞に作用することにより，血管の拡張や収縮を促し，血流の流量を調整する機能を発揮している。さらに，血管内皮細胞は血球細胞同様，血管内で血液と直接接触しているので血液内のいろいろな変化を鋭敏に察知して，血液の状態を調節している。

血管内皮細胞には，つねに血流によるせん断応力や血圧による垂直応力等の力学的刺激が与えられ，内皮細胞の生理的機能に重要な影響を及ぼす。これらの力学的刺激は血管内皮細胞の形態，生理機能や遺伝子発現にきわめて重要な影響を与え，最終的には種々の物質の産生などの機能変化を起こすことが明らかとなっているが，その機構の詳細は不明である。また，血管内皮細胞は凝固性と抗凝固性の相反する二つの特性を持っており，これらの反応が調節されている。血管内皮細胞は生理的状態では血小板凝集や血液凝固を抑制する抗凝固性であり，血栓が生じても溶解する。しかし血管内皮が傷つき出血すると，血液や血小板が凝固し，止血反応が生じる。せん断応力と法線応力による力学的刺激は，生理的範囲内では血管内皮細胞からの生理活性物質の放出を促し，血栓の形成を妨げている。

最後に血液の生理的機能の例として，白血球と内皮細胞との相互作用について述べる。白血球は感染や炎症などの障害が起こった組織に集積し，その結果，免疫反応や炎症反応が発現される。炎症部位近傍の活性化された内皮細胞が接着因子と呼ばれる細胞間接着性を調整するタンパク質を産出し，これと血液中の白血球とが結合し，白血球が内皮細胞表面でローリング・接着する。これにより血管表面形状が変化し，血流の流れに影響を与える。さらに停止した白血球が活性化され，内皮細胞間隙から血管外へ遊走し，組織へと移動する[33]。

以上のように，血液・血流および流れによって誘起される力学的刺激と血管内皮細胞の生理的機能とは密接な関連がある。

[2] **粥状動脈硬化**　　流体による力学的刺激と細胞との相互作用とが要因となっていると考えられている粥状動脈硬化について見てみる[34]。粥状動脈硬化症は，動脈の肥厚や脂質沈着にともなう血管機能の低下，心筋梗塞や脳梗塞などの循環器系疾患を引き起こす原因となると考えられている。

動脈硬化病変の形成過程に関して，Rossらは「障害反応仮説」を提唱した[25]。まず動脈硬化の危険因子による血管内皮細胞の機能障害によって，単球・リンパ球が内皮細胞へ接着し，内皮下への侵入が起こる〔図 2.17（b），図（a）は健常〕。単球から分化したマクロファージがLDLを貪食して取り込み，細胞内に多量の脂質を蓄積して巨大化した泡沫細胞となり，脂質の沈着が起こり粥状動脈硬化病変を形成する〔図（c）〕。また，マクロファージはサイトカインと呼ばれる微量で生理活性を有するタンパク質を遊離し，このサイトカインによって平滑筋細胞の増殖が促進される。形質変換を起こした平滑筋細胞が内膜へ遊走・増殖し，粥状動脈硬化病変は，中心部の脂肪と平滑筋，細胞外マトリックスの集合体であるプラークを形成する。プラークの増大により細胞狭窄性病変ができあがる〔図（d）〕。さらに進行すると，病変部に血小板が付着し，血栓が形成される。

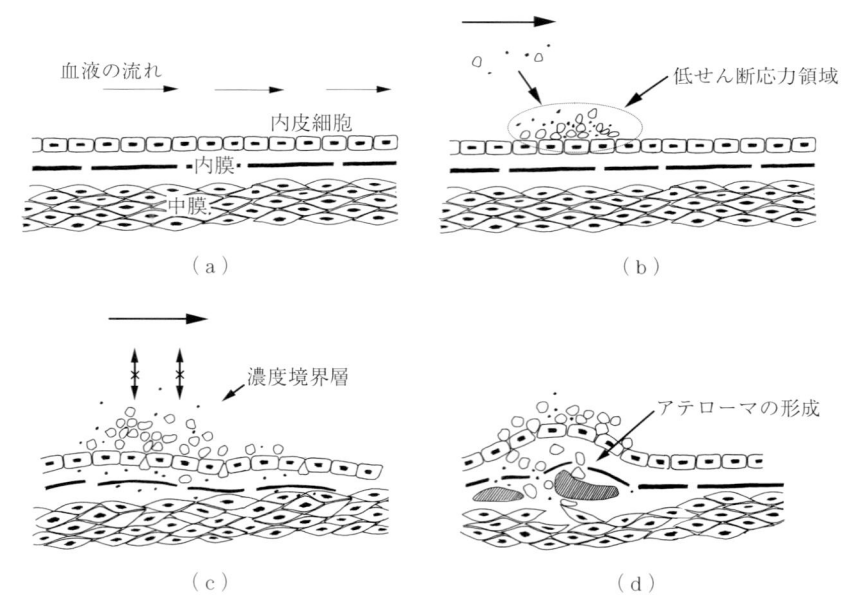

図 2.17　動脈硬化の形成過程

粥状動脈硬化病変は，動脈の分岐部や湾曲部など，血流が変化し，せん断応力が低下した部分に生じやすい。単球の接着因子は血流による壁面せん断応力によっても誘起される。内皮細胞では壁面せん断応力が増大すると，ある種の接着因子の発現が減少する。また，壁面せん断応力が低下すると内皮細胞の接着因子の発現が増大し，単球や血球等が接着しやすく

なる。

以上のようにせん断応力の変化などで生じるさまざまな刺激物質が血管内皮細胞を活性化し，血管内皮細胞の機能に重大な影響を与えると考えられている。したがって，病変の進行は血流流れと密接な関係にあることが理解される。また，発症の初期段階において，血管内皮の機能障害が重要な役割を持つと考えられている。その要因および危険因子として血流流れによると考えられるもの以外にも，高血圧による機械的刺激，高脂血症，糖尿病，高インスリン血症，高ホモシステイン血症，喫煙（一酸化炭素）が示唆されている。

2.3 生体熱工学

2.3.1 身体と熱と温度

生命活動を維持する上で温度は最も重要な因子の一つである。生物は，環境温度の変化に対してホメオスタシス（内部恒常性）を維持する機能を備えており，特にヒトのような恒温動物は体内の温度を非常に狭い温度範囲に保ちながら生存している。ヒトの体温は通常 36～37℃である。35℃以下は低体温と呼ばれ，33℃を下回ると意識が混濁，28℃以下では昏睡状態，20℃になると死亡する。一方，42℃を超えた状態が長時間続くと，熱射病や脳障害が生じるようになる。このような温度変化による障害を起こさぬよう，体温が 30～41℃の範囲では体温調節（thermoregulation）機能が働く。

ヒトの活動の源は食物であり，その栄養素の異化作用の過程で放出されるエネルギーは外部仕事および熱として消費され，残りはATP（adenosine triphosphate）などの形で貯蔵される。しかし，最終的には大部分が熱に変換されることになる。いま，身体を一つの系と見なすと，その熱エネルギーの収支はつぎのように表される。

$$\dot{Q}_{store} = \dot{Q}_{trans} + \dot{Q}_{gen} + W \tag{2.36}$$

ここに，$\dot{Q}_{store}$〔W〕は時間とともに蓄えられる熱量，$\dot{Q}_{trans}$ は外界から系（身体）へ伝わる熱量，$\dot{Q}_{gen}$ は代謝（metabolism）により体内で産生される熱量，W は外界からなされる仕事である。

骨格筋の収縮などATPを消費して外部に仕事をする運動では，体内の化学エネルギーが仕事と熱エネルギーに変換され，全体としてはエネルギー収支が満足される。しかし，ここでは，あくまで温度変化を求めることを目的として熱エネルギーの収支を考えているので，筋肉の運動を考える場合には，仕事の発生に付随して生じる産熱を $\dot{Q}_{gen}$ として考慮すればよい。また，W は運動による仕事ではなく外部からなんらかの形で体になされる仕事のみを表す。系の体積を V〔m³〕とすると $\dot{Q}_{store}$ は次式で表される。

$$\dot{Q}_{\text{store}} = \int_v \rho c \frac{\partial T}{\partial t} dV \tag{2.37}$$

ここに，ρ〔kg/m³〕は密度，c〔J/(kg・K)〕は比熱，T〔K〕は温度，t〔s〕は時間である。したがって，$\dot{Q}_{\text{store}} > 0$ なら体温が上昇し，$\dot{Q}_{\text{store}} < 0$ なら低下することになる。$\dot{Q}_{\text{gen}}$ は代謝率（metaboric rate）とも呼ばれ，身体活動によって大きな影響を受ける。また，温度依存性も有し，体温が ΔT〔K〕増加すると $1.1^{\Delta T}$ 倍になることも知られている。

一方，環境と体表面の間の交換熱量 $\dot{Q}_{\text{trans}}$ はつぎのように四つの成分の和として表される。

$$\dot{Q}_{\text{trans}} = \dot{Q}_{\text{cond}} + \dot{Q}_{\text{conv}} + \dot{Q}_{\text{rad}} + \dot{Q}_{\text{evap}} \tag{2.38}$$

ここに，$\dot{Q}_{\text{cond}}$ は身体に接している物体からの伝導伝熱量，$\dot{Q}_{\text{conv}}$ は空気からの対流による伝熱量，$\dot{Q}_{\text{rad}}$ はふく射による伝熱量，$\dot{Q}_{\text{evap}}$ は蒸発による伝熱量であり呼吸や皮膚を通しての不感蒸散と発汗による。定常状態では $\dot{Q}_{\text{store}} = 0$ であるので，外部からの仕事が無視できる場合には，体内の産熱 $\dot{Q}_{\text{gen}}$ と体からの放熱 $-\dot{Q}_{\text{trans}}$ がバランスするところで体温が定まることになる。

実際には全身が同一の温度であるわけではなく温度分布が存在する。普通の条件下では体の核心部よりそのまわりの外殻温度のほうが低く，その差は環境温度が低下するほど大きくなり，手足などの低温部分の領域が広がってくる[35]（図2.18）。体表面からの放熱量は体表面と環境温度の差に依存するので，冷環境では表面温度が低いほど，また，低温部分が広いほど総放熱量が抑えられることになる。このように，環境温度の変化にともなう $\dot{Q}_{\text{trans}}$ の変化や身体活動による $\dot{Q}_{\text{gen}}$ の変化に対して，皮膚血管の自律的収縮や拡張により皮膚表面の温度が変化し，核心部の温度が一定に保たれる。したがって，37℃に維持されている体温とは，この核心部の温度のことである。

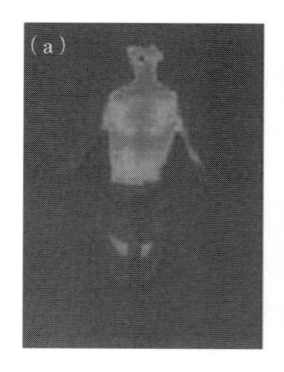

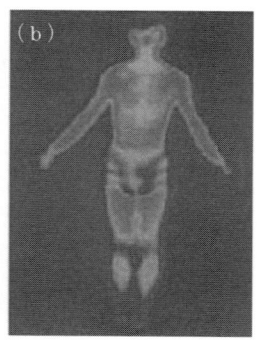

（a）22℃の場合には手足の温度が体の中央の温度より5℃程度低いのに対し，（b）28℃では腕および大腿の温度は体の温度に近い。

図2.18　冷環境と温環境における体の表面温度分布の違い[35]（口絵1参照）

このような自律性体温調節は，末梢の温度受容器（温点と冷点）で測定された皮膚温度と，中枢の温度受容器で測定された核心温度の情報が視床下部に送られ，そこで熱産生機構と熱放散機構が促進または抑制されることにより行われる。体温の上昇は，上記のような皮

膚血流の増加のほかに，発汗による蒸発熱量の増加によっても抑制される．一方，体温の低下に対しては，骨格筋の周期的収縮であるふるえにより熱産生が生じ，幼少期には脂肪酸が分解する非ふるえ熱産生も起こるとされている．さらに，対向流熱交換系と呼ばれる機構も体温調節に寄与している．四肢末端からの静脈には皮膚表層を通る表在静脈と，深部の動脈に近接している伴行静脈がある．温環境では表在静脈の血流により皮膚表面の温度が高くなり熱放散が促進されるが，冷環境では表在静脈の血流が減り伴行静脈の血流量が増加する．その結果，動脈と静脈の間の対向流熱交換により動脈血の温度が末端にいくほど低下し，手足が冷え放熱量も抑制される．なお，ツルや水鳥は寒い中で体温を保つため，さらに優れた対向流熱交換の機構を脚に備えている．

2.3.2　医療における高温・低温の利用

これまでに述べたように，ヒトの体温は約37°Cに保たれており，正常な体温調節範囲内では，局所的にもほぼ30～40°Cの範囲にある．しかし，全身あるいは局所の温度を高温にして，その際の障害を逆に利用する治療技術もある．がんの加熱治療はその一つであり，温熱療法（ハイパーサーミア，hyperthermia）と加熱凝固療法とに大別される．

ハイパーサーミアとはがん組織を42～43°Cに30～60分間加温する治療法であり，細胞の致死率が42.5°C以上で急激に高まることを利用した方法である．腫瘍組織内ではがん細胞の増殖に対して血管の成長が遅く血管網があまり発達していない．血流が少ないと酸素不足となりpHが低下するため温度感受性が高くなると同時に，血流による冷却効果が小さいため正常組織より温度が上がりやすい．このため，腫瘍を形成した状態ではがん組織のほうが正常組織より高い温度感受性を示すことが知られている．

加温法の観点からは，腫瘍局所または腫瘍を含む部位のみを加熱する局所ハイパーサーミアと全身を加温する全身ハイパーサーミアに大別される．局所ハイパーサーミアは現在温熱療法として普及している方法であり，加熱には，おもにマイクロ波やラジオ波などの電磁波が用いられる．マイクロ波加熱は電子レンジと同様，高周波の電磁波であるマイクロ波（周波数300 MHz～300 GHz，波長1 m～1 mm）を用いた加熱であり，おもに2 450, 915, 430 MHzが用いられる．この場合には，生体はおもに誘電体として働き，分極した分子どうしが高周波電界により衝突，摩擦しあって発熱する（誘電加熱）．マイクロ波加熱の場合には，組織内での減衰が大きく深部までの加熱が難しいので表在性の腫瘍の加熱に適している．一方，ラジオ（RF）波は周波数30 Hz～300 MHz，波長100 km～1 mの電波であり，波長が長いため生体は導電体として誘導加熱されるようになる．エネルギーを集中させるのは難しいが，深部まで加温でき，現在では相対する2枚の平板電極で身体を挟み，8 MHzのラジオ波を印加する装置を用いた治療が広く行われている（図2.19）．一方，全身ハイパ

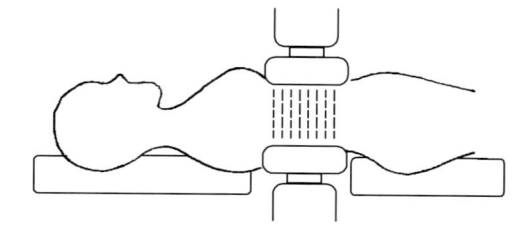

相対する2枚の平板電極で身体を挟み，ラジオ波で加熱する。

図2.19 ラジオ波によるハイパーサーミア

ーサーミアは，がんの完治よりむしろがんの進行を抑えることを目的として行われている。遠赤外線を用いて体内の温度を約1時間42℃に維持する「マイルドハイパーサーミア」の治療が行われている。いずれの場合にも，放射線療法や化学療法との併用が行われている。

　これらのハイパーサーミアより高温にするのが加熱凝固療法であり，焼灼療法とも呼ばれる。この場合には，経皮的に電極針を腫瘍に刺し，電磁波を印加してがん組織を熱凝固させる。この場合も使用周波数によりマイクロ波凝固療法（MCT）とラジオ波凝固療法（RFA）とに分類される。2 450 MHzを利用するMCTでは壊死範囲が1.5 cm×2.5 cm程度に限られるのに対し，RFAでは穿刺した針の先端から放物線状に出た数本の針に450 MHzのラジオ波を印加することで組織が90〜100℃に加熱され，3〜4 cmの凝固壊死範囲が得られる。

　一方，心臓の手術などの際には体温を低下させる低体温法が用いられる。これは，代謝率を下げることにより，一定時間全身の血液循環が低下しても，脳やその他の重要臓器に酸素欠乏による不可逆性の障害を来さないようにする方法である。場合によっては体温を23℃程度まで下げる超低体温法も用いられている。また，重症の脳外傷やくも膜下出血などの脳血管疾患の場合に，脳の温度を32〜33℃に保つ脳低温療法という治療も行われている。脳が損傷を受けると脳血流と脳代謝のバランスが崩れることに加え，頭蓋内圧の亢進と脳灌流圧の低下により脳温度が上昇する。これが原因で脳神経細胞がつぎつぎと死滅することが明らかになっている。脳低温療法とは，脳内の熱貯留を防止するとともに神経伝達物質の放出やフリーラジカルの反応を抑制して脳死を防ぐ治療法であり，一般には水冷式のブランケットで全身を冷やすことにより脳温度を低温に保っている。

　これらの治療に比べてきわめて低い温度を利用する治療法もある。凍結手術（cryosurgery）とは，先端のみが低温になる凍結プローブを組織表面に密着あるいは経皮的に穿刺して腫瘍などの組織を凍結壊死させる手術である。最低到達温度は，従来から用いられている液体窒素冷却の場合で−196℃，高圧のアルゴンガスをプローブ内先端部で断熱膨張させた際に生じるジュール・トムソン効果を利用した最新の冷却方式で約−185℃である。この方法は

（1）　加熱凝固療法に比べて無痛である

（2） 熱によるタンパク変性がないため異常な副産物の産生がない

（3） 自然な治癒過程により正常組織の再生が期待できる

などの利点がある。また，外科的切除に比べて低侵襲であるという大きな特長もあるが，凍結範囲が特定できなかった時代には治療成績が悪かったため，日本では凍結部位が目視できるような皮膚，口腔外科，開胸・開腹下での心臓や肝臓の手術等にのみ用いられてきた。しかし，超音波エコーやMRIなどのモニター技術の発達により状況が変わりつつある。特にMRIを用いると凍結領域が明瞭に特定でき，かつ，凍結範囲の制御も比較的容易である[36]（図2.20）。そこで，日本でも肝がん，腎がん，子宮筋腫などに対するMRIガイド下の凍結手術の治験が2001〜2002年に行われ，良好な結果が得られており，今後は低侵襲治療法の一つとして重要な役割を担うと期待されている。

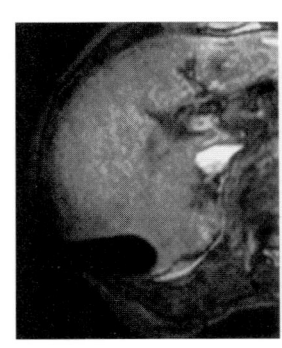

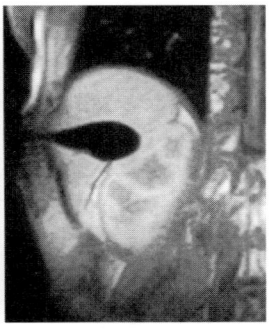

MRI下では，凍結領域が黒く明瞭に観察できる。

図2.20 肝がんのMRIガイド下凍結手術[36]

2.3.3 生体熱輸送方程式

2.3.2項で示したように，高温から低温に至るまで，生理的な温度範囲を超えた温度変化を付加する治療が実際に行われており，今後ますます拡大すると考えられるが，その際に最も重要になるのは温度分布の予測とモニタリングである。すでに述べたように，体の組織の中の温度分布には血流と代謝が大きな影響を及ぼすため，温度分布の予測のためには一般の工業用材料の伝熱問題とは異なる取扱いをする必要がある。

生体内の熱移動を表すモデルの中で，最も広く使われているのはPennesの生体熱輸送方程式（bioheat equation）であり，一般的には次式で書き表される。

$$\rho c \frac{\partial T}{\partial t} = \nabla(k\nabla T) + \dot{q}_{met} + \omega \rho_b c_b (T_a - T_v) \tag{2.39}$$

ここに，k〔W/(m・K)〕は熱伝導率，$\dot{q}_{met}$〔W/m³〕は代謝による単位体積当りの発熱量，ω〔m³/(m³・s)〕は組織単位体積当りの血液の体積灌流量であり，添え字bは血液を表している。また，T_aとT_vはそれぞれ組織の検査体積内に流入する血液および流出する血液の温度を表す。式（2.39）の右辺第2項までの式は内部発熱をともなう通常の熱伝導方程式で

あり，これに血流による伝熱量を考慮した形になっている。

Pennes は，初めて血流の影響を考慮した式を提案し，組織と血液の熱交換が完全である，すなわち T_a が体内深部の動脈血温度に等しく，かつ T_v が組織の温度に等しい（$T_v = T$）と仮定した[37]。そして，動脈血の熱輸送による組織の加熱がなければヒトの前腕の内部の温度が維持できないこと，および温度分布の測定結果が円筒座標系で表された式 (2.39) により比較的よく表されることを示した（図 2.21）。しかし，式 (2.39) にはいくつかの欠点がある。第一は検査体積のミスマッチングによる物理的整合性の欠如である。式 (2.39) の左辺および右辺第 1 項と第 2 項が局所の微小検査体積の熱収支に基づいているのに対し，右辺第 3 項は，対象とするある限られた系全体の熱収支に基づいて導入された項である。したがって，物理モデルが非常に理解しにくい。第二は，血流の寄与に対する考え方と実際との違いである。血液灌流による熱輸送は，組織内の毛細血管をモデル化している。しかし，単一血管を流れる血液とまわりの組織との熱交換をモデル化した解析[38],[39] によれば，直径が 4 μm 程度の毛細血管内を流れる血液は組織とほぼ熱平衡状態にあり，熱輸送に寄与しているのは直径 600 μm〜20 μm の動脈あるいは細動脈であると思われる。第三は血液灌流量 ω を推定するのが困難なことである。ω は実験による温度分布に基づいて経験的に決定されることになる。

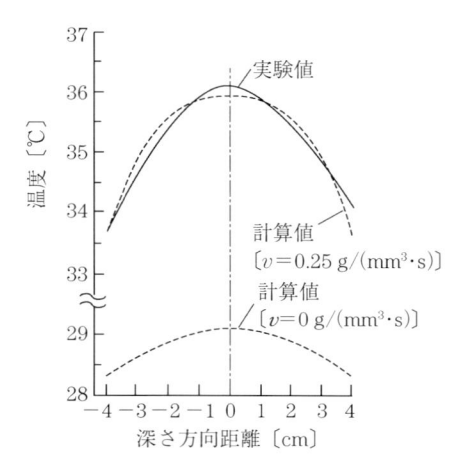

図 2.21 前腕断面の温度分布の測定結果と熱輸送方程式による計算結果の比較[37]

血流の影響を考慮しなければ前腕内の温度は 29℃ 程度にしかならず，血液灌流量を $v = 0.25$ g/(mm³·s) と仮定すると計算結果は測定結果に近くなる。

Pennes 以降，生体組織を模擬したさまざまな系に対するモデル解析が行われた[40]。いずれも Pennes モデルの矛盾と欠点の改良を目的としたものであり

（1） 血液の灌流を多孔質体と見なした組織内の流動として取り扱うモデル
（2） 検査体積を組織が占める部分と血管が占める部分とに分け，それぞれに対する熱収支を考えるモデル
（3） 並行する動脈と静脈の間の対向流熱交換を考慮したモデル

（4）血管の分岐，サイズ，動静脈のネットワークなどを考慮し，解剖所見に基づいた血管の構成に応じて組織をいくつかの領域に分けて考えるモデル

などがある。しかし，組織内の熱移動を精確に記述すればするほどその式は複雑になり，組織の構成や生理に関する情報が不可欠になる。また，多くの場合，それらの改良モデルを用いた予測結果と Pennes の式による結果には大差がないことが明らかになっている。したがって，Pennes の生体熱輸送方程式には物理的矛盾が内在しているにもかかわらず，その式の簡便さと使いやすさのために，現在でもこの式を使って組織内の温度分布を推測する場合が多い。

2.3.4 生体組織の熱物性値

生体熱輸送方程式を用いて組織の温度を求める場合には，密度，比熱，熱伝導率など組織の熱物性値（thermophysical property）が必要であり，その精度が予測結果に重要な影響を及ぼす。生体組織はタンパク質や脂肪等からなる組織構造を有し，不均質で非一様な複合物質である。また，その熱的性質には血流が大きな影響を及ぼす。したがって，生体組織の熱的性質を通常の物質や材料の熱伝導率や熱拡散率のように熱物性値として厳密に定義すること自体が難しい。

生体の熱物性測定は多くの困難をともなう。まず第一に，測定結果に及ぼす熱伝導，血流による対流，産熱などの影響を分離するのが難しい。第二に，測定プローブと生体組織との機械的，熱的相互作用があり，その影響が複雑である。例えば温度センサを穿刺すれば出血を招き，その影響は無視できない。第三は組織構造の不均質さであり，測定値はある測定領域の平均値を代表するものであるため，結果として測定値は測定体積の大きさに依存することになる。第四に，生体は個体差が大きい。そして第五に，温度や血流量等の測定条件や測定サンプルを規定することが難しい。また，生体の場合にはセンサを含めた外部からの刺激に反応し，それが結果に影響を及ぼす可能性がある。このような多くの理由により生体熱物性の測定値の間には大きな差があることが多い（**表 2.4**）。

生体組織の熱物性測定は，通常の固体と同様，サンプルに局所的な熱または温度の擾乱を与え，その温度応答を測定することにより行う。その温度応答は，パルス加熱，ステップ加熱などの加熱方法や測定対象の系，および熱物性値に依存するため，測定系に対応した理論解析結果と温度の測定結果を比較することにより熱物性値が求められる。したがって，求められる熱物性値はその基礎方程式に依存することになるが，一般には Pennes の生体熱輸送方程式（2.39）を基本とする。温度の測定値と理論値の比較により組織の熱物性値と血液灌流パラメータを分離してそれぞれ求めることも理論的には可能であるが，測定精度と感度を考慮すると実際には灌流量を求めるのは困難である。したがって，血流を遮断した状態で

表 2.4 生体の熱物性値[41]

部 位	熱伝導率 〔W/(m・K)〕	熱拡散率 〔mm²/s〕
in vivo		
骨（ウシ，ヤギ）	0.33〜3.1	
脳（ネコ）	0.56〜0.66	0.11〜0.12
軟骨（ウシ肩甲骨）	1.8〜2.8	
腎臓（ヒツジ）	0.62〜1.2	0.2〜0.43
肝臓（ネコ）	0.60〜0.90	0.15〜0.24
筋肉（ネコ）	0.70〜1.0	0.07〜0.13
皮膚（ヒト）	0.48〜2.8	0.04〜0.16
in vitro		
脳	0.16〜0.57	0.044〜0.14
腎 臓	0.49〜0.63	0.13〜0.18
肝 臓	0.42〜0.57	0.11〜0.2
筋 肉	0.34〜0.68	0.18
皮 膚	0.21〜0.41	0.082〜0.12
脂 肪	0.049〜0.37	

も測定が行えるのが望ましい。なお，測定結果を血流を無視した場合の理論解と比較すると，血流の影響を含んだ熱物性値が得られることになり，これを見かけの（apparent）あるいは有効な（effective）熱物性値という。

加熱および温度測定には，測定対象や熱物性の種類に応じて異なる方法が用いられる。測定法には，生体組織に測定用プローブを穿刺することにより加熱と測温を行う侵襲的測定法と，レーザ等を用いて組織表面を加熱し赤外線温度計等で温度を測定するといった非侵襲的測定法がある。血液灌流がない *in vitro* の場合と比較して，特に *in vivo* で測定する場合には後者が望ましい。表 2.4 に，*in vivo* あるいは *in vitro* で測定された組織の熱物性値の文献値[41]を示す。

2.3.5　生体の凍結

生体の凍結は生体熱工学の重要なアプリケーションの一つである。生体の温度を下げていくとさまざまな生化学反応の速度が低下し，十分な低温では生物的時間の経過が遅くなる。これを利用したのが低温保存であるが，生体には多くの水が電解質水溶液として含まれているため，そのような低温では凍結が避けられない。一般に，凍結は生体にとって致命的であるが，あらかじめ凍害防御剤（cryoprotective agent，CPA）を細胞や組織に導入しておくことで障害を防ぐことができる。

水溶液の凍結では，まず，水分のみが凍結し，溶質が水溶液中で濃縮される。一般には固液界面は相平衡状態にあり，温度と溶質濃度の間には相平衡図で表される関係が満足される。生理食塩水（0.9％ NaCl 水溶液）の場合には，-0.5°Cで平衡凝固が開始し，NaCl 濃

度は温度の低下とともに共晶点温度（−21.1℃）まで液相線に沿って増加する（図 2.22）。したがって，凍結の際には，生体は温度ストレスと氷による機械的ストレスに加えて，浸透圧ストレスにもさらされることになる。

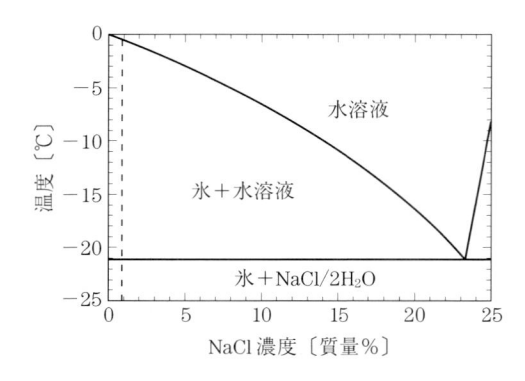

図 2.22 NaCl 水溶液の相平衡図

組織あるいは周囲の電解質濃度の増加にともなう浸透圧上昇の結果，細胞は脱水する。この細胞膜を介する物質伝達による細胞体積 V の変化は次式で表される。

$$\frac{dV}{dt}=-L_pS(\pi_e-\pi_i)=-L_pSRT(O_e-O_i) \tag{2.40}$$

ここに，L_p〔m/(Pa・s)〕は細胞膜の水透過率（hydraulic conductivity），S〔m²〕は細胞膜の表面積，π〔Pa〕は浸透圧，R〔J/(mol・K)〕は一般ガス定数，O〔Osm/m³〕は浸透圧濃度である。添字 e と i はそれぞれ細胞の外側と内側を表しており，O_e および π_e は相平衡の条件より細胞周りの温度と関係付けられる。

細胞の脱水速度は有限であり，式（2.40）が示すように細胞膜の水透過率や表面積に依存する。したがって，細胞内の電解質濃度は細胞外よりつねに低く，細胞内は過冷状態となる。細胞内の過冷度が大きくなると，細胞内でも氷核が生成され凍結が生じる。このように，細胞内の熱力学的非平衡の緩和が，細胞膜を介した水の移動または細胞内凍結のいずれによるかは冷却速度に依存する。冷却速度が遅い場合には細胞が十分脱水収縮するのに対し，冷却速度が速い場合には脱水が間に合わず細胞内凍結が生じやすくなる（図 2.23）。

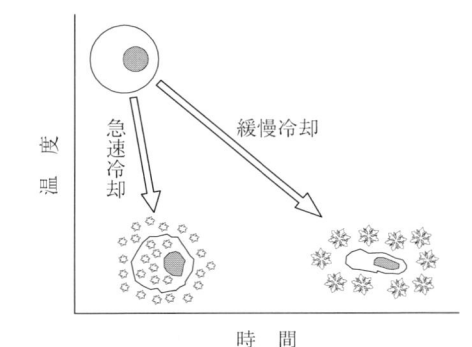

緩慢冷却の場合には細胞が脱水収縮するのに対し，急速冷却の場合には体積変化が小さく細胞内凍結が生じやすい。

図 2.23 冷却速度によって異なる凍結過程での細胞の反応

細胞の脱水収縮は電解質の濃縮による化学的ストレス，細胞の体積変化による機械的ストレス，あるいは収縮による細胞膜の異常接近による細胞膜の変性，などに起因した細胞障害を引き起こす。また，細胞外の氷晶による機械的ストレスによっても細胞は傷害を被ると考えられる。一方，細胞内凍結は細胞にとっては致命的である。このような低冷却速度と高冷却速度における二つの異なったメカニズムによる細胞障害のため，細胞の凍結解凍後の生存率は中間の冷却速度で最大となる[42]（図 2.24）。そして，細胞の脱水速度が細胞膜の水透過率や細胞サイズに依存するため，最適冷却速度も細胞の種類によって異なる。

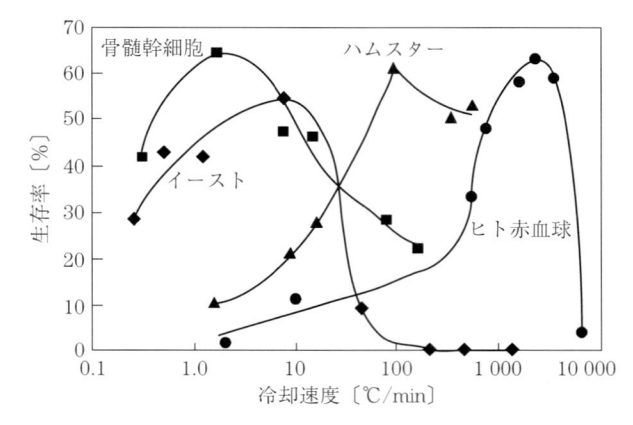

生存率が極大を示す冷却速度が存在し，その最適冷却速度は細胞の種類によって異なる。

図 2.24 凍結解凍後の細胞の生存率に及ぼす冷却速度の影響[42]

凍害防御剤を添加すると
（1） 細胞外の氷晶形態が変わる
（2） 細胞の脱水収縮の程度が小さくなる
（3） 細胞内のガラス化により氷晶形成が抑えられる

などの原因で細胞障害を抑制することが可能である。したがって，凍結保存の場合にはDMSO（ジメチルスルホキシド，Me_2SO）やグリセロール等が凍害防御剤として用いられている。なお，細胞懸濁液や組織に凍害防御剤を添加する場合にも，水と凍害防御剤に対する細胞膜の透過率の違いによる体積変化が一時的に生ずる。この体積変化も細胞障害の一因となるため，このプロセスの最適化も重要である。

単一の細胞の場合と異なり，組織や臓器は多種類の細胞からなっており，間質系を含めた三次元の構造を有する。したがって，水や凍害防御剤の移動に関しては細胞膜の透過だけでなく間質組織を含めた広い領域でも物質伝達が生じる。また，組織内で温度差も生じる。したがって，組織を凍結する場合にはこのような非一様な条件で，最適な冷却・加熱条件を決定する必要がある。凍結解凍後の細胞・組織の生存率は，冷却速度のほか，凍結温度，凍結

時間，加温速度に依存し，凍害防御剤の添加法や除去法にも依存する。また，これらは細胞の種類で異なる。これらの多くのパラメータの最適値をすべて実験で求めるのは困難であり，凍結プロトコルの最適化のためには組織におけるミクロおよびマクロ的熱・物質移動を考慮したシミュレーションが重要である。

単一細胞や皮膚，角膜などの比較的単純な組織の凍結保存はすでに実用化されている。しかし，より複雑な組織や臓器に関してはまだ研究段階にある。また，今後は，細胞と人工物を組み合わせた人工臓器・組織の凍結保存の需要が出てくると考えられる。さらに，凍結手術も低侵襲治療の一つとして普及してくると期待される。それぞれの用途に応じて最適の凍結を行うためには，それぞれの系での熱物質移動を考慮した解析が重要なツールになると考えられる。

2.4　生体情報学と脳磁気科学

2.4.1　バイオマグネティクス

生体と磁気とを科学するバイオマグネティクス（biomagnetics）は医学・生物学と理学・工学との境界領域の新しい研究分野である。生体と磁気とのかかわりあいは，なにか不思議なものとして，古くから人々の興味を引き付けてきたが，科学的な土俵の上で体系的に研究がなされるようになってきたのは最近のことである。近年，磁気を用いた研究が，脳機能の解明や治療，さらには細胞組織工学や再生医療に応用されようとしている。ここでは，バイオマグネティクスの中でも，特に脳磁気科学と生体情報学に焦点を当てて，いくつかのトピックスを紹介する。すなわち

（1）　経頭蓋的磁気刺激 TMS（transcranial magnetic stimulation）
（2）　脳機能ダイナミックスを追求する脳磁図計測 MEG（magnetoencephalography）
（3）　磁気共鳴イメージング MRI（magnetic resonance imaging）
（4）　再生医療を目指す磁場配向技術

である。

ところで，生体と磁気とのかかわりあいを論じる場合，生体磁気現象がどの程度の磁界の大きさと周波数でかかわっているかを理解しておくことが重要である。特に，生体に対する磁界効果を考える場合，静磁界の作用と変動磁界の作用では根本的にその作用メカニズムが異なる。また，生体から発生する磁気信号の計測においても，対象とする生体磁気情報のおおよその周波数特性をあらかじめ把握しておく必要がある。

図 2.25 に，ここで述べる生体磁気現象の磁界強度と周波数を示す[43],[44]。静磁界の作用では数 T（テスラ）の磁界に水がさらされると水面が二分される，いわゆるモーゼ効果が観

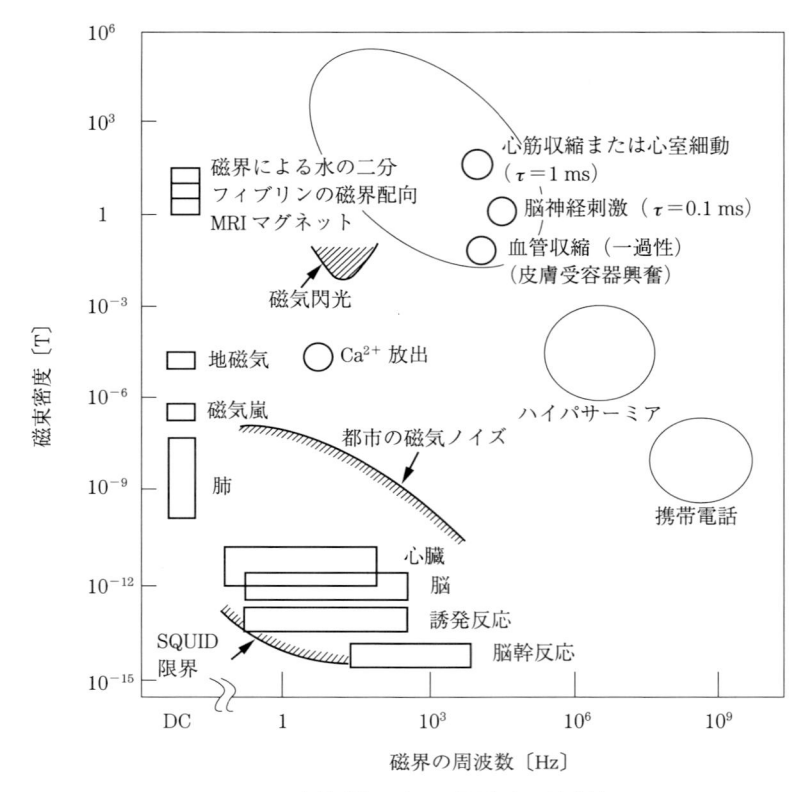

図 2.25 生体磁気現象の磁界強度と周波数

測される．血液凝固に関するフィブリンの磁界配向現象も数 T で見られる．脳の磁気刺激では 1 T オーダのパルス磁界を 0.1〜0.2 ms のパルス幅で脳に印加する．携帯電話で使用される電磁波は 800 MHz と 1.5 GHz の高周波である．

一方，脳研究で有用な脳磁図は 10^{-15} T (fT) 〜 10^{-12} T (pT) の範囲のきわめて微弱な磁気信号である．

2.4.2 経頭蓋的磁気刺激 TMS

頭の上に円形上のコイルを置き，コイルに大電流を短時間流して 1 T オーダのパルス磁界をつくり，これによって脳内に渦電流を誘起させ，その渦電流で脳神経細胞を刺激する経頭蓋的磁気刺激法 TMS（transcranial magnetic stimulation）が開発された[45]．しかし，円形コイルを用いた方法では局所的刺激ができなかった．これに対して，図 2.26 の (a) に示すような 8 字コイルを用いた局所的磁気刺激法が開発され，ヒト大脳皮質の標的のみを 5 mm の分解能で経頭蓋的に刺激することが可能となった[46], [47]．基本的な原理は，8 字の筆順に従ってコイルに電流を流すことにより，頭の中で二つの渦状の電流が誘導され，二つの渦が 8 字コイルの交点の直下で強めあい，電流密度が局所的に増大するというものである．

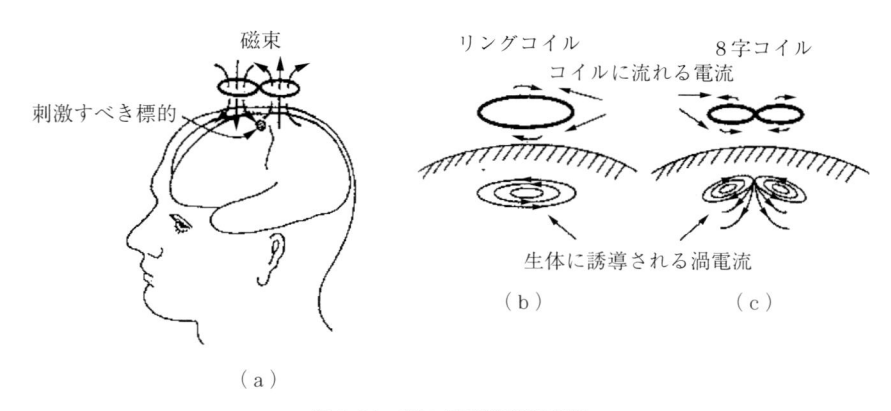

図 2.26 脳の局所的磁気刺激

そこでは渦電流は二つの円の接線方向に流れるので，大きさと方向を制御したベクトル的な刺激が可能である。このベクトル刺激に対する大脳皮質の反応も方向依存性を持ったベクトル的特性を示すことが明らかにされた。刺激電流のベクトルに依存した神経興奮性の変化が，大脳皮質の機能的情報のみならず，解剖学的配列の情報をも反映するものであることが導かれている。脳の局所的磁気刺激法は脳の機能と構造を頭の外から無傷のまま細かく調べるのに適しており，脳研究の新しい局面を展開するものとして期待されている。最近は連続パルス磁気刺激による各種神経系疾患の診断や治療を目指した研究も進められている。磁気刺激は麻痺筋の制御や神経損傷後の神経再生の磁気刺激による促進，遺伝子発現調節，感覚機能の補償，さらには痛みや情動の制御の可能性まで秘めているものとしていっそうの発展が期待される。

2.4.3 脳磁図計測 MEG

SQUID（superconducting quantum interference device）による生体磁気計測は 20 余年の歴史があるが，体表面の多くの場所からの磁界を同時に計測できる多チャネルシステムが本格的に実用化になったのは最近のことである。特に，1990 年代に入ってからの SQUID 開発の進展には目を見張るものがあり SQUID が新しい生体磁気研究，特に，脳機能研究の手段として，また，脳機能診断装置として各方面から注目を集めることになった。最近は頭部全体をカバーするようなホールヘッドタイプの 64〜306 チャネルの SQUID システムが出現し，脳磁図の基礎と臨床応用に関する研究に加速度がついてきた。

脳磁図は脳波と同じように脳内の電気現象をとらえたものであるが，脳波で測定できない脳内電源が検出できる可能性がある。例えば，極性がたがいに逆向きにある二つの電源は閉ループ電流をつくり，電源の近傍だけを短絡的に電流が流れるので，脳波では検出しにくい。しかし，脳波に信号となって現れてこない閉ループ電流はループ面に垂直に磁界を生成

するので脳磁図で検出することができる。

　SQUID による生体磁気計測では生体電気計測で困難な直流信号の計測が可能である。すなわち，直流電流はまわりに静磁界を発生し，この磁界は，ジョセフソン接合を含む超電導リングに流れる遮蔽電流として SQUID で検出できるので，直流電流または超低周波数の電源が計測できるのである。したがって，特に，認知や記憶に関連する脳電気現象は超低周波信号を含む場合が多く，磁気による計測が有効である。

　記憶や認識に関するタスクを行っているときに測定した脳磁図において，周波数が1 Hz 以下のゆっくりとした変動の低周波数成分が重畳されていることが明らかにされた。また，文字認知や文字照合における情報処理過程における活動部位も求められている。例えば，**図 2.27** は心的回転（mental rotation）課題およびコントロール課題実行中の脳の活動部位の時間的変遷を調べたものである。脳磁図より推定した局在部位を MRI の画像上に重ねたもので，時間の推移とともに心的回転課題中の電源が移動している様子がわかる[48]。

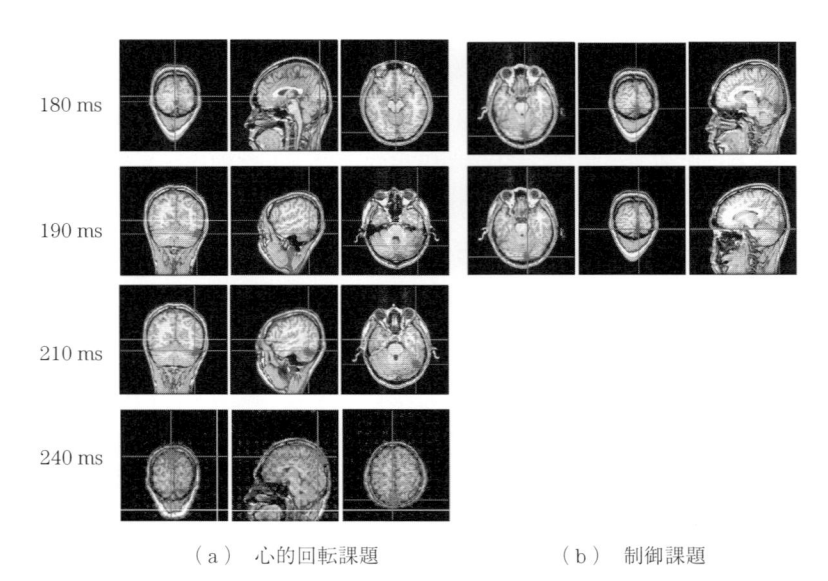

　　　（a）心的回転課題　　　　　（b）制御課題

図 2.27　心的回転課題に対する脳内電源推定（口絵2参照）

　臨床的には，脳磁図計測が有する優れた空間分解能の特徴により，てんかん患者におけるてんかん焦点の同定が早くから試みられている。てんかんの焦点位置は X 線 CT や MRI では見つけられない場合もあり，脳磁図の臨床応用として有用な分野である。また，脳外科における手術の際の感覚野や運動野の同定にも脳磁図計測が大きな威力を発揮している。

　脳磁図のほかに心磁図，肺磁図，あるいは，胎児の心磁図や脳磁図がある。この中でも心磁図や肺磁図に関しては臨床的な有用性が確かめられており，新しい診断手段として注目されている。

脳磁図や心磁図，肺磁図にせよ，また，細胞のまわりの磁界測定にせよ，測定された生体磁気情報から，生体内の電源を推定する，いわゆる逆問題（inverse problem）が重要な課題である。いろいろな逆問題解法の手法が提案され，また，電源や生体モデルについても，それぞれ，いろいろな電源モデル[49]や体積導体モデルが提案されている。

これまでの逆問題は，単一電流双極子モデルを均一体積導体モデル内に想定したものがほとんどであったが，これからは，より生体の電気生理現象に近い，複雑な電源モデルと実際の不均一体積導体モデル[49]による逆問題の設定が重要となろう。

2.4.4 磁気共鳴イメージング MRI

磁気共鳴イメージング MRI（magnetic resonance imaging）技術は急速な発展を遂げ，臨床医学に多大の貢献を行ってきた。イメージング，すなわち断層像を得るための基本的な考えは，静磁界に空間的な磁界勾配をもたせて，位置情報を共鳴周波数のスペクトル分布としてとらえることであり，1973年に線形磁界勾配を用いた画像再構成が提案された[50]。以来，MRI 技術は，ほかの医療技術の開発の歴史とは類を見ない急速な発展を遂げてきた。

MRI における最近の話題はエコープラナーイメージング EPI（echo planar imaging）と脳の機能情報を計測する機能的 MRI（functional MRI，fMRI）であろう[51]。EPI では1画像数 10 ms の高速イメージングが得られる。

fMRI は血液中のヘモグロビンの磁性の差を NMR 信号に反映させることにより，脳血流の情報から間接的に脳機能情報を画像化する手法である。酸素と結合したオキシヘモグロビンは反磁性であり，酸素を放出したデオキシヘモグロビンは常磁性である。スピン-スピン緩和はスピン相互の磁気作用による緩和 T_2 と呼ばれているが，周囲の局所的空間の磁界の不均一によってスピンの歳差運動の位相がバラバラとなって起こる緩和は T_2^* と呼ばれる。

平常安静時の脳組織は活動時よりデオキシヘモグロビンが多く，T_2^* 緩和によって NMR 信号強度が低く，磁気共鳴画像が暗い。ここで，刺激の入力や思考によって脳が賦活されると，いったん酸素消費量が増加し，デオキシヘモグロビンが増加し，信号強度がさらに減少するが，その後，局所脳血流が増加し，オキシヘモグロビンが増加して T_2^* 緩和が遅くなる結果，NMR 信号強度が増大し，磁気共鳴画像が明るくなる。脳神経活動による局所脳血流の増加は結果として NMR 信号の増大をともなうことになる。この効果は BOLD（blood oxygenation level dependent）効果と呼ばれ，fMRI の基礎的機構となっている。

現在の MRI や fMRI は生体内の電気的情報を得ることはできない。これに対して，生体内の電気的情報のイメージングを得る新しい原理の MRI が提案された。すなわち，電流分布 MRI[52]とインピーダンス MRI である[53]。

電流分布 MRI では，これまでの fMRI が脳賦活に対応する血流の変化をとらえているの

48　　2. 生体工学の基礎

とは異なり，脳内の神経活動にともなう電流分布を直接観察することができる。ヒト指の運動にともなう皮質運動野の電流分布の MRI が報告された。

インピーダンス MRI は，生体内の導電率や誘電率，すなわちインピーダンスやアドミタンスの断層画像を MRI の技術を応用して得ようとするものである。基本的な考えは，生体内の誘導電界による MRI 信号の乱れが生体組織の導電率や誘電率を反映するものとなるように工夫して，生体内のインピーダンスを強調した MR 画像を得ようとするものである。

ここでは，共鳴周波数でのインピーダンス画像を得るためのスピンのフリップ角を大きく変化させる方法と，共鳴周波数とは独立の任意の周波数でのインピーダンス画像を得るための変調コイル法が提案された。

2.4.5　再生医療を目指す磁場配向技術

最近 5～10 T オーダの強磁界の常温での実験空間が得られるようになり，これまで非磁性物質としてほとんど問題にされなかった生体物質や生体に対する磁界効果がしだいに明らかにされようとしている。勾配磁界による水の二分[54),55)]，生体物質の磁界配向[56)]，血液凝固溶解への影響，ツメガエルの胚の初期発生過程における磁場影響の見られないこと，ショウジョウバエの羽の細胞において突然変異頻度の上昇が見られること，溶液中のラジカル対を経由する光化学反応における磁界効果，などである。

フィブリンの重合反応過程に強磁界をかければフィブリン線維が磁力線の方向に配列し，一方，生体結合の重要な要素であるコラーゲンは磁力線と垂直方向に配列する。フィブリンやコラーゲンの配向を外部からの磁界で制御しながら，これらの足場に種々の細胞を成長させることができる。例えば，コラーゲンと骨芽細胞の混合培養に 8 T の磁界を印加しながら骨芽細胞の生長の様子を調べると，コラーゲンの配向に従って，骨芽細胞が磁力線と垂直方向に生長する[57)]。また，骨芽細胞，血管内皮細胞，神経やグリア細胞などを磁界配向させながら組織形成を制御することもできる。

例えば，図 2.28 はシュワン細胞を 8 T の磁場中で配向させたものである。また，図 2.29 は神経様細胞 PC 12 をコラーゲンに混合させて 8 T の磁場中で配向を見たものである。この場合は，コラーゲンの配向に沿って軸索が伸びており，コラーゲンが神経再生の足場としての役目を果たしている。

このように，生体を構成する高分子や水，細胞に対する磁界効果を積極的に細胞組織工学や医療に応用することで，再生医工学や分子生物学の新しい展開がなされつつある。

以上のように，脳磁気研究は脳機能解明に大きく貢献するものとして期待が持たれる。21 世紀に脳磁気科学や生体磁気科学は大きく発展するものと確信する。

(a) 曝露群　　　　　　　　　　(b) コントロール群

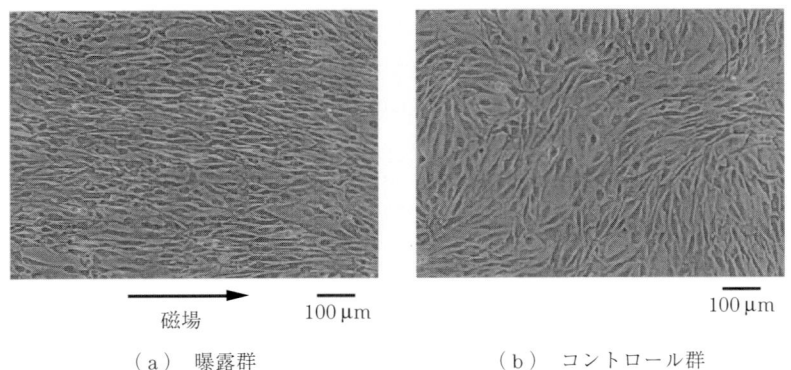

(a) 曝露群（8 T 磁場を 60 時間曝露）ではシュワン細胞は磁場方向に一様に配向した。一方，(b) コントロール群では全体として渦巻き状に増殖した。

図 2.28　シュワン細胞の磁場配向

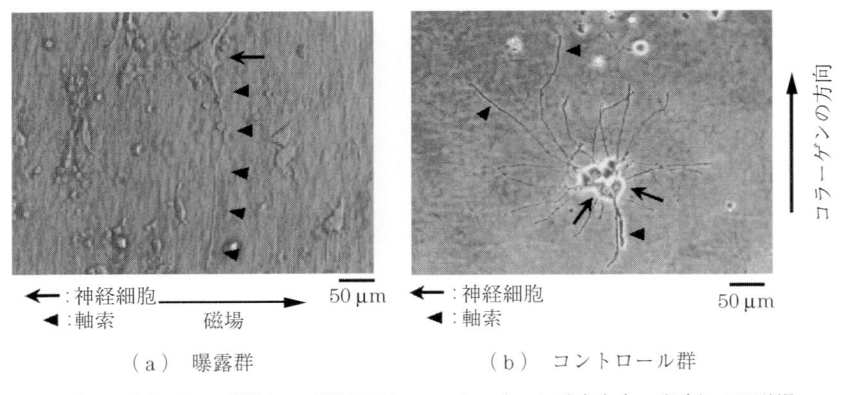

(a) 曝露群　　　　　　　　　　(b) コントロール群

(a) 曝露群（8 T 磁場を 2 時間曝露し，コラーゲンを垂直方向に配向）では磁場配向したコラーゲンの方向に軸索伸張が認められる。矢印は神経細胞，矢頭は軸索を示す。

図 2.29　磁場配向したコラーゲンと共存培養した PC 12 細胞（培養 5 日目）

2.5　生体組織・病理学

2.5.1　病理学

病理学は基礎医学であるが，臨床医学とも密接な関係にあり，患者の病態の把握や治療方針決定において病理学的知識あるいは病理組織検査が必須である。この節では，病理学がどのような学問であり，実際の業務内容や研究方法などについて具体例を挙げながら解説する。

2.5.2　序論

〔1〕**病理学とは**　　病理学とは，生体に起こる病的な状態の本質について研究する医学

の一分科である．細胞の物質代謝，発育，増殖，反応，運動などの異常により生じる病気，あるいは病的状態の原因・発生の仕組みからそれにより生じる変化，そして，その経過から転帰までを講述し，解明する学問である．臨床医学は解剖学，細胞生物学，生理学，生化学などを基盤として成り立っているが，病理学はそれらを包括する分野として位置付けられる（図 2.30）．

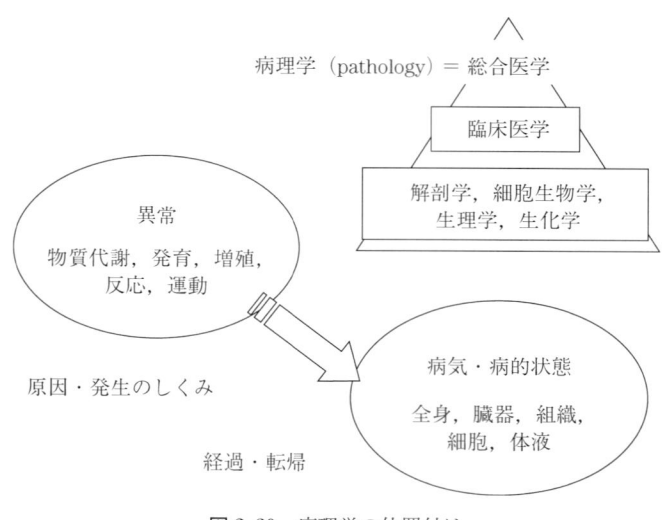

図 2.30　病理学の位置付け

病理学の具体的手段としては肉眼および顕微鏡的観察を中心に行われ，組織細胞学，分子生物学，免疫学が導入された研究が行われる．病理学は，扱う対象により実験病理学と人体病理学に大別され，後者はさらに外科病理学，細胞診，病理解剖から成り立つ．

〔2〕**外科病理学**　病変部の一部分を採取して作成した組織標本により診断することを生検と呼ぶが，外科病理ではまずこの生検診断が重要である．特に腫瘍では病気そのものの診断から病気の程度や広がりなどを判定することで，外科手術の適応と手術法の決定に大きな役割を果たしている．例えば，胃の内視鏡検査の場合，病変部から 2〜3 mm 程度の小さな組織が採取され，もしがんであればそのがん細胞の種類により治療法（内視鏡的切除，外科的手術，化学療法，放射線治療）が異なる場合がある．また肉眼的に正常に見える部分にも組織的にはがんが存在することもあるので，肉眼的正常部の組織的検査によるがん存在範囲の把握も治療方針に影響する．生検では病変の一部しか観察できないが，外科的に切除された材料では全体像が観察される．外科的切除材料の組織学的検索により病変の性状（良性と悪性の鑑別など），病変の進行の程度，病変が完全に切除されているか（取り残しがないか）を判定することで，追加治療の必要性の判断基準や患者の生命予後の指標として重要な情報となる．

一般的には病理学は基礎医学系として扱われているが，実際には人体病理，特に外科病理の分野は患者治療に直結し臨床医学と密接な関連がある。

〔3〕 **細　胞　診**　細胞診とは生体からはく離した細胞による診断を行う。臓器の内腔または体腔の表面からはく離した細胞，具体的には採取された喀痰，尿，腹水，胸水，腟内容物などに混在するはく離細胞をガラス板に塗布・染色し，顕微鏡観察により細胞の診断を行う。生検と異なり人体に傷つけることなく材料が採取できる簡便な方法であり，がんのスクリーニング検査として検診などで広く用いられている。

〔4〕 **病理解剖（剖検）**　剖検は病死した患者の死因の検索と生前の診断・治療が正しかったかどうかを確認するものである。全身の諸臓器の肉眼的・組織学的所見と臨床情報とを照らし合わせて病態と死因を再検討し，それらの知見の積み重ねが医療の発展に寄与してきた。なお，不慮の事故や殺人などによる死因解明のための解剖は，おもに法医学における司法解剖として，病理解剖と区別される。

2.5.3　生体細胞の組織学的特徴

病理学的変化を理解するに当たり正常細胞の基本的組織像を理解する必要がある。細胞の微細構造は細胞の種類により多少異なるが，共通する基本的構造を図に示す（**図 2.31**）。赤血球以外の成熟細胞は1個の核とその周囲の細胞質からなり，核はデオキシリボ核酸（DNA），リボ核酸（RNA）とヒストンタンパク質から構成され，細胞質にはミトコンドリア（エネルギー産生），ゴルジ装置（物質輸送），粗面小胞体（タンパク合成）などの細胞内小器官が存在している。細胞が増殖する際にはこの核内のDNA合成（2倍量の合成）によ

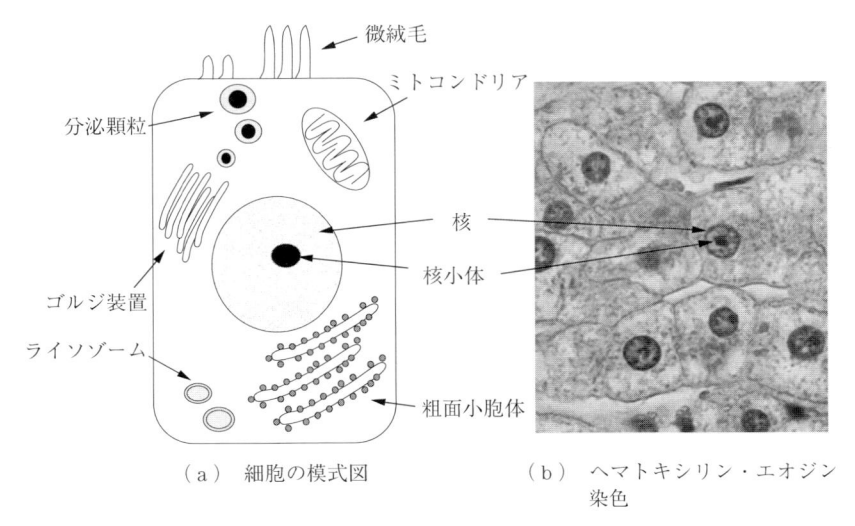

　　　　　（a）細胞の模式図　　　　　（b）ヘマトキシリン・エオジン染色

図 2.31　細胞の微細構造（核と細胞質）（口絵 3 参照）

り細胞1個が2個に分裂する。そのDNA合成期をS期，分裂期をM期，これらの間を分裂前期（G_1期）と分裂後期（G_2期），細胞増殖周期からはずれ増殖しない状態をG_0期と呼ぶ。すなわち，細胞はG_1期，S期，G_2期，M期の周期で増殖を繰り返し，増殖能を失った状態でG_0期へと移行する（**図2.32**）。

生体を構成する組織は皮膚（表皮）・粘膜などの上皮細胞と神経・筋・脂肪・血液細胞などの非上皮性細胞，そしてそれらを取り巻く間質に大別される。上皮細胞は臓器によりさまざまで，胃・小腸・大腸粘膜および乳腺・唾液腺・膵臓などの腺組織は円柱上皮，気管支粘

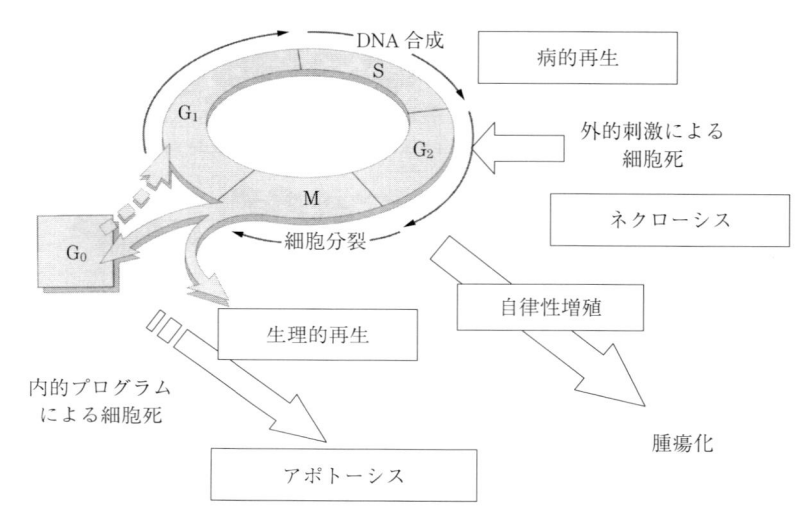

図2.32 細胞増殖と細胞死

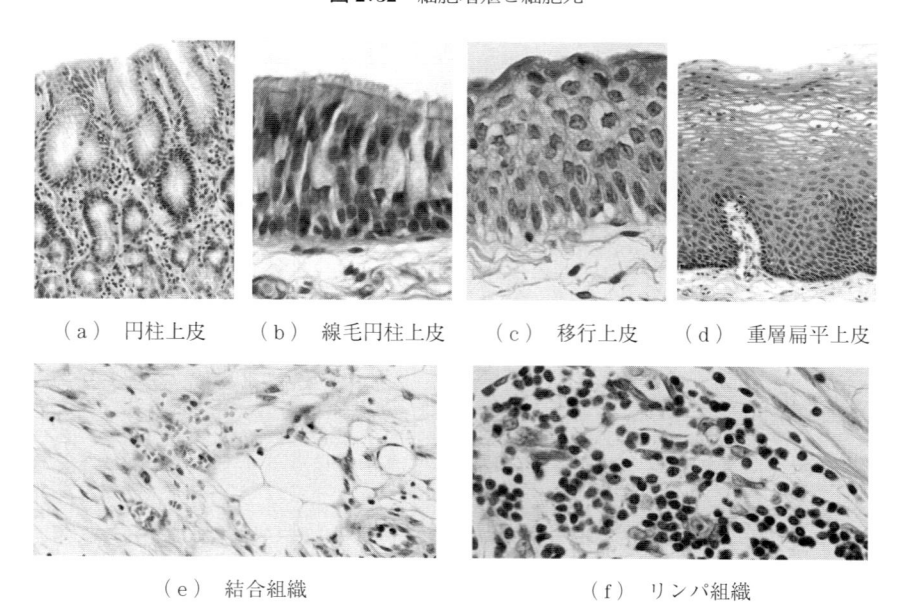

(a) 円柱上皮　(b) 線毛円柱上皮　(c) 移行上皮　(d) 重層扁平上皮

(e) 結合組織　　　　　(f) リンパ組織

図2.33 各種の生体組織（HE染色）（口絵4参照）

膜は線毛円柱上皮，膀胱・尿管粘膜は移行上皮，表皮および食道・子宮頸部粘膜は重層扁平上皮からなっている（図 2.33）。間質は，毛細血管・リンパ管，線維芽細胞，血液細胞から構成されている結合組織と細胞間物質（種々の糖タンパク，ムコ多糖，水分），線維物質（膠原線維，弾性線維）からなり，上皮・非上皮細胞を支持し，それらの機能維持に重要な役割を果たしている。

2.5.4 がん細胞の組織学的特徴

細胞の病的変化は，代謝障害による変性・萎縮，循環障害（梗塞，貧血など），炎症，免疫反応（アレルギー反応など），修復異常（肥大，瘢痕など），物理・化学障害（打撲，放射線障害，酸・アルカリ性物質，ガスなど），薬物障害，栄養障害，感染症（細菌，ウイルス，寄生虫），遺伝性・先天性疾患（奇形，酵素欠損など），腫瘍化（遺伝子異常）など，さまざまな異常により引き起こされる。これらの詳細はここでは省略し，腫瘍の病理組織学的特徴と病理学的解析方法について概説する。

〔1〕 **腫瘍とは**　腫瘍とは細胞が自律的に過剰増殖してできた組織の塊である。正常の細胞は，つねに平衡を保ちながら死滅と増殖（生理的再生）が繰り返され正常状態を保っており，なんらかの障害により組織欠損が生じた場合は過剰な再生（肥大・過形成）や瘢痕など，正常とは多少異なる状態へ変化（病的再生）することがあるが，いずれの場合もある一定の目的を終えると増殖を停止する。しかし，腫瘍は個体を支配する生物学的規律に従わず無秩序・無目的・無制限に増殖する（図 2.32）。そして，腫瘍がいったん得た増殖性は不可逆であるが，発育に必要な栄養などは宿主に依存し，ホルモン環境や免疫反応，宿主抵抗など，体内現象に多少影響される。

〔2〕 **良性腫瘍と悪性腫瘍**　腫瘍には，良性と悪性が存在する。一般的に良性腫瘍と悪性腫瘍の違いとして，悪性腫瘍は良性腫瘍に比べ発育速度が速く，局所で浸潤性に発育し，他臓器へ転移し，最終的には宿主を死に至らしめる。組織学的には，良性腫瘍ではその発生母地との類似性が強いが，悪性腫瘍ではある程度の類似性とかけはなれがある。母組織との類似性が強い状態を高分化と呼び，かけはなれた状態を低分化（あるいは未分化）と呼ぶ。母組織と類似した，つまり高分化なものは扁平上皮がん，腺がん，平滑筋肉腫，脂肪肉腫などに分類されるが，未分化なものは分類不能悪性腫瘍として扱われることもある。他方，悪性腫瘍は母組織とは本質的に異なり，これを異型と呼ぶ。具体的には，細胞の核は大きく，核・細胞質比が大で，核は不整でクロマチン分布が不均衡であり，個々の細胞あるいは核の大きさや形は不均一（多形性）である。これらの所見が軽度のものを低異型，顕著なものを高異型と呼ぶ。悪性腫瘍では核分裂像も多く，しばしば3極・4極などの異型分裂像も見られ，またアポトーシスもしばしば見られる（図 2.34, 2.35, 2.36）。

54　2. 生体工学の基礎

- 自律性，無秩序，無制限の増殖
- 浸潤性（組織破壊）
- 再発，転移

組織学的特徴：正常からの逸脱，多様性，未熟性

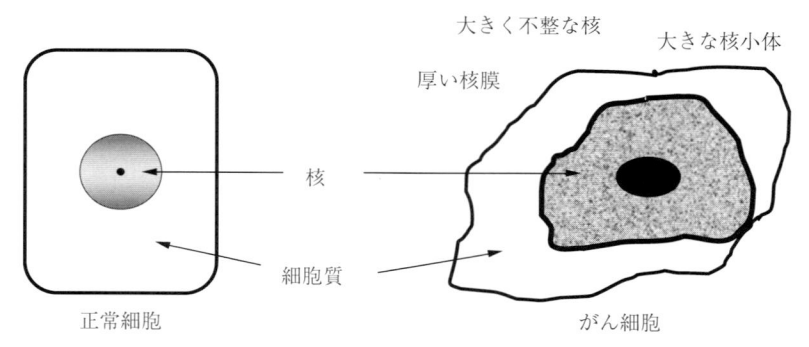

大きく不整な核　　大きな核小体
厚い核膜
核
細胞質
正常細胞　　　がん細胞

図 2.34　がん（悪性腫瘍）の特徴

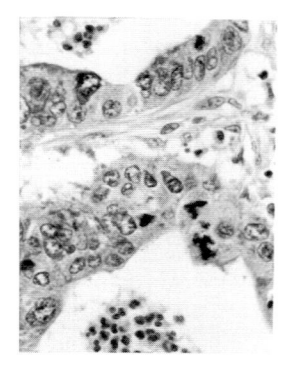

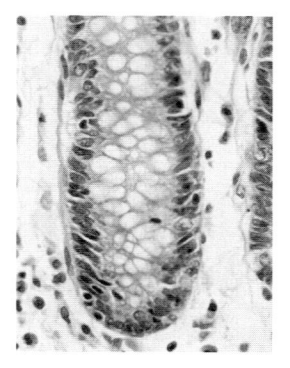

(a) 正常細胞　　(b) がん細胞

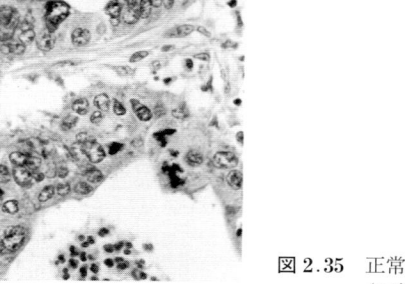

図 2.35　正常細胞とがん細胞（口絵 5 参照）

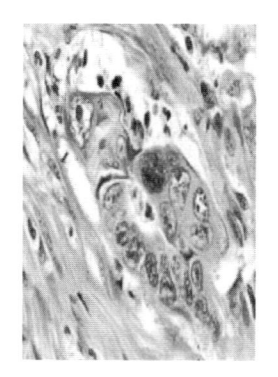

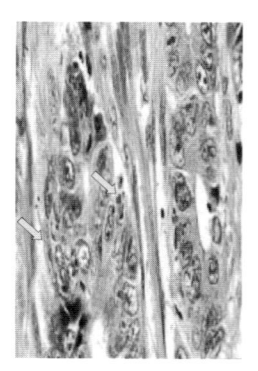

(a) がん細胞の多形性　(b) がん細胞のアポトーシス

図 2.36　がん細胞の多形とアポトーシス（口絵 6 参照）

腫瘍の発育様式は，皮膚や管腔臓器の表面に隆起するもの，実質臓器内や深部組織で塊状あるいは嚢胞状に発育するものなど，さまざまである。そして，表面に隆起したものも進行すると深部へ浸潤し，塊状の腫瘍を形成し，しばしば潰瘍化する。

悪性腫瘍と良性腫瘍のもっとも大きな違いは，悪性腫瘍は全身へ転移する能力を有している点である。転移とは，発生部位を離れ，ほかの部位に達し，新たに発育することで，腫瘍の発生部位を原発巣，転移した部位を転移巣と呼ぶ。その転移経路はリンパ管（リンパ行性），血管（血行性），体腔（播種）の三つによることが多い。転移は全身のあらゆる部位に起こり得るが，腫瘍の種類や発生部位により転移をきたしやすい臓器や転移経路が異なる。そして，例えば胃がんでは，粘膜の組織は腺上皮であり通常は腺がんが発生する。正常の腺上皮に類似した管腔を形成したがん（高分化型腺がん）の場合は，リンパ管より静脈浸潤が起こりやすく静脈を経由して肝臓へ転移し，管腔を形成せず，ばらばらの細胞からなるがん（低分化型腺がん）はリンパ管浸潤をきたしやすくリンパ管を経由してリンパ節へと転移する傾向がある。また，低分化型腺がんのなかで高度の線維増生をともなうもの（硬がんまたはスキルスがん）があり，このタイプの胃がんは胃壁外へ直接浸潤し，腹膜へ種が播かれるように散布され腹腔内で増殖する傾向があり，これを播種性転移という。そして，腹腔内で広範囲に広がると腹水が貯留し，がん性腹膜炎を生じる。

2.5.5 病理学的解析方法

〔1〕 **病理診断の手法**　先に記したように病理学の中心となるのは顕微鏡的観察であり，その基本となるのがヘマトキシリン・エオジン（HE）染色標本である。このHE染色標本は，組織をホルマリン液で固定したのちパラフィンに包埋し，3～5μmの厚さに薄切りし，ヘマトキシリン（紫色）とエオジン（赤色）という染色液にて染色したものである。通常は，このHE染色標本で病変の診断を行うが，その判断はしばしば主観的であり正確な診断には経験が必要である。診断が困難な症例はHE以外の染色液を用いた特殊染色により，粘液，膠原・弾性線維，タンパク，多糖類などの同定や，電子顕微鏡による細胞の微

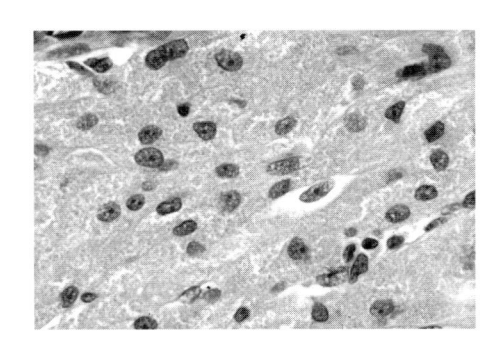

図2.37　顆粒細胞腫のHE染色像（口絵7参照）

細構造の観察による補助的手段が有効である場合がある（図 2.37, 2.38）。近年では，抗原抗体反応を用いた免疫染色により，より正確に細胞を同定でき，さらに遺伝子異常を検索する分子生物学的解析も診断に応用されつつある。

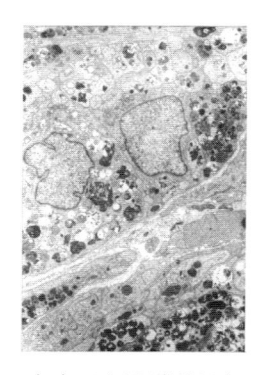

（a）電子顕微鏡写真　　（b）顆粒細胞腫

図 2.38　顆粒細胞腫の電子顕微鏡写真

〔2〕　**免疫組織化学染色**　　免疫染色の原理は以下のようである。まず，あるタンパク（抗原）に対する抗体を数 μm に薄切りされた組織標本上に乗せ，抗原抗体反応によりそれらを結合させる。その後，その抗体と結合する HRP 結合ポリマーと抗体と反応させ，さらにこれを可視化するため発色させて観察する（図 2.39）。

③ 発色反応　　可視化

DAB　H_2O_2

HRP 結合ポリマー試薬

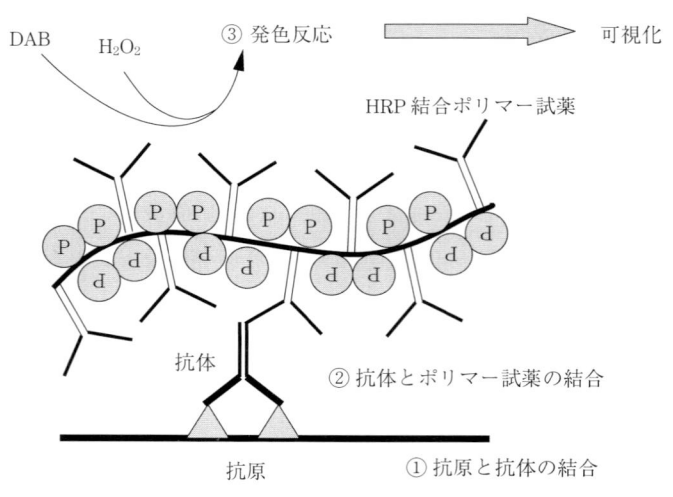

② 抗体とポリマー試薬の結合

抗体

抗原　　① 抗原と抗体の結合

図 2.39　抗原抗体反応の可視化

応用の一例を示す（図 2.40）。大腸に腫瘤状病変が存在し，HE 染色では大型の異型のある核を有する円形の細胞が密に増殖し，腫瘍性であり悪性であると判定できるが，粘液産生や管腔形成もなく，すなわち未分化であるためにその細胞の由来が不明である。この場合に上皮系列の細胞骨格として存在するサイトケラチンというフィラメントに対する抗体とリン

(a) HE染色
(b) CD 3

リンパ球（T細胞）の表面抗原に陽性。がんではなく悪性リンパ腫と診断される。

(c) CD 8

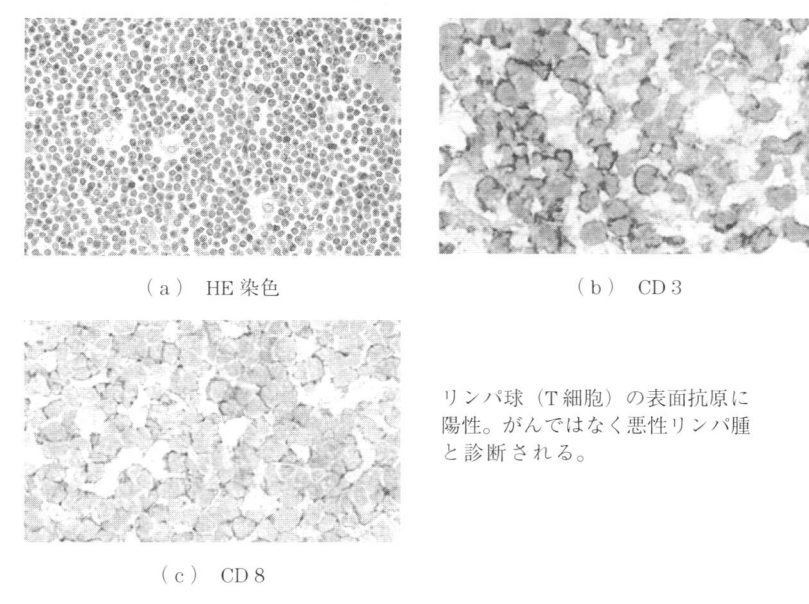

図2.40 抗原抗体反応における染色例（口絵8参照）

パ球の表面抗原に反応する抗体を用いて免疫染色を行ったところ，リンパ球（T細胞）のマーカーに陽性であり悪性リンパ腫と診断された。このように単に良悪性の鑑別のみならず由来細胞を同定することは治療選択の際に重要で，それが異なる場合に治療法も異なる場合があるからである。

〔3〕 **分子生物学的解析** 　分子生物学的手法としては，組織切片状で行うものとして *in situ* hybridization（ISH）法がある。これは特定の遺伝子DNAあるいはその転写産物であるmRNAの局在を検索する方法である。DNAはアデニン（A），チミン（T），グアニン（G），シトシン（C）の4塩基から，またRNAはA，ウラシル（U），G，Cの4塩基からなり，A：TまたはA：UとG：Cというたがいに相補的塩基が水素結合で特異的に結合するという性質を利用して，検索対象とする核酸に対して相補的（アンチセンス）な塩基配列をもつ核酸（プローブ）を用いて検索するものである。

具体的な応用例としてウイルス感染の検索例を示す（**図2.41**）。エプスタインバー（Epstein-Barr，EB）ウイルス感染ががん発生に重要な役割を果たしていると考えられている特殊な胃がんがある。それは従来からはHE染色標本ではリンパ球浸潤が著明でばらばらのがん細胞がその間に存在するという特徴的組織像を示し，リンパ球浸潤髄様胃がん（gastric carcinoma with lymphoid stroma）と呼ばれている。そして，このがんは患者の生命予後が比較的良好であるといわれている。最近，EBウイルスのmRNAに対するISH法により，この組織型の胃がんのほとんどにEB感染が認められることが判明した。実際の症例を**図2.42**に示す。

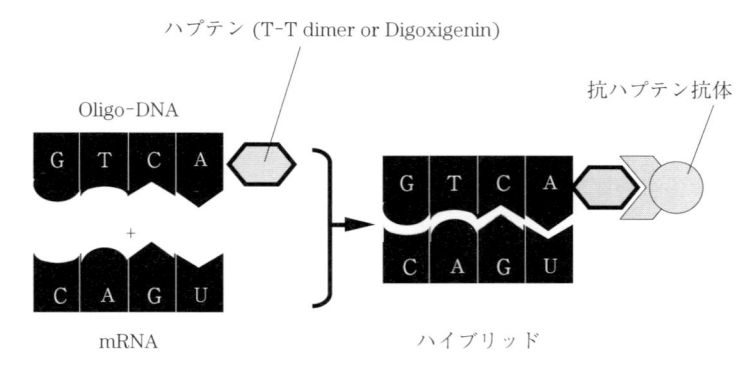

図 2.41　ウイルス感染の検索例における分子生物学的手法
（*in situ* hybridization）

（a）不整陥凹をともなう隆起性病変　　（b）境界明瞭な充実性発育

（c）高度のリンパ球浸潤　　（d）*in situ* hybridization 法

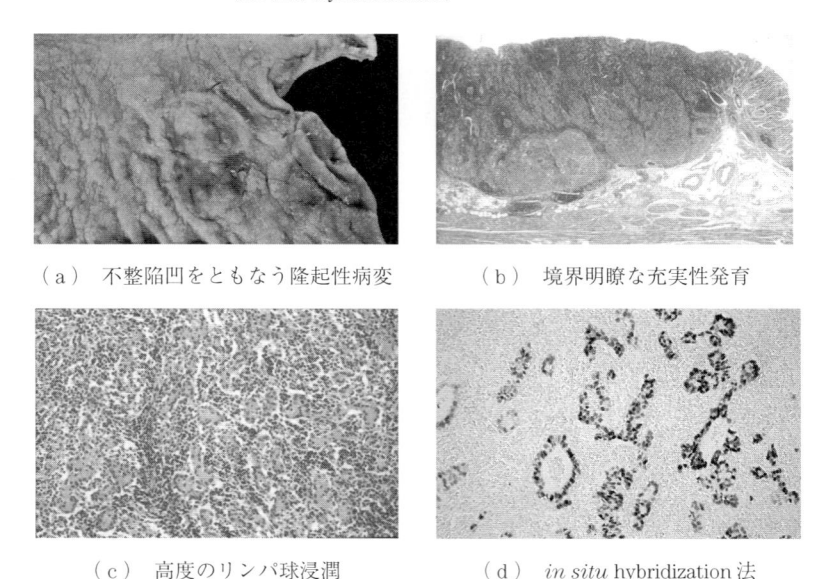

図 2.42　ウイルス感染の胃がんにおける分子生物学的手法
（*in situ* hybridization）（口絵 9 参照）

2.5.6　病理学的検索の臨床への応用

　2.5.5項で病理学的検索法について概説したが，それらが実際にどのような形で応用されているかを，大腸がんを例に挙げて解説する。

　〔1〕 **がんの早期発見における役割**　　大腸の壁（図 2.43）は，内側から粘膜（腺上皮），粘膜下層（結合組織），固有筋層（平滑筋組織），漿膜（結合組織）の四層から構成されている。がんは，通常粘膜から発生し，腺がんの形態をとる。発生初期で肉眼的に不明瞭である時期は，組織を顕微鏡で観察しないとがんと判定できない。大腸の内視鏡検査を行った際にそのような微小な病変を見つけた場合は，その一部を生検されることにより，がんか

図 2.43 大腸の壁構造（四層構造）とがん（口絵 10 参照）

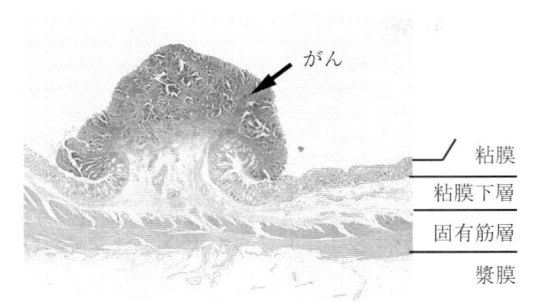

正常大腸の壁構造は四層構造からなる。

否かの診断が可能である。

〔2〕 **がんの進行度の検索と治療法選択** 大腸がんは粘膜内にとどまっているうちは転移しないので，その病変を完全に切除してしまえば完治可能である。このような病変は内視鏡で切除することが可能であり外科的に手術する必要もない。しかし，粘膜を越えて粘膜下層から固有筋層，漿膜と深く浸潤していくと転移する確率も増えていくので，がん巣そのものを完全に切除しても完治できない場合がある。具体的には，がんが粘膜を越え粘膜下層に浸潤しても内視鏡で切除可能である場合もあるが，粘膜下層浸潤がんはリンパ節転移の危険率が約 10 % あるので，原則としては外科手術により病巣とともに腸管を切除し，所属しているリンパ節も同時に切除する必要がある。そして，固有筋層から漿膜へ浸潤した場合はリンパ節転移率もさらに高率で病巣自体を切除するためにも外科的手術が必要である。

がんの進行度は，肉眼的所見や X 線検査など臨床情報からある程度は判定できる。しかしながら，実際には予想よりはるかにがんが広範囲に広がっている場合があり，また逆に進行していない場合もある。小さながんが発見された場合，粘膜内にとどまっていると判定されれば内視鏡による切除がまず行われる。そしてそれの組織標本で切除断端にがんが存在しないかということと進行度を判定する。もし粘膜下層まで浸潤していれば追加の外科手術を勧め，粘膜内がんであっても切除断端にがんが存在する場合は追加切除を勧めるという具合である。また，最初から固有筋層や漿膜まで進行したがんと判定された場合，腸管と所属リンパ節を外科的に切除する。そして，実際の進行度，リンパ節転移の有無や手術断端のがんの有無など標本の病理学的な検索結果が追加手術の必要性や化学療法施行の判定基準となる。

〔3〕 **がんの細胞的悪性度の評価** 大腸がんの進行度（壁深達度）と転移率や患者の生命予後は相関するが，個々の症例で検討すると粘膜下層までにがんの浸潤がとどまった早期病変でも全身に転移する場合もあれば，高度に進行したがんすべてが必ずしも治療無効であるとも限らない。これは，がん細胞と一口にいっても個々で悪性度が異なるためである。HE 染色レベルでは，大まかには細胞的には高異型度のもの，組織型では低分化型のものがより悪性度が高く，同じような組織でも静脈やリンパ管内に高度に浸潤していくものが肝臓

やリンパ節へ転移する危険が高いので，これら高悪性度所見が認められるものは早期がんといえども手術のフォローアップに注意する必要がある。

例えば，図 2.44 に示した大腸がんは粘膜下層までの浸潤で早期がんであると考えられ，組織学的に高分化型腺がん，リンパ管・静脈浸潤なし，反応性のリンパ球浸潤ありとリンパ

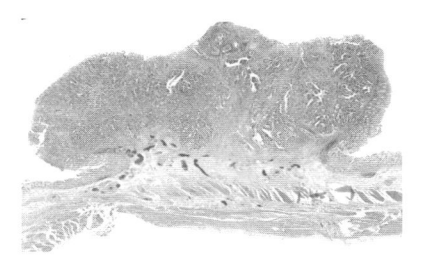

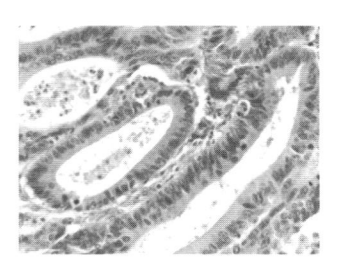

（a）危険因子なし　　　　　（b）高分化

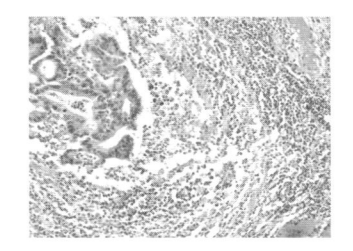

（c）リンパ組織増生あり

図 2.44　大腸がんにおけるリンパ節転移（−）の症例（口絵 11 参照）

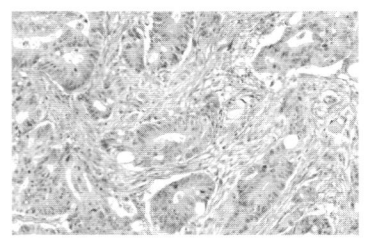

（a）転移危険因子多数　　　（b）間質の線維化あり，リンパ組織増生なし

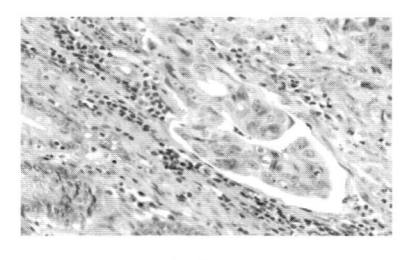

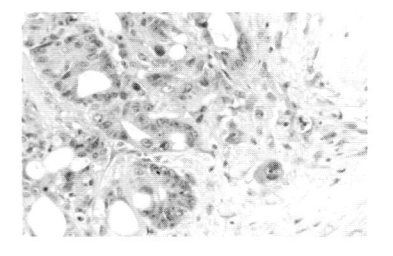

（c）ly　　　　　　　　　（d）低分化成分

図 2.45　大腸がんにおけるリンパ節転移（＋）の症例（口絵 12 参照）

節転移の危険因子がなかった。そしてリンパ節転移は陰性であり縮小手術でも十分根治可能であったと推測される。一方，図 2.45 に示した大腸がんも粘膜下層までの浸潤で早期がんであると考えられたが，組織学的に簇出（低分化成分）あり，間質の線維化著明，リンパ管浸潤あり，反応性のリンパ球浸潤なしなどリンパ節転移の危険因子が多数認められた。リンパ節転移は陽性であったので，このような例ではリンパ節を含めた腸管切除が必須である。

　HE 染色による組織像に加え，免疫染色による細胞形質分類や，細胞増殖関連因子，血管新生因子などの評価，さらには種々の遺伝子異常の解析を悪性度評価に応用する研究が行われているが，紙面の関係上詳細は省略する（図 2.46）。

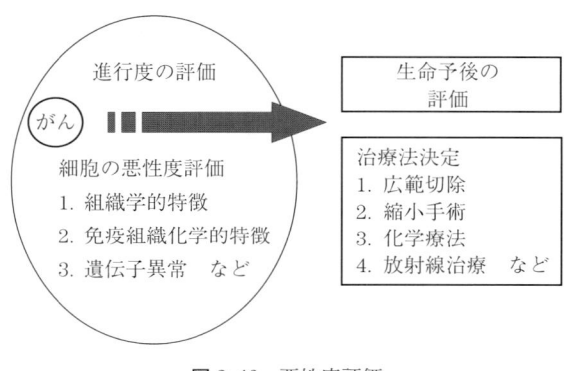

図 2.46　悪性度評価

2.5.7　病理学の実際

　病理学は総合医学であるが，実際の研究は組織標本の観察という形態的解析を基本として特殊染色，免疫染色，さらには分子生物学的手法を加えることにより機能的要素を加えた解析を中心として行われている。限られた紙面では病理学に関して概要のみしか解説することができなかったが，病理学がどのようなものであり，病理学という基礎分野と臨床医学との関連について理解していただき，生体工学へ多少なりとも応用されると幸いである。

3 生体工学と臨床バイオメカニクス

3.1 生体機能設計

3.1.1 生体機能設計の視点

1章で概説したように，生体工学の取組みは
（1） 生体系の構造や機能についての工学的理解
（2） 工学技術の生体系・医療福祉への応用
（3） 生体系における諸機構の人工系への応用

に大別される。生体機能設計においても，これら3種の立場が存在するが，本章では，臨床バイオメカニクスとの関連に着目して，生体系についての工学的理解に基づき，工学技術を生体系・医療福祉へ応用する場合を主体にして紹介する。

20世紀後半よりヒトの組織・器官を置き換える試みが進み，脳以外の組織・器官・臓器のほとんどに対して，各種の人工物による代替や機能補助が試みられており，現状で成果を挙げているものが多々ある。例えば，人工心臓・人工心臓弁や人工関節・人工歯のような主として機械的機能を代替するものから，人工血管・人工骨のような構造組織を代替するもの，人工腎臓（透析器）・人工肝臓のような代謝機能を代替するもの，心臓ペースメーカのような制御機能を代替するものやコンタクトレンズ・補聴器のような機能補助具まで多様である。そこでは，生体内または生体と連結して人工物を使用するために，従来の一般産業用製品とは異なった設計の視点が必要とされる。すなわち，生体に対して無害性・無毒性は必然の条件であり，生体環境で劣化しない耐久性を含めて満足する「生体適合性」の条件をクリアする必要がある。

製品やシステムの設計では，所望の機能（仕様）を実現することが目的であるが，複雑・多様な機能を有する生体組織・臓器の全機能を代替することは困難な場合が多く，主要機能に限定して代替される場合が多い。特に，人工物で代替物を設計する場合には，生体組織と物性が大幅に異なる材料を使用する場合も多く，物理的・化学的にも周囲の生体環境と適合せず，不適合性に基づく相互作用が代替物や生体に対して機能を低下させたり，副作用を発

3.1 生体機能設計

生させた場合には，再置換を必要とする例も生じている。特に，元来の生体と異なった材料・機構・システムにより代替する場合の設計の基本指針は，生体の本来の機能・機構・構造の十分な理解に基づき，生体の諸機能を，いかにして，どのレベルまで，どのようにして代替・再現するかについて，現有する知識・技術を駆使して，柔軟な発想を加えて対処することであり，「生体機能設計」の視点が重要となる。例えば，生体を規範にして人工系を設計する，いわゆる「生体規範設計」はその代表例であり，本章では生体関節を規範にした人工関節の設計について後述する。

バイオミメティクス（生体模倣技術）と称される分野では，可能なかぎり生体に接近した模倣が追求されているが，生体規範設計の視点では，生体を規範にする立場に立つことが根本であり，生体に匹敵する類似のものを再現する場合を含むとともに，生体とかなり異なった人工系材料・機構・システムで代替する場合も含まれるので，より広範で柔軟な設計が可能となる。

ロボットの世界では，多種の二足歩行ロボットが実現されているが，その機構や制御システムは，ヒト筋・骨格・制御系とは大幅に異なっている。しかるに，共通点も有しており，転倒を防ぐためにゼロモーメントポイントに留意する点や，直線歩行からコーナを曲がろうとするときに，人間と同様に事前に身体の重心をコーナの内側に移動させる動作をさせる予測運動制御により滑らかな歩行を可能にした事例[1]がある。一般のロボットの関節は，ピンジョイントまたはリニアスライダにより構成されているが，生体肩関節を規範にした球面関節と筋代替ワイヤ駆動系にニューラルネットを導入したロボットアーム[2]では，軽量・コンパクト化と多自由度制御が可能となり，福祉ロボット等への応用が期待されている。

また，6章で詳述されているように，細胞による再生機能を生かして生体組織・臓器を再生する再生医療の臨床応用が研究されている。再生医工学の視点から，必要機能を代替する組織を再生可能とする条件として，①細胞，②スカッフォールド（担体，足場材料），③活性因子（成長因子など）の3条件を満足することが要求されている。さらに，例えば，関節軟骨の場合には，生体環境と類似な静水圧や圧縮負荷，摩擦負荷の繰返し刺激が再生軟骨の構造・物性改善に寄与することが指摘されており，組織再生用バイオリアクター設計において，生体機能設計の視点が必要とされる事例である。特に組織再生や生体材料の臨床応用に際して生体内環境の重要性に着目し，「生体内環境設計」という視点からの提言[3]も行われている。生きた組織は，周囲の化学的・生物学的・力学的な環境条件に応じて自己を改変しながら形態と機能を維持するため，生命体の能力を活用する生体内環境設計（細胞増殖因子等のdrug-delivery，細胞や遺伝子のdelivery，足場構成や力学的刺激）が有効になることが指摘されている。そこでは，新たな組織再生の進行に対応して足場の役割がすзмば適切に吸収される生体吸収性材料の導入が成否を左右すると予測されている。

3.1.2 生体関節の潤滑機構と人工関節の生体機能設計

高齢者の急増にともない変形性関節症や関節リウマチ，大腿骨頸部骨折などに対する人工関節置換術の対象患者も急増している。人工股関節（図 3.1）・人工膝関節・人工骨頭や各種人工関節の置換術は，国内だけでも年間約 10 万例が，米国では 60 万例以上が施行されており，今後も増加すると見なされている。関節疾患では疼痛をともない，運動機能の低下により寝たきりになる場合も多いが，人工関節置換により疼痛から解放され，運動機能も回復し，自主的生活活動の拡大が得られ，大きな恩恵をもたらせている。その結果，全身的な代謝機能も向上し，精神的な向上も得られるため，重要な療法となっている。近年では，設計・材料・製造技術・手術法（支援技術を含む）・術後リハビリ支援法の改善により，10～20 年以上の耐久性も得られつつある。しかるに，一部では，特に摩擦面に使用されている超高分子量ポリエチレン（ultra-high molecular weight polyethylene, UHMWPE）の微小な摩耗粉が周囲組織のマクロファージの炎症反応を誘起し，その結果として骨融解（osteolysis）が生じ，人工関節と骨間で緩み（loosening）を発生[4]させ，再置換が必要となる症例が増えつつある。また，接触面圧が過大となり得る解剖学的デザインの人工膝関節では，デラミネーション（delamination）と称される疲労性はく離摩耗の発生により再置換を要する症例が発生している。このような臨床的課題を解決するためには，摩耗を根本的に低減することが必要であり，生体機能設計の視点から再考する必要がある。以下には，生体関節における負荷支持・潤滑機構と人工関節における生体機能設計について概説する。

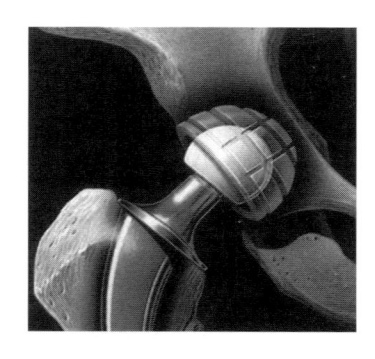

図 3.1　人工股関節（京セラ株式会社，人工関節カタログより）

〔1〕**生体関節における負荷支持機構と潤滑機構**　骨格系は多数の骨（成人では 206 個）から構成されており，それらの相対する二つの骨を連結する構成組織は，関節（joint）と称され，ほとんど動きのない不動結合とよく滑動する可動結合がある。ここでは，後者の滑膜関節（synovial joint）と称される可動関節〔股関節（図 3.2[5]），膝関節等〕を対象とする。

その形態は多様であるが，いずれも摩擦面が高含水軟質の関節軟骨（articular cartilage）で覆われ，関節腔内に存在する関節液で潤滑されるという特徴を有する。可動関節は，骨格

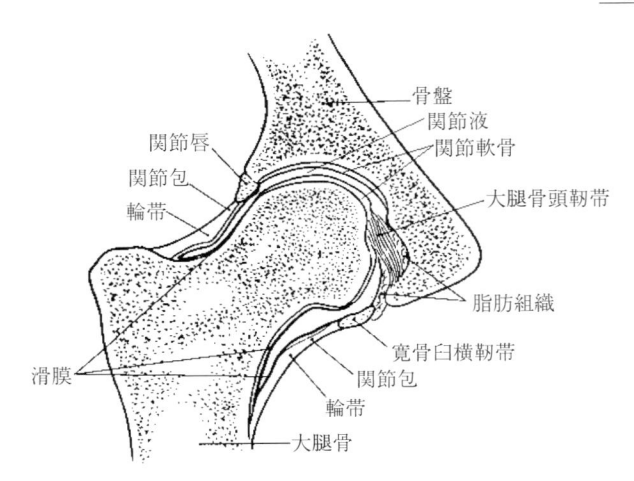

図 3.2　股関節の断面（正面像）[5]

系における継手または軸受の役割を果たしており，関節形態および靱帯や関節包などの軟組織による拘束を受けながら，筋肉というアクチュエータで駆動されている。特に，下肢関節では，日常の運動では体重の数倍の荷重を受け，その面圧は 1～5 MPa 程度に達する。このような比較的高荷重下で低速の往復運動を行うため，くさび膜作用に基づく流体潤滑は困難であると思われたが，摩擦係数 0.003～0.02 程度の低摩擦と 70～80 年以上の長期耐久性（低摩耗）を示しており，その優れた潤滑機構については，古くより諸説[6],[7]が提案された。関節液構成成分は，関節包内側の滑膜を介して供給される血清様透過成分（タンパク濃度は血清の約 1/3）と滑膜細胞により産生されるヒアルロン酸である。ムコ多糖のヒアルロン酸は，増粘成分であるとともに，関節軟骨プロテオグリカンの基幹構成成分でもある。滑膜関節の軟骨はガラス軟骨（hyalin cartilage）と称され，タイプ II を主体とするコラーゲン線維とプロテオグリカンから構成される細胞外マトリックスおよび軟骨細胞から構成されており，70～80％の水分を含有する軟組織である。軟骨は海綿骨構造と相まって荷重分散・衝撃緩和作用を有するとともに，弾性変形効果により流体潤滑膜の形成を容易化し，吸着膜やゲル膜による表面保護作用も有している。コラーゲン線維は，軟骨表層では表層に平行に配向し，深層では石灰化層・軟骨下骨に直交する方向に配向しており，主として引張荷重に対抗するとともに，プロテオグリカンの保持にも寄与していると考えられている。細胞外マトリックスの主成分のプロテオグリカンは，保水性に富むコンドロイチン硫酸やケラタン硫酸がプロティンコア分子に結合し，長鎖のヒアルロン酸に結合した凝集体であるため，きわめて高い保水性を有しており，主として圧縮荷重を支持すると見なされている。また，軟骨細胞は体積分率で約 10％を占めており，軟骨組織の代謝を制御している。

　軟骨組織の変形や応力などの力学特性の評価を行う場合には，弾性体（縦弾性係数：1～20 MPa 程度）または粘弾性体としての単純化モデルで近似される場合もあるが，高含水性材料として液体による荷重負荷や移動現象を考える場合には，二相性理論（biphasic theory)[8] などが適用される。また，イオン相を含めた三相性理論が用いられる場合もある。

長期にわたり低摩擦・低摩耗を維持する生体関節の潤滑機構に関して，当初は，くさび作用による流体動圧効果を考慮した流体潤滑説と，軟骨表面の吸着膜が主役を演じると見なす境界潤滑説との論争の時代が続いた。しかるに，これらについて，合理的な説明ができなかったため，軟骨内流体の滲出効果を重視した滲出（weeping）潤滑や，関節液の濃縮効果を考慮した押上げ（boosted）潤滑，軟骨表面の弾性変形を考慮した弾性流体潤滑（elastohydrodynamic lubrication，EHL）説等が提案された。これらの諸説に対して，ダウソン（D. Dowson）[9] や笹田[10] は，関節の荷重や速度が多様に変化することを考慮し，関節の潤滑モードは単一ではなく，作動条件に応じて多種の潤滑モードが機能するとの考え方を提案した。

すなわち，長時間立位静止後に始動する場合などでは，軟骨面間は接近し，局所的な直接接触が生じうる。そのような薄膜潤滑時に滲出潤滑がいかなる条件下で機能するかについては長年の議論があったが，池内ら[11] は固液二相材料である健常な関節軟骨の透過率が非常に小さいため，局所的接触の発生により，軟骨表面と内部間で大きな圧力勾配が発生した条件下でのみ内部液体の流出が生じ，潤滑に寄与することを指摘した。したがって，直接接触が生じていなければ，関節軟骨を弾性体としてモデル化できる。

例えば，膝関節を軟質層を有する円柱面と平面の組合せでモデル化[12] して，軟骨の弾性変形を考慮して大腿・脛骨面間の歩行条件下の流体潤滑 EHL 膜厚を算出すると，**図 3.3** のように，高荷重低速の立脚期にはスクイズ作用により徐々に膜厚が薄くなるが，遊脚期には荷重が低下し，屈伸速度が増加するため，くさび作用により流体膜が回復し，定常歩行では周期的な膜厚変化を維持できる。歩行中には，離床直前に膜厚が最小となることがわかる。流体潤滑が可能となるためには，一般に流体膜厚が摩擦面の表面粗さよりも厚い必要がある。軟骨表面粗さの実測では触針による変形の影響や大気中における乾燥・収縮の問題があったが，原子間力顕微鏡 AFM の液中タッピングモード計測による測定（**図 3.4**）[13] によると最大粗さで 1～2 μm 程度と判断された。流体膜厚は，潤滑液粘度に依存するが，非ニュートン性の関節液は，歩行時の高せん断速度条件下では，0.01 Pa·s 以下になるため，ソフト EHL 数値解析による最小流体膜厚は 0.5～1 μm 程度で 1～2 μm 程度の軟骨表面凹凸よりも薄くなり，流体潤滑が困難と見なされる。しかるに，Dowson とジン（Z. M. Jin）[14] により指摘されたように，負荷域では軟骨突起部が弾性変形により平坦化すれば，摩擦面間の干渉が避けられ得る。いわゆる，マイクロ EHL 説である。したがって，歩行運動等では，軟骨面の弾性変形効果と関節液の粘性効果に基づくマクロおよびマイクロ EHL が主体的に機能すると見なされる。

一方，変形性関節症や関節リウマチが進行すると関節液中のヒアルロン酸の分子量低減や濃度低減にともない粘性が低下し，流体潤滑膜厚が薄くなるし，健常関節でも長時間立位静

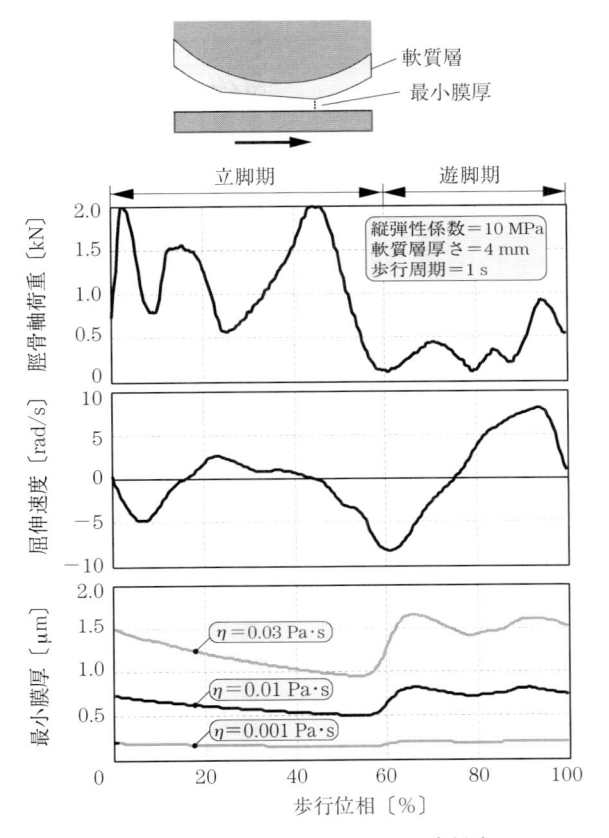

図 3.3 生体膝関節モデルにおける歩行時の流体潤滑膜形成

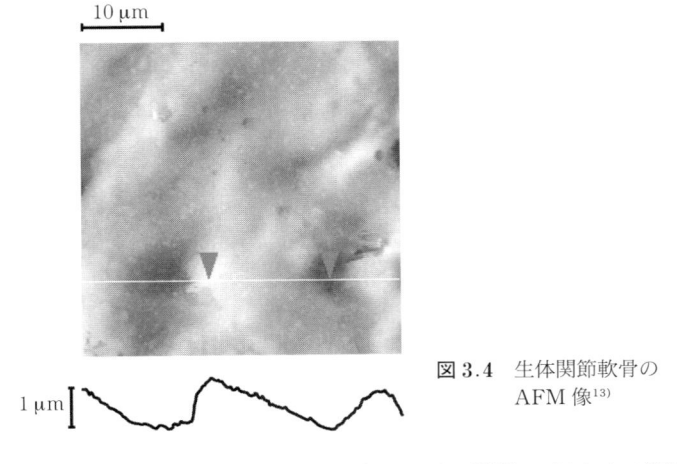

図 3.4 生体関節軟骨のAFM像[13]

止時などには，関節軟骨間で直接接触が発生し得る。球面関節に相当する豚肩関節の振子減衰試験により，潤滑液粘度（ヒアルロン酸濃度）を変えて生体関節の摩擦特性を評価した測定例（ストライベック曲線）[12]を図 3.5に示す。

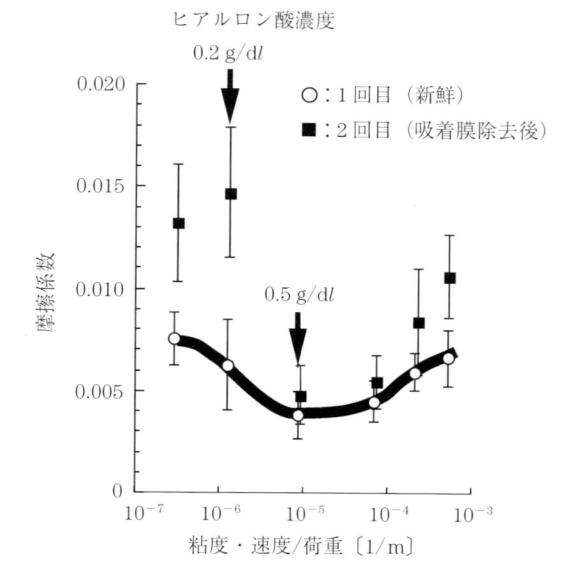

3. 生体工学と臨床バイオメカニクス

図3.5 豚肩関節の振子試験における摩擦特性（吸着膜の影響）

新鮮な関節では，横軸の〔粘度・速度/荷重〕の中間値で最小値を示し，右上がり域が流体潤滑，左部の高摩擦域が混合潤滑ないしは境界潤滑域と判断された。混合潤滑域では，局所的な直接接触が発生していると見なされ，軟骨表面には境界潤滑作用を示す吸着膜が形成されていると考えられ，洗浄剤により吸着膜を脱離させると，摩擦が上昇した。吸着成分としては，糖タンパク複合体，リン脂質やタンパク成分等が提示されており，この混合潤滑域で摩擦上昇後の関係に対して，生理的濃度のリン脂質 Lα-DPPC（ジパルミトイルフォスファチジルコリン）や若干高濃度の γ-グロブリンを添加したところ，摩擦が改善した。このように，軽度の摩擦作用では吸着膜が脱離しても修復が可能であるが，過酷な摩擦条件下では過剰な消耗をきたし，吸着膜の下層の軟骨表層部が直接接触を生じる。軟骨最表層サブミクロン部は，コラーゲン線維や軟骨細胞を有せず，プロテオグリカンを主体とするゲル膜層

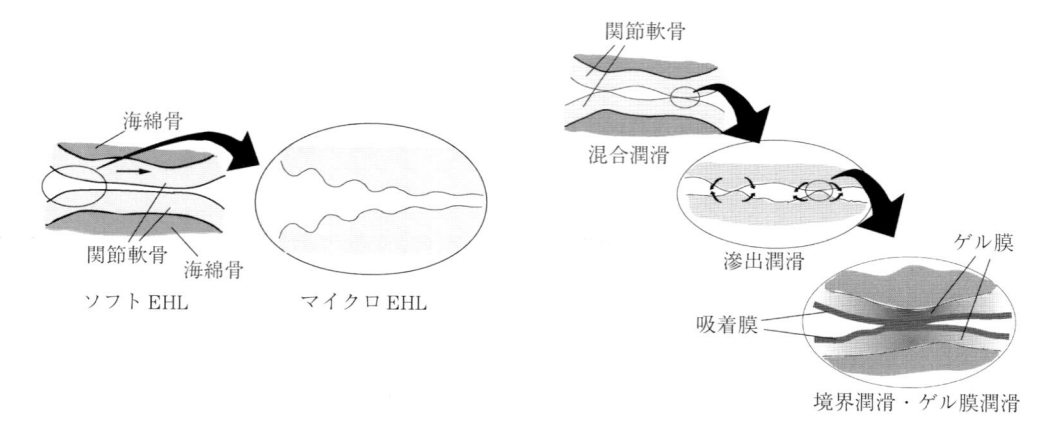

図3.6 生体関節における多モード適応潤滑機構モデル

で構成されており，低せん断特性を有している。摩擦時間特性を追跡した実験により，最表層ゲル膜が低せん断特性を発揮して潤滑機能を果たすことが検証[15]されている。また，表面ゲル水和層が，粘性膜潤滑を拡張するとの考え方が，笹田[16]により提案されている。

このように生体関節では，作動条件の過酷さに応じて，階層性を有する多種の潤滑モードが協調的に機能（図3.6）しており，その潤滑機構は，多モード適応潤滑（adaptive multimode lubrication）[7], [12] と称される。

軟骨組織は，骨等に比べると修復能力に劣るため，関節液や表面層の保護作用が不足すると摩耗の発生につながるので，潤滑機能が重要視される。

〔2〕 **人工関節における生体機能設計** 過度の摩耗や変性を生じた生体関節は，運動機能回復や除痛のために人工材料で構成された人工関節で置換される。臨床適用例の大部分は，人工股関節，人工骨頭と人工膝関節であるが，足・肩・肘・手・指関節についても各種の人工関節が使用されている。骨部への固定法にはセメントタイプとセメントレスタイプがあり，前者で使用される骨セメントや後者の骨界面に使用される生体活性セラミックスの材料特性については5章で詳述する。本章では，摩擦面のトライボ問題[17]に着目して議論する。

人工関節置換において摩擦面を人工材料で置換する場合には，軟骨代替材料として生体関節軟骨と同様な実用材料は存在しなかったために，材料物性のかなり異なる材料が使用された。形状設計の視点においては，生体類似の荷重支持と可動域を再現するために，スペースの制限もあり，生体関節を単純化した形態のものが使用された。開発初期にはステンレス鋼，Co-Cr-Mo合金（1937年）や各種高分子材料の登場にともない，メタル・メタル製人工股関節や，各種人工骨頭，蝶番式（金属製）人工膝関節などが臨床応用された。メタル・メタル人工股関節は，球面軸受に相当するが，初期の製品の真球度・半径すきま・表面粗さから判断すると流体潤滑モードの維持は困難であったと推定され，金属間の高摩擦は緩みの誘因となり，全般的に良好な成績は得られなかった。また，初期の蝶番型の膝関節は，二次元的な屈伸運動のみに対応する構造であったため，生体の三次元的な運動に対応できずに，折損や緩みをきたした。

このような背景の中で，生体関節では境界潤滑が主体であると見なしていたチャンレー（J. Charnley）[18]は，低摩擦（低摩擦トルク）人工関節のアイデアの実現を試みた。まず，ステンレス鋼製骨頭に対して軟骨代替低摩擦人工材料としてPTFE（テフロン）を寛骨臼蓋ソケット側に使用したが，PTFEの耐摩耗性が不良であったために，短期の使用で過大な摩耗（図3.7）を生じてしまった。多量で大径の摩耗粉は，生体反応も発生させた。実験室（水潤滑）評価で良好な耐摩耗性を示したガラス繊維強化PTFEなどを試みたが，生体内では摩耗を生じた。1962年当時，対策に苦慮していた彼のもとに，関節液潤滑下でPTFEよりも摩擦は若干高めであるが，耐摩耗性に優れる超高分子量ポリエチレンUH

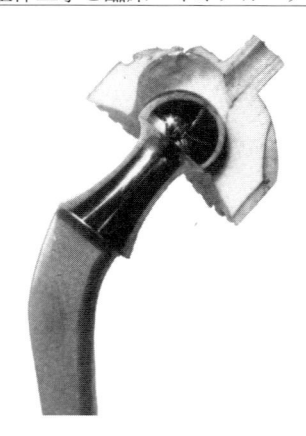

70　　3.　生体工学と臨床バイオメカニクス

図 3.7　PTFE/ステンレス鋼製人工股関節の 3 年使用例における PTFE ソケットの過大摩耗[17]

MWPE (ultra-high molecular weight polyethylene) が持ち込まれた。この材料の導入により，年間の摩耗深さが 0.05〜0.2 mm のレベルまで抑えられ，その結果，人工関節置換術は世界中に普及していった。なお，摩擦トルク低減の目的により，骨頭直径が小さめ (22 mm) に設定されたために，摩擦距離の短縮による摩耗の低減 (Holm の法則) やポリマーの厚みの増大という利点もあったが，接触面圧は高めになった。その後，人工股関節では骨頭径の増大化やセラミックスの導入なども実施された。一方，人工膝関節においては，金属またはセラミックスと UHMWPE の組合せを用いた表面置換型の解剖学的デザインを主体にして多種多様なものが臨床適用された。

近年では，人工関節材料の材質・仕上げ精度の向上や，形状・固定法・術法の改善等により 10〜20 年以上の使用実績が得られているが，一部では，人工関節・骨 (または骨セメント) 界面での緩み (loosening) や過大摩耗の発生により再置換例も生じている。摩耗粉，特にサブミクロンサイズのポリエチレン摩耗粉が周囲組織の強い炎症反応を引き起こし，ついには骨融解を生じ，緩みをきたすことが指摘[4]されている。したがって，人工関節の摩耗を僅少化することが臨床現場からの重大な要求になっており，生体機能設計の視点から検討する必要がある。

まず，生体関節と人工関節 (UHMWPE を使用する場合) の相違点 (**表 3.1**) を検討してみる。潤滑液については，術直後は体液潤滑であるが，関節包・滑膜組織が修復されると二次関節液が供給される。健常な場合に比べて粘度は低めであるが，類似な潤滑液環境とな

表 3.1　生体関節と人工関節の比較

	生体関節	人工関節
摩擦面材料	軟骨/軟骨	耐食性金属/UHMWPE，セラミック/UHMWPE
潤滑液	関節液	体液，二次関節液
最大面圧	1〜5 MPa	5〜50 MPa
摩擦係数	0.003〜0.02	0.03〜0.1
潤滑モード	多モード適応潤滑	混合潤滑，境界潤滑
寿命	70〜80 年	10〜20 年

る。したがって，摩擦面材料が異なる点が，最大の相違点となり，材料物性・潤滑性・修復性等における課題をいかに解決するかが，生体機能設計の論点となる。

摩擦面の課題を解決するためには，トライボロジーの視点が重要であり，一般に，①材料，②潤滑，③設計を変える三つの視点から取組みがなされる。高粘度の人工関節液を採用すれば流体潤滑が可能になるが，密封性の問題があるため，現在の人工関節は体液や二次関節液により潤滑されている。したがって，人工関節の多くは，混合潤滑または境界潤滑モードで作動しており，局所的直接接触に起因した摩耗や高摩擦が問題を起こしてきた。当初は，潤滑と設計の条件はほぼ同じで，材料の耐摩耗性改善を重視した試みがなされたが，耐久性の根本的な向上のためには，材料の耐摩耗性向上とともに潤滑状態（モード）の改善や形状設計の改善を含めて，摩擦面における過酷度を低減することが必要とされた。

例えば，人工股関節の摩耗低減策として，新世代のメタル・メタルおよびセラミック・セラミックの臨床適用が増加してきた。高精度仕上げが可能なセラミックスでは，半径すきまを $10\,\mu m$ 以下に，表面粗さ Ra を $0.01\,\mu m$ 以下にすることが可能であり，歩行条件下では，流体潤滑も可能と見なされ，セラミックスの良好な耐摩耗性と相まって摩耗量は激減した。しかるに，エッジ接触や衝撃荷重に対する破損防止や高摩擦の低減化も要求されている。メタル・メタルでは，半径すきまの制限があるものの，デザイン改善により弾性流体潤滑効果も期待され Co-Cr-Mo 合金の耐摩耗性も向上したため摩耗量は低減したが，金属イオンの溶出などの問題がある。一方，UHMWPE に関しても，大西ら[19]の γ線照射人工関節において 20 年以上の臨床使用後に摩耗が僅少であった事例もあり，架橋処理 UHMWPE による摩耗低減も実証例が増えつつある。当面は，3 種の人工股関節が改善を重ねながら使用されると予測される。このほか，臼蓋側を金属製にすることにより薄肉化を可能にして，骨頭側にポリエチレンを採用し，骨頭径を生体と同じ程度のサイズとしたデザインでは，EHL 膜形成が改善され，20 年以上にわたる低摩耗性が確認[20]されている。

人工膝関節では，金属またはセラミックス製大腿部と UHMWPE 製脛骨部の組合せが主体であるが，解剖学的デザイン〔図 3.8（a）〕では，接触面圧が高面圧となり，UHMWPE

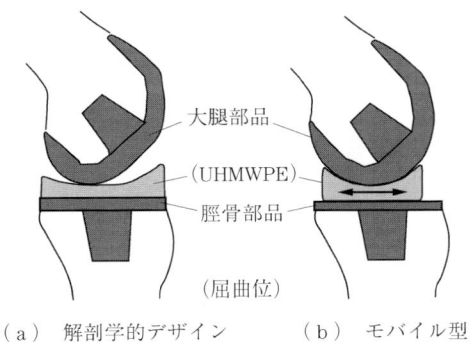

図 3.8 生体膝関節と表面置換型人工膝関節（側面断面像，靱帯は省略）

（a）解剖学的デザイン　（b）モバイル型

の塑性変形の発生や表面はく離性摩耗の発生が緊急の課題となっている。そのため，面圧を低減するために大腿・脛骨部の形状適合性を改善させつつ可動性を有するモバイルデザイン〔図（b）〕が普及しつつある。後者のデザインでは低摩耗となるものの，一部の臨床例では摩耗が生じる事例もあり，片当たりなどによる過酷な接触を避けるためにアライメント調整などの術時の改善も必要と思われる。

もう一つの視点として，潤滑状態（流体潤滑膜形成等）を根本的に改善する案として，軟質材を人工軟骨として適用する生体規範設計の試みがなされた[6], [21], [22]。軟質材として，ポリウレタンやポリビニルアルコール（PVA）ハイドロゲル等を用いた人工関節が試作され潤滑性改善が確認された。

例えば図 3.9 に示すように，高含水性 PVA ハイドロゲルでは，タンパク成分の存在する環境で摩擦特性が改善され，高荷重の立脚期で摩擦係数 0.01 以下が実現された[22]。軟質材の弱点は強度が低い点であり，強度改善・表面改質とともに過酷度の低減，始動摩擦特性の改善や修復機能を含む長期耐久性能の検証が必要とされる。

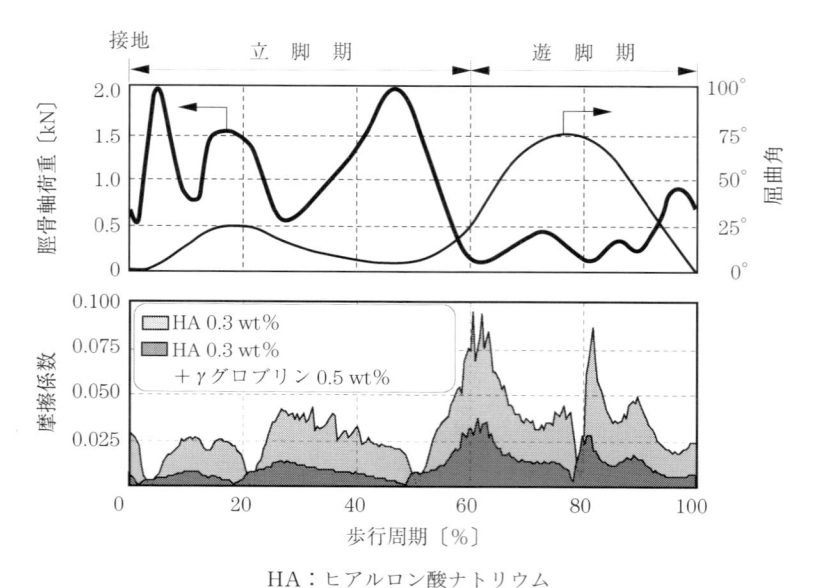

HA：ヒアルロン酸ナトリウム

図 3.9　人工軟骨を有する人工膝関節の歩行シミュレータ試験における摩擦特性[22]

一方では，軟骨細胞の機能を活用した生体組織工学技術による軟骨再生が可能となりつつあるが，長期的機能維持のためには摩擦面である表層再生が重要であると思われる。現時点では，軟骨再生は局部的領域に限定されており，関節面全体の代替には人工関節置換が必要である。双方の技術が並行的に進歩し，融合技術による高機能関節再建によりヒトに近づく人工関節が実現することが期待される。

3.2 ロボティクスと福祉工学

3.2.1 福祉工学

〔1〕 **福祉工学の範囲**　わが国における急速な高齢化社会への対応や障害者福祉向上のために，工学の分野からの貢献が期待されている。このような目的でのリハビリテーション機器，医療機器の開発や福祉機器開発，住宅改造など，さまざまな分野は福祉工学[23]と呼ばれている。このうち，特に福祉機器開発においてはロボティクス分野で用いられている技術が応用できることが多い。そこでこの節では，ロボティクスの福祉機器応用について議論する。

〔2〕 **福祉工学の対象者とその目的**　福祉工学では障害者と高齢者をおもな対象者とし，その福祉の向上を目指している。しかし，福祉機器開発においては，単に障害者と高齢者のことを考慮すればよいというわけではない。例えば，介護者が被介護者をベッドから車椅子に移乗させる場合，この動作の負荷軽減のための機器を検討する場合は，直接の使用者は介護者ということになる。また，リハビリテーションを目的とする場合は，直接の使用者は障害者，高齢者等の患者であるが，医師，PT（理学療法士）やOT（作業療法士）等が使用の手助けを行う。このように，直接の対象と間接的な使用も考えると，福祉工学では多くの人を対象とし，意見を取り入れることが重要であり，このことは一般の機器開発とは異なる点である。

福祉工学，特に福祉機器開発においては自立支援〔介助者の手助けなしにADL（activity of daily living）を行えるようにすること〕，介助支援（介助者の負担を軽減すること），リハビリテーション支援（PT，OTの負担軽減，効率的で効果的なリハビリテーションを実現すること）がその主たる目的となる[24],[25]。このうち，ADLとは**表3.2**のような日常生活動作とその応用動作である。これらを一人で確実に行えるようになることが自立のための条件となり，このことが障害者や高齢者にとっての基本的なQOL（quality of life，生活の質）の向上につながると考えられている。

表3.2　日常生活動作と応用動作

日常生活動作		応用動作
身の回り動作	起居・移動	生活関連動作
食事	寝返り	炊事
更衣	座る	洗濯
整容	立つ	掃除
排泄	移乗	買い物
入浴	室内移動	

〔3〕 **障害の内容**　わが国において障害者（身体障害者，知的障害者，精神障害者）は約600万人（内閣府：平成15年度版障害者白書[26]）といわれており，福祉機器開発においておもな対象となる身体障害者はこのうち約350万人である。この身体障害者が具体的にどのような障害を抱えているかを見てみる。**図3.10**に障害種類別の障害者数の割合を示す。大きく感覚障害（視覚・聴覚・平衡障害），運動障害（肢体不自由），内部障害（臓器の障害）に分けられ，このうち上肢・下肢の運動障害である肢体不自由が数としては多いことがわかる。そこで，**図3.11**に肢体不自由の内訳を示す。

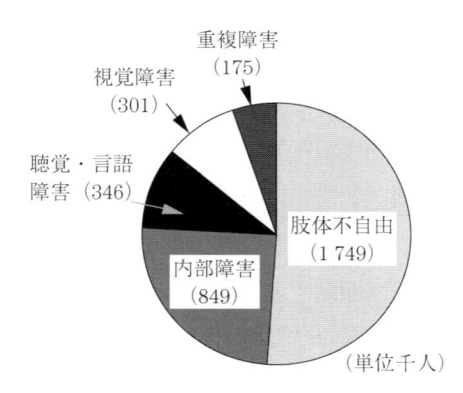

図3.10　障害の種類とその数[26]

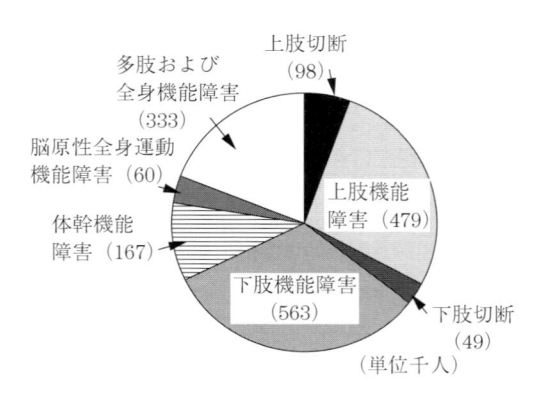

図3.11　肢体不自由の内容[26]

　これらさまざまな障害は，個々の障害者や高齢者によって障害の程度，部位，具体的な内容などが異なることが多く，対象とする障害を明確にした上で機器開発を行う必要がある。そのほか，社会インフラの状況や自治体の福祉制度や施策の調査も福祉機器の開発において重要であり，価格，色，デザインも福祉機器を実際に使ってもらえるかという点できわめて重要である。

3.2.2　ロボティクスの福祉機器への応用

〔1〕 **ロボティクス**　ロボティクスではロボットアームの動作解析や制御手法，また，脚式・車輪式移動ロボットの動作制御などがおもなテーマとなっている。これらのロボティクスで確立されている手法は福祉機器開発においても応用できる。具体的には

（1）　介護用アーム，電動車椅子の開発や動作制御におけるロボティクスの直接的な応用

（2）　福祉機器の設計において重要となる生体の力学特性の理解のためにロボティクスにおける手法を用いること

が考えられる。（2）として例えば，筋骨格系は大まかには多リンク系をワイヤで拘束して駆動する機構でモデル化でき，これはロボットアームの動作解析で確立された手法が利用できる。ここではこれらの応用を考え，ロボットアームの運動学，動力学，車輪型移動ロボッ

トの運動学を示す。

〔2〕 **アームの運動学**　ロボットアームの運動学とは，多リンク系で構成された各リンクを駆動するモーターの変数を用いて手先（ハンド）の位置・姿勢を表現することをいう。ここではロボットアームの運動学の一般表現を示す。

まず，**図 3.12** に示す介護用アームを考えよう。このアームを用いてハンド部を制御し，介護者を持ち上げる動作を行わせるためには，アームを動作させるためのモーターの変位角を操作してハンド部の位置や姿勢を望ましい量に制御する。この角度を関節角（joint angle）といい，制御のためには関節角とハンド部の位置・姿勢（position and orientation）との関係を求めておく必要がある。

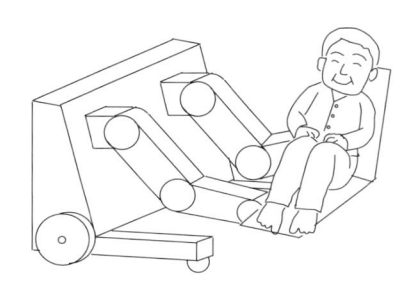

図 3.12　介護用アーム

図 3.13 に示すように，基準となる座標系をベース座標系（base coordinate frame）Σ_B とし，ハンドに固定された座標系を Σ_H とする。このとき，Σ_H で表現された点 r を $^H r (\in R^3)$ と書くと，ベース座標系で表現された点 r，すなわち $^B r$ は

$$^B r = {^B r_{H0}} + {^B R_H}\,^H r \tag{3.1}$$

ここで $^B r_{H0}$ は Σ_B で表現された Σ_H の原点を表し，$^B R_H$ は位置ベクトルを Σ_H での表現から Σ_B での表現に変換する回転行列（rotational matrix）である。なお，この行列はハンドの姿勢を表現することにもなっており，実際，姿勢を表現する一般的なパラメータであるオイラー角（Euler angles）ϕ, θ, ψ を用いてつぎのように回転行列を表すことができる。

$$^B R_H = \begin{bmatrix} C_\phi C_\theta C_\psi - S_\phi S_\psi & -C_\phi C_\theta S_\psi - S_\phi S_\psi & C_\phi S_\theta \\ S_\phi C_\theta C_\psi + C_\phi S_\psi & -S_\phi C_\theta S_\psi + C_\phi C_\psi & S_\phi S_\theta \\ -S_\theta C_\psi & S_\theta S_\psi & C_\theta \end{bmatrix} \tag{3.2}$$

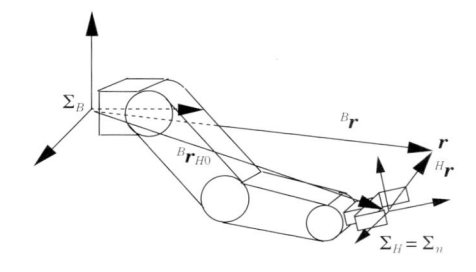

図 3.13　ハンドの位置・姿勢を表現するための座標系

ただし，$s_\theta = \sin\theta$，$c_\theta = \cos\theta$ である．上記行列は9個の要素を持つが，各縦ベクトルは正規直交ベクトルであり，この条件を用いると実際には独立な成分は三つとなる．

ここで位置ベクトルに形式的に1を追加したつぎのようなベクトルを考える．

$$^B\boldsymbol{P} = \begin{bmatrix} ^B\boldsymbol{r} \\ 1 \end{bmatrix}, \quad ^H\boldsymbol{P} = \begin{bmatrix} ^H\boldsymbol{r} \\ 1 \end{bmatrix} \tag{3.3}$$

このとき同次変換行列 ^BT_H（homogeneous transformation matrix）を用いると式（3.1）はつぎのように簡潔に表現できる．

$$^B\boldsymbol{P} = \left[\begin{array}{c|c} ^BR_H & ^B\boldsymbol{r}_{H0} \\ \hline 0\ 0\ 0 & 1 \end{array}\right] {}^H\boldsymbol{P} = {}^BT_H{}^H\boldsymbol{P} \tag{3.4}$$

つぎに，関節の数を n とし，各リンクに固定された座標系間の関係を表す同次変換行列を求める．リンク座標系の設定方法は各種考えられるが，ロボットアームの運動解析においては Denavit-Hartenberg の方法（D-H. の方法）と呼ばれる方法が一般的に用いられる．この方法では i 番目のリンク座標系 Σ_i をつぎのように設定する．

（1） アームのベース（取り付け部）をリンク0とする．
（2） 関節をベースのほうから順に番号を付ける（$i=1, \cdots, n$）．
（3） z_i 軸を関節 i とする．
（4） z_i 軸と z_{i+1} 軸の共通垂線を x_i とする．
（5） y_i を右手系に従って設定する．
（6） $z_0 = z_1$ とし，x_0, x_n 軸は任意とする．

ここで $i-1$ 番目のリンクに設定された座標系 Σ_{i-1} から i 番目のリンクに設定された座標系 Σ_i への変換をつぎのようにする（**図3.14** 参照）．

（1） Σ_{i-1} の x_{i-1} 軸に沿って a_i だけ並進，これを Σ'_{i-1} とする．
（2） Σ'_{i-1} の z_{i-1} 軸回りに α_i だけ回転，これを Σ''_{i-1} とする．
（3） Σ''_{i-1} の z_{i-1} 軸に沿って d_i だけ並進，これを Σ'''_{i-1} とする．
（4） Σ'''_{i-1} の z_{i-1} 軸回りに θ だけ回転，これを Σ_i とする．

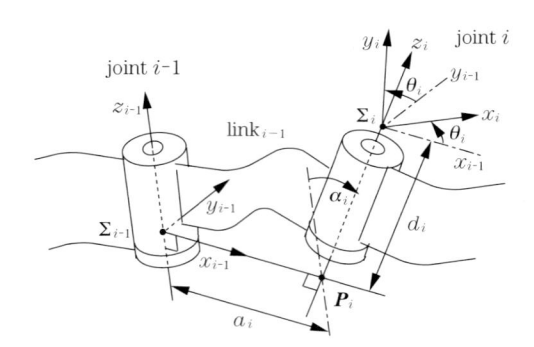

図3.14 Denavit-Hartenberg の方法により各リンクに設定された座標系

並進変位 (x, y, z) のみを表す同次変換行列を $T_{\mathrm{tran}}(x, y, z)$，指定した軸（例えば x 軸）まわりのみの回転 θ を表す同次変換行列を $T_{\mathrm{rot}}(x, \theta)$ とすると，Σ_{i-1} から Σ_i への同次変換行列 $^{i-1}T_i$ は

$$^{i-1}T_i = T_{\mathrm{tran}}(a_i, 0, 0)\, T_{\mathrm{rot}}(x_{i-1}, \alpha)\, T_{\mathrm{tran}}(0, 0, d_i)\, T_{\mathrm{rot}}(z_{i-1}, \theta)$$

$$= \begin{bmatrix} c_{\theta_i} & -s_{\theta_i} & 0 & a_i \\ c_{\alpha_i} s_{\theta_i} & c_{\alpha_i} c_{\theta_i} & -s_{\alpha_i} & -d_i s_{\alpha_i} \\ s_{\alpha_i} s_{\theta_i} & s_{\alpha_i} c_{\theta_i} & c_{\alpha_i} & d_i c_{\alpha_i} \\ 0 & 0 & 0 & 1 \end{bmatrix} \tag{3.5}$$

と計算できる．ただし，ロボットアームの関節 i が回転関節のとき $q_i = \theta_i$ であり，直動関節の場合 $q_i = d_i$ となる．式 (3.5) を用いるとアームの手先の座標系 $\Sigma_n (= \Sigma_H)$ で表された点は同次変換行列を使って

$$^0\boldsymbol{P} = {^0T_1}\, {^1T_2} \cdots {^{n-1}T_n}\, {^n\boldsymbol{P}} \tag{3.6}$$

のようにベース座標系で表すことができる．このときの $^0\boldsymbol{P}$ に含まれる点 $\boldsymbol{r}$ は右辺が関節変数 $\boldsymbol{q}(\in R^n)$ の関数となることから

$$\boldsymbol{r} = \boldsymbol{r}(\boldsymbol{q}) \tag{3.7}$$

と書くことができる．また姿勢は ^0T_n に含まれる回転行列 ^0R_n により表現できる．これらの関係をロボットアームの（順）運動学（kinematics）と呼んでいる．

ここで示した運動学解析手法は剛体リンクでの解析手法であり，近似的には生体の上肢や下肢などの運動解析にも適用できる．ただし，関節における各リンク（骨）の接続は機械的な軸受のように剛に接続されているのではなく，筋肉と腱により，わずかなずれを許容するようにやわらかく接続されているため，リンク座標系間の運動を正確に記述することが難しい点に注意する必要がある．

〔3〕**アームの静力学** 運動学の結果を用いると，リンクの任意の点に加えられた力と，それに対応する関節トルク（力）との関係を容易に導くことができる．いま，アームの手先に力 $\boldsymbol{f} = [f_x, f_y, f_z]^T$ が加えられた場合を考え，これに対抗する関節トルク（力）を $\boldsymbol{\tau}$ とし，これらがつりあっているとする．このつりあいを保ったまま，微小変位 $\delta\boldsymbol{q}$ を関節角に与えると，手先にも微小変位 $\delta\boldsymbol{r}$ が生じる．このとき仮想仕事の原理より

$$\delta\boldsymbol{q}^T \boldsymbol{\tau} - \delta\boldsymbol{r}^T \boldsymbol{f} = 0 \tag{3.8}$$

ここで

$$\delta\boldsymbol{r} = \frac{\partial \boldsymbol{r}}{\partial \boldsymbol{q}} \delta\boldsymbol{q} = J(\boldsymbol{q}) \delta\boldsymbol{q} \tag{3.9}$$

を用いると

$$\boldsymbol{\tau} = J(\boldsymbol{q})^T \boldsymbol{f} \tag{3.10}$$

により，外力に対抗する関節トルクを計算できる。このとき，$J(\boldsymbol{q})$ をヤコビアン（Jacobian）という。

〔4〕 **アームの動力学**　関節の時間軌道 $\boldsymbol{q}, \dot{\boldsymbol{q}}, \ddot{\boldsymbol{q}}$ が与えられたとき各関節の駆動トルク（力）を計算することを動力学計算と呼んでいる。この計算手法としては，ニュートン・オイラー法とラグランジュ関数による方法があり，それぞれ，前述の運動学により求められる各リンクの重心位置，速度，加速度や各リンクの質量，慣性テンソル（inertia tensor）を用いて計算することができる。例えば，ラグランジュの方法では，各リンクの運動エネルギーを K_i，位置エネルギーを P_i とし，ラグランジュ関数 $\mathcal{L}$ を

$$\mathcal{L} = \sum_{i=1}^{n}(K_i + P_i) \tag{3.11}$$

とすると，関節トルク（力）は

$$\tau_i = \frac{d}{dt}\left[\frac{\partial \mathcal{L}}{\partial \dot{q}_i}\right] - \frac{\partial \mathcal{L}}{\partial q_i} \tag{3.12}$$

により計算できる。また，ニュートン・オイラー法では各リンクの重心位置での並進運動と回転運動に関して

$$\boldsymbol{F}_i = m_i \ddot{\boldsymbol{x}}_i \tag{3.13}$$

$$\boldsymbol{N}_i = I_i \dot{\boldsymbol{\omega}}_i + \boldsymbol{\omega}_i \times I_i \boldsymbol{\omega}_i \tag{3.14}$$

の運動方程式を考え，この中での $\boldsymbol{F}_i$（外力）と $\boldsymbol{N}_i$（外モーメント）をほかのリンクからの力（モーメント）と関節を駆動するトルク（力）に相当するものとすることで関節トルク（力）を順次計算することができる。ここで $\boldsymbol{x}_i, \boldsymbol{\omega}_i$ はリンク i の重心位置ベクトル，角速度ベクトル，m_i, I_i は各リンクの質量と慣性テンソルである。

これら二つの方法により計算される動力学はいずれもつぎの形式で表すことができる[27]。

$$M(\boldsymbol{q})\ddot{\boldsymbol{q}} + \sum_{i,j} h_{i,j}(\boldsymbol{q})\dot{q}_i\dot{q}_j + \boldsymbol{g}(\boldsymbol{q}) = \boldsymbol{\tau} \tag{3.15}$$

ここで $M(\boldsymbol{q})$ は慣性モーメント行列（inertia moment matrix）と呼ばれ，慣性テンソルとは異なり $n \times n$ 行列である。また，左辺第2項は遠心力・コリオリ力を，第3項は重力を表す項である。

このロボットアームの動力学式を用いて，生体の筋・骨格系における動力学を検討する。生体においては各リンク（骨格）は複数の筋肉により駆動される。また筋肉は腱により骨に付着している。このような状況を単純化したモデルを**図3.15**に示す。

ここで，ある関節を回転する場合，複数の筋肉により駆動されるとして，このうち一つの筋肉 k の発生する筋力ベクトルを $\boldsymbol{f}_k$ とし，関節中心からその筋肉の付着点までの位置ベクトルを $\boldsymbol{r}_k$ とすると，その筋肉が生成するモーメント $\boldsymbol{N}_k$ は

$$\boldsymbol{N}_k = \boldsymbol{r}_k \times \boldsymbol{f}_k \tag{3.16}$$

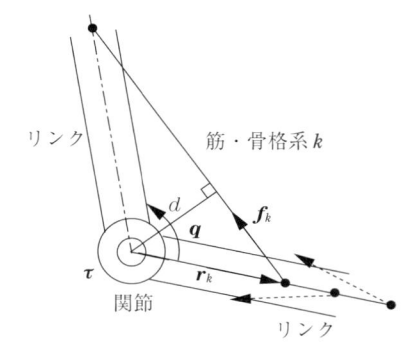

図 3.15 関節・リンク・筋系の力学関係

となる．スカラー表現を用いてこのモーメントに相当する関節軸周りのトルク τ_k を求めると

$$\tau_k = f_k d_k \tag{3.17}$$

ただし，$f_k = |\boldsymbol{f}_k|$．このとき d_k をその筋肉のモーメントアーム（moment arm）[28]と呼んでおり，関節軸中心から筋の方向線に下ろした垂線の長さとなる．一般にこのモーメントアームは関節角の関数となることが知られている．関節 i を駆動する筋肉は一般には複数（m）あるので，これらの筋張力によるモーメントを加え合わせ，式（3.15）の骨格系（アーム）の動力学式に代入し，手先等に加えられる外力（3.10）も考慮すると，関節 i に対する筋・骨格系の動力学式は

$$[M(\boldsymbol{q})\ddot{\boldsymbol{q}}]_i + \sum_{j}^{n} h_{i,j}(\boldsymbol{q})\dot{q}_i\dot{q}_j + [\boldsymbol{g}(\boldsymbol{q})]_i = [J(\boldsymbol{q})^T\boldsymbol{f}]_i + \sum_{k}^{m} f_k d_k \quad (i=1,\cdots,n) \tag{3.18}$$

となる．これは関節の軌道 $\boldsymbol{q}(t)$ と筋張力との関係を表す基礎式である．ここで，関節 i にかかわる筋は複数の m 本あるとしており，一般的には与えられた関節軌道に対する筋張力を一意に定めるためには付加的な制約条件が必要となる．

〔5〕 **車輪型移動ロボットの運動学** 福祉機器として車椅子は下肢障害者のための移動手段として一般的である．この車椅子は通常，椅子の両側の二つの車輪を手で回すことで前進・後退ができ，また，左右輪の速度差により回転運動ができる．この機構は車輪型移動ロボットにおいては2輪独立駆動型と呼ばれており，移動ロボットにおいても広く用いられる機構となっている．ここでは車椅子などへの応用を考えて，この2輪独立駆動型移動ロボットの運動解析を行う．

図 3.16（a）は移動ロボット（もしくは車椅子）を上から見たものとする．このロボットの左右両輪の回転速度を ω_L，ω_R 車輪半径を r，車輪間距離を L とする．このとき点 $P(x, y)$ における移動速度 v は

$$v = \frac{r}{2}(\omega_R + \omega_L) \tag{3.19}$$

となる．図（b）の幾何関係より左右輪の曲率半径を γ_L，γ_R とすると，$L = \gamma_R - \gamma_L$ の関係

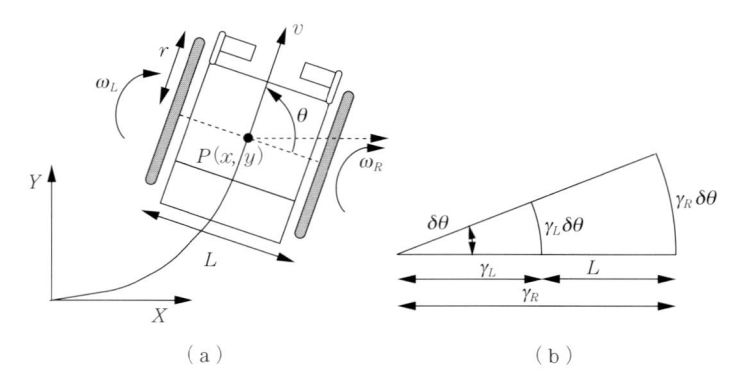

図 3.16 2輪独立駆動型移動ロボット

より，ロボットの回転速度 $\dot{\theta}=d\theta/dt$ は

$$\dot{\theta}=\frac{1}{L}(\omega_L-\omega_R) \tag{3.20}$$

これらを用いると，車輪回転速度を与えたときのロボットの軌道 $P(x,y)$ は

$$x(t)=x_0+v\cos\int_0^t \dot{\theta}dt \tag{3.21}$$

$$y(t)=y_0+v\sin\int_0^t \dot{\theta}dt \tag{3.22}$$

で表すことができる。また，逆にロボットの並進速度 v と回転速度 $\dot{\theta}$ が与えられたときに，上の式を逆に解くことで左右両輪の回転速度を得ることができる。これらが2輪独立駆動型移動ロボット（車椅子）の動作解析の基礎となる。

3.2.3 福祉機器の開発例

ロボット工学の技術が福祉・介護機器開発において応用されている例をいくつか示す。

〔1〕 **パワーアシスト型電動車椅子**　車椅子は下肢障害者や下肢筋力の低下した高齢者などに移動手段を提供するものとして広く用いられている。通常の車椅子は上肢により車輪を手動駆動するものであるが，上肢にも障害がある障害者等のために電動車椅子が開発・利

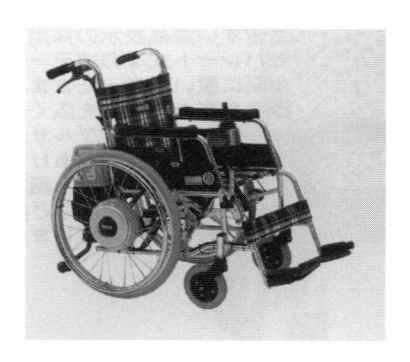

図 3.17 パワーアシスト電動車椅子（YAMAHA「JW-Ⅱ」）

用されてきた。しかしながら，例えば上肢筋力低下のためにこの電動車椅子を使わなければならない場合は，電動車椅子使用のために筋肉を使用しないことがより筋力低下を導くこと，また，通常車椅子使用者にも坂道では移動が困難で危険なことが問題であった。そこで，残存の筋力をできるだけ使用しながら，必要なときのみ電気モータにより車輪トルクをアシストする電動車椅子が開発，市販されている（図 3.17）。

この開発においては，センサによる負荷トルクの測定や適切なアシストトルクの計算，また，車椅子の動作解析のため，ロボットメカトロニクス技術が利用されている。

〔2〕 **食事支援アーム**　脊髄損傷などで上肢に障害があり，自分では食事が困難な場合，特に下肢も不自由な場合は，介護者が食事動作を補助することになる。しかしながら，この食事介護は長時間になることや，被介護者自身も自分で食べたいという気持ちが強いことから，図 3.18 のようなジョイスティックによる単純な操作で食事支援を行うことのできる装置が開発されている。

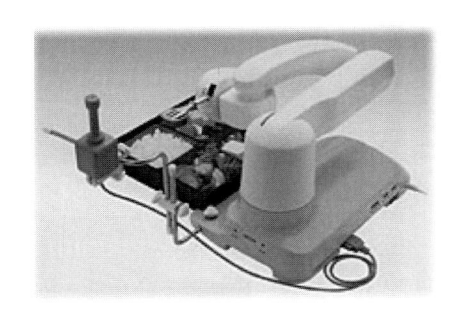

図 3.18　食事支援アーム（セコム・マイスプーン）

〔3〕 **下肢運動療法機器**　リハビリテーションは例えば脳卒中などで手足に麻痺が残った場合に，運動機能を回復することや，筋力低下を防ぐ意味から大変重要な訓練となっている。多くは医師の指導のもと，PTやOTにより繰り返し動作訓練や作業訓練が行われる。このとき，リハビリテーション自体が単調で，その効果がすぐには見えにくい問題が指摘されている。リハビリテーションを楽しくし，同時により効果的なリハビリテーションのため

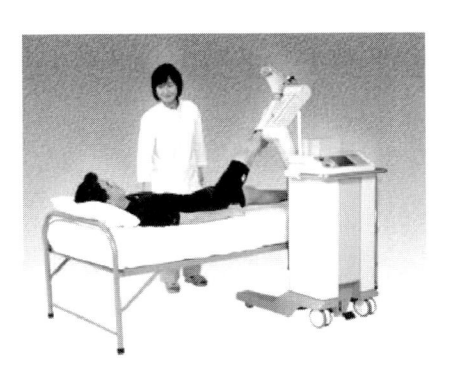

図 3.19　下肢運動療法装置「TEM LX 2」

にさまざまな機器が開発されている。このような例を図 3.19 に示す。

〔4〕 **ロボットアーム付電動車椅子**　下肢，および上肢にも障害がある場合の移動手段として電動車椅子が多く用いられているが，エレベータのボタンを押したり，落としたものを拾うなど簡単な動作も行うことが困難である。そこで，電動車椅子にロボットアームを装着し，これをジョイスティック等で操作するシステムがいくつか市販されている（**図 3.20**）。

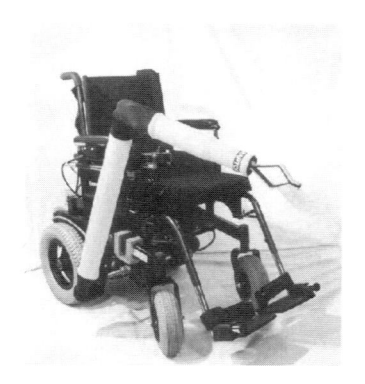

図 3.20　アーム付電動車椅子「Raptor」

3.3　整形外科バイオメカニクス

3.3.1　整形外科とバイオメカニクス

　整形外科は運動器疾患を対象とする外科学の一分野である。運動器とは生体の支持機構である骨格，運動の支点となる関節，関節運動の力源である筋，さらに脳からの指令を筋に伝え，また末梢での知覚を脳に伝達する神経系等から構成される。外傷，炎症性疾患，変形性関節症などの高齢者に多発する退行性疾患，腫瘍，代謝性疾患，遺伝性疾患など多種多様な疾患が運動器の障害をもたらす。そして運動器疾患は疼痛や運動障害により患者の QOL（quality of life，生活の質）の低下に直結する。

　一方，バイオメカニクスとは物理的工学的概念を用いて，生体の構造と機能を力学的に解析，記述する医用生体工学の一分野と定義することができる。運動器というきわめて工学的なパーツを治療対象とする整形外科においては，バイオメカニクスは必要不可欠な研究分野であり，病態を解明する上での重要なツールとなり得る。

　本節では，まず運動器の基本構造とバイオメカニクスについて述べ，われわれが行ってきた基礎研究について概説する。

3.3.2　骨のバイオメカニクス

〔1〕 **骨構造の基礎**　骨組織は石灰化した骨基質と細胞からなり，骨格を形成して四

肢，体幹の支持機構や重要臓器の保護作用を有するとともに，カルシウム，リンの電解質平衡を維持する作用を持つ．細胞外基質はコラーゲン線維（Ⅰ型コラーゲン），多糖類，無機成分のハイドロキシアパタイトからなり，細胞成分は骨芽細胞，骨細胞，破骨細胞より構成される．骨細胞は骨小腔内に存在し，骨細管の中に細胞質突起を伸ばし，ギャップ結合を介した細胞間情報伝達を行っている．

骨は大別すると四肢を形成する長管骨，頭蓋，肩甲骨などの扁平骨，手根骨などの短骨，足・手・膝などに見られる種子骨がある．長管骨の構造は，両端にある横径の広い骨端，中央部の骨幹および骨端と骨間の境界部にあたる骨幹端からなり，骨幹端と骨端の間には骨端線（成長軟骨板）が存在する（図3.21）．成長期には同部での軟骨の旺盛な分裂，骨化が起こっている．また，骨は外郭を形成する皮質骨と内部の海綿骨からなる．皮質骨の外層と内層は層板構造を呈しており，中間層ではハバース管を中心に同心円状に層板骨が配列し，骨の最小単位であるオステオンを形成する．ハバース管を横方向に連結する血管をフォルクマン管と呼ぶ．海綿骨は三次元の網目構造を呈しており，ロッド様構造とプレート様構造に大別される．また骨髄腔には血管が分布し，造血作用を有している．

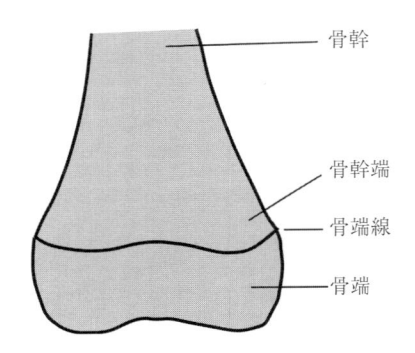

図 3.21 長管骨の構造

〔2〕 **力学的特性**　海綿骨はそれぞれの骨梁の剛さである material stiffness と，骨梁構造全体の剛さである structural stiffness を持つ．structural stiffness は，海綿骨密度と骨梁の配向性に依存するため，解剖学的部位により異なった値を示す．このように方向により物性が異なる性質を異方性（anisotropy）と呼び，骨密度と配向性によってヤング率は0.1から4.5 GPa まで変化する．皮質骨も同様に異方性を有し，引張荷重では長軸方向で最大となり，約20 GPa と海綿骨よりも大きな剛性を示す．

骨に降伏点を超える力が作用すると，セメントラインでのずれ，骨梁微小骨折，クラックの成長，またはそれらの組合せなど，骨構造の非可逆的な変形を示す．皮質骨は，ひずみに弱く，約2％のひずみで骨折するが，海綿骨は7％を超えるまで骨折しない．また成人の骨では，圧縮よりも引張に弱いため，曲げが作用した場合，張力を生じた部分での骨折を生じるが，幼若骨や高齢者で骨粗鬆症化がある場合には，圧縮により骨は破壊され，圧迫骨折の

形態をとることが多い。

〔3〕 力学的刺激に対する骨の応答　大型哺乳動物の皮質骨や海綿骨では，破骨細胞による骨吸収と骨芽細胞による骨形成とが繰り返されており，これを骨リモデリングと呼ぶ。リモデリングを行っている骨組織と細胞群との最小単位をBMU（bone multicellular unit）と呼ぶ。皮質骨ではオステオン，海綿骨ではパケットと呼ばれる半円柱状の構造がこれに相当する。

骨は力学的環境に適合して，形態変化する性質を持ち，これをWolffの法則という。骨リモデリングに関与する力学的刺激として重要なのは骨組織のひずみ（変形）であり，$1\,000 \sim 2\,000\,\mu\varepsilon$ 程度のひずみ量が骨形成と骨吸収の応答を分ける閾値であることが指摘されている[29]。

材料に応力-ひずみ曲線の降伏前領域の繰返し荷重を与えると，物性は時間の経過にともなって劣化する。この強度とヤング率の時間にともなった劣化を疲労（fatigue）と呼ぶ。骨の疲労強度は，多くの複合材料のように，静的強度よりも劣り，通常骨折を起こすよりも低い荷重で破壊（疲労骨折）が起こる。また骨は人工材と異なり，基質レベルでのマイクロクラックをリモデリングで修復・除去できることが知られている。

3.3.3 関節のバイオメカニクス

〔1〕 軟骨の構造の基礎　関節軟骨は荷重を支持し，負荷を分散させ，軟骨下骨に伝達する。同時に関節運動に対し，潤滑面を形成し，摩耗や変性を防止する役割も担う。生体内で70年以上の長期にわたり，低摩擦，低摩耗の潤滑状態を維持することが可能なきわめて高機能の軸受器官ともいえる。関節軟骨は，軟骨細胞（全容積の10％以下），細胞外基質（Ⅱ型コラーゲン，プロテオグリカン）から構成される。関節軟骨は，硝子軟骨であり，血管，神経およびリンパ管を欠き，栄養は滑膜細胞から産生される滑液を通して行われる。

軟骨細胞は表面から tangential zone, transitional zone, radial zone, calcified zone と層状構造を形成しており，calcified zone と非石灰化層との間に tidemark が存在する。さらに下層では軟骨下骨と接する（図3.22）。

細胞外基質はコラーゲン線維と線維間のゲル状基質物質（水とプロテオグリカン）より成される。プロテオグリカンはタンパクとムコ多糖が結合したもので，プロテオグリカン monomer がヒアルロン酸と結合し，重合体を形成する。プロテオグリカンの陰性電荷と対イオンの存在により基質内に水分が保持され浸透性膨張圧を生じている。またこのプロテオグリカンの膨張圧をコラーゲン線維のネットワークが拘束している。

関節軟骨は弾性的性質とともに，変形や応力が時間に依存する粘性的性質を持ち，このような材料を粘弾性体と呼ぶ。粘弾性体は，一定の圧縮負荷を受けると変形はプラトーに達す

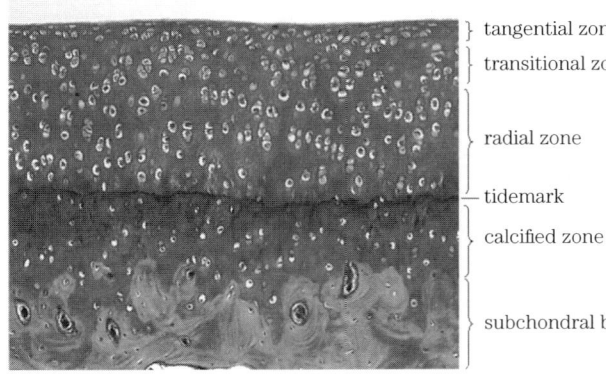

図 3.22 関節軟骨の層構造

るまで時間とともに増加するが，その変化速度はしだいに緩徐となる．これをクリープと呼ぶ．一方，一定の変形を与える場合，応力および負荷は時間とともに減少していく．これを応力緩和と呼ぶ．

〔2〕 **関節の力学的性質** 関節面には，体重，筋肉，靱帯，外部から作用する力などの合力として関節反力（joint reaction force）が作用し，その結果，応力が発生するが，臨床的には力よりも応力がより重要な意味を持つ．関節反力を求めるには直接計測と数値計算によって推定する方法があるが，関節反力の厳密な計算はけっして容易ではない．基本的に，関節は複数の筋群により駆動されており，それぞれの筋力を計算する場合，不静定問題となるためである．すなわち，未知数の個数より方程式の個数が少ない状態である．この場合，ある意味をもった特定のアルゴリズムを組み合わせることで筋力を推定することが可能である．例えば，単一の筋のみ作用させたり，筋の断面積や体積に比例した筋力配分などの方法があるが，最適化の条件により解は異なってくる．また，関節は完全な球ではなく，接触条件が荷重条件により変化する．逆に接触条件が筋力に影響を及ぼす．さらに関節軟骨の剛性の非線形性や異方性やきわめて低い摩擦係数など，複雑な力学的特性を考慮しなければならない．一般的に，静的平衡状態における筋力や関節反力の算出には自由体法が用いられるが，この場合には単一筋のみ考慮するなどの単純化が行われる[30]．

数値計算による応力解析には，おもに剛体ばねモデル（rigid body spring model, RBSM）[31]と有限要素法（finite element method, FEM）が用いられることが多い．数値解析では通常解析対象を有限個の要素に分割し，要素ごとに方程式を立て，これらを連立方程式の形で解くことにより，全体の力学的挙動を求める方式を採用している．剛体ばねモデルでは，まず要素分割を行うが，一つ一つの要素を変形しない剛体と見なし，任意形状の剛体要素間を法線およびせん断ばねで連結するところに特徴がある．このことにより剛体ばねモデルは接触問題などの非線形現象を容易に取り込めることや，有限要素法よりも計算量が

格段に少なくてすむという利点がある。剛体ばねモデルの計算手順はつぎのとおりである。
（1） まず解析対象を変形しない剛体と仮定し，要素分割する。
（2） 要素間に法線ばねと接線ばねを配置。
（3） 個々のばねについて単位剛性マトリックスから全体剛性マトリックスを作成する。
（4） 荷重条件や拘束条件などの境界条件を与える。
（5） 初期解より各ばねの応力を計算し，ばねの引張が発生すれば，全体の計算から除去する。

以上を計算が収束するまで繰り返し，最終的に残ったばねの圧縮力が接触圧となる。

一方，有限要素法（finite element method, FEM）とは，1950年代の半ばに欧米の航空構造力学の研究者によって提案され，現在，最も広い分野に利用されている数値解析法である。有限要素法も解析対象を要素分割するものの，剛体ばねモデルと異なり，要素自体が変形し，要素間のすべりを許容しないという特徴を持っており，内部応力の解析に有用な手法である。接触問題などの非線形問題では計算量が膨大となるが，近年のコンピュータの発達によりパソコンレベルでも十分利用可能な状況にある。

〔3〕 **膝関節のバイオメカニクス**　　代表的関節として，膝関節について述べる。膝関節は，矢状面における屈曲，伸展運動が主体であるが，回旋や前後方向の平行移動もともなっている。特に膝伸展の終末において，関節面形状と靱帯の作用により下腿の外旋が発生し，これは screw home movement と呼ばれる。膝関節の運動を矢状面での二次元運動に単純化すると，各屈曲角での瞬間回転中心は一定ではなく，後方凸の円弧を描く。また，大腿骨顆部は脛骨プラトー上において，転がりと滑りが種々の程度に混在した動きを示しており，伸展から屈曲するにつれ，大腿脛骨関節面の接触点は後方へ移動する（femoral roll backing）。この運動により膝関節の深屈曲が可能となっている。

運動時には大腿四頭筋やハムストリングなど，強力な筋群が収縮することにより，膝関節にはきわめて大きい力が作用している。通常歩行における膝関節反力は体重の約3倍，階段昇降時には5倍，着地などの衝撃荷重では24倍にも及ぶと報告されている[32]。

3.3.4　筋，腱および靱帯のバイオメカニクス

関節の安定性は動的には関節近傍に付着する筋肉が関与しているが，静的には関節面形状と靱帯の機能が重要である。靱帯は，関節の種類によって関節内（intra-articular）や関節包外（extra-articular）に存在したり，あるいは関節包と一体化した構造（capsular ligament）を示す。靱帯の構成成分は，水分が60〜80％，コラーゲンは乾燥重量の70〜80％で，そのうち90％はI型コラーゲンよりなる。

靱帯のコラーゲン線維は長軸方向に平行に配列し，引張負荷に抵抗する。荷重-変形曲線

(load-deformation curve)，応力-ひずみ曲線（stress-strain curve）はどちらも非線形の性質を表す。initial stage は縮んでいたコラーゲン線維が引き延ばされる段階で，コラーゲン線維がまっすぐに引張られると剛性は急激に増加し，直線状の部分を示す。この傾きが靱帯の剛性あるいはヤング率である。靱帯は 6〜8％の伸びで完全に断裂する[33]。また靱帯は関節軟骨と同様に時間依存性であるクリープ，応力緩和などの粘弾性を示す。

腱の微細構造もコラーゲン線維束が平行配列したものであり，筋肉が発生した力を骨に伝達する機能を担っている。乾燥重量は靱帯よりやや重く，95％はⅠ型コラーゲンである。引張力に抵抗するような構造を有し，変形は靱帯より少ない。腱は部位により周囲を滑膜性腱鞘あるいは靱帯性腱鞘に覆われる。靱帯性腱鞘は滑車（pulley）とも呼ばれ，関節部での腱の浮き上がりを防止する。

一方，筋は約 75％が水分で，残りの 80％がタンパク質である。筋はタイプⅠ，Ⅱに大別され，タイプⅠは遅筋とも呼ばれ，収縮時間が長く，疲労しにくい。一方，タイプⅡは速筋と呼ばれ，収縮時間が短く疲労しやすい。筋収縮時に筋線維の長さが一定であれば，等尺性収縮と呼び，逆に筋の張力が一定の場合，等張性収縮と呼ぶ。遠心性収縮（eccentric contraction）は，筋が伸展されながら張力を発揮する場合で，より強い筋力が期待できる。減速や着地時の衝撃吸収などの役割を果たす。一方，筋が短縮しながら張力を発揮する場合が，求心性収縮（concentric contraction）である。

主働筋と拮抗筋が同時に収縮することを共収縮（co-contraction）と呼ぶ。例えば肘屈曲においては，主働筋である上腕二頭筋と拮抗筋である上腕三頭筋の共収縮が認められる。共収縮の短所としては，余分なエネルギーの消失や主働筋トルクの低下，また関節への負荷増大が危惧されるが，長所として接触圧分布の均等化による最大接触応力の減少，巧緻性の向上，関節の動的安定性の向上が期待できる。逆に主働筋のみの収縮では偏心性負荷増大による関節軟骨損傷の危険がある。

3.3.5　人工膝関節のバイオメカニクス

〔1〕**人工膝関節の基本構造**　大腿骨コンポーネント，脛骨コンポーネント，膝蓋骨コンポーネントより構成される。現行の人工関節は Co-Cr-Mo などの合金あるいはセラミックと超高分子量ポリエチレンの組合せを摺動面の材質として選択しているが，摺動面以外ではチタン合金が用いられることも多い（図 3.23）。

〔2〕**人工膝関節の長期成績**　高度の変形性関節症や関節リウマチなどで，関節破壊や不安定性，拘縮をともなう症例に対し適応となる。除痛効果と関節機能の改善に優れ，後療法が短期間ですむ利点があり，10 年以上の長期成績でも 90％を超える安定した成功率が報告されている[34]。しかし，コンポーネントのゆるみや摩耗による耐用年数の問題があり，年

88　　3. 生体工学と臨床バイオメカニクス

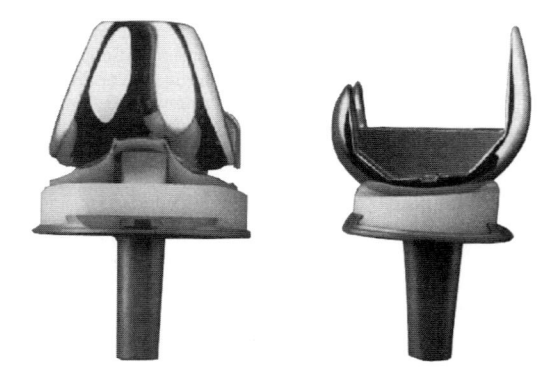

　　　（a）正　面　　　（b）側　面　　　図 3.23　人工膝関節

齢的には 60 歳あるいは 65 歳以上が適応とされる。

〔3〕**人工膝関節の摩耗**　　比較的生理的な環境下においても，生体内での長期使用の結果，摺動面，特にポリエチレンの摩耗が発生してくる。そして，このポリエチレン摩耗粉は，骨吸収，ひいてはコンポーネントのゆるみを引き起こす要因となり，人工関節の長期耐用性を左右する重要な問題として認識されている。

　理想的には摺動面の潤滑条件として弾性流体潤滑が実現できるならば摩耗の問題は回避可能であるが，現実にはこのような潤滑モードの達成は困難であり，比較的，良好な潤滑条件下にある人工股関節においても摩耗は不可避の現象である。特にコンポーネント間の適合性の低い解剖学的デザインを有する人工膝関節では，point contact や line contact による高い面圧のため，境界潤滑モードが主体を占めると考えられ，再置換例では高率に delamination や fretting などの激しい摩耗の発生が観察されている（**図 3.24**）。

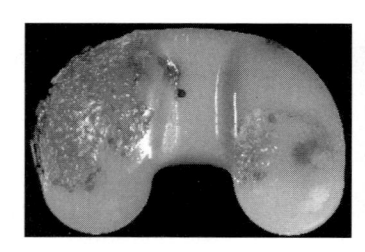

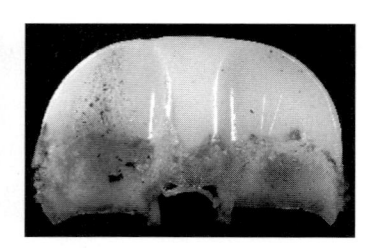

図 3.24　再置換例におけるポリエチレンインサートの摩耗

　摩耗はきわめて多くの要因により影響を受ける現象であるが，人工関節の摩耗に関与する因子としては摺動面の材質，人工関節のデザイン，人工関節の設置条件および生体側の条件などに大別できる。

　（a）**摺動面の材質**　　ポリエチレンの摩耗は相対面の表面粗さにも影響を受ける。金属，あるいはセラミックの仕上げは改善されているが，ポリエチレンの仕上げには限界があり，硬質材とポリエチレンの摩擦係数は，0.05 以上程度である。またポリエチレンの摩耗

はポリエチレンの材質自体に大きく依存する。近年では超高分子量ポリエチレンのさらなる分子量の増加を図ったり，不活性ガス内でのγ線滅菌やエチレンオキサイドガスによる滅菌，保存によりポリエチレン酸化による劣化を防止したり，あるいは成形方法の工夫を行うなど，材質を向上するための努力が続けられている。

(b) 人工関節のデザイン　摩耗量は面圧と摩擦移動量（摩擦距離）の積に依存するため，面圧が低いほうが，当然摩耗には好条件となる。面圧は接触面の形状に依存し，解剖学的デザインを有する人工膝関節においては，通常ポリエチレンの降伏強度を超える面圧が作用していると考えられている。一方，適合性を高めることは面圧の低減につながるが，逆に，インプラントと骨界面でのストレスを増加させ，ゆるみを惹起するという危惧から，脛骨のメタルベースとポリエチレンとの間に可動性を持たせたモバイル型人工膝関節が開発され，臨床応用されている。

(c) 人工関節の設置条件　手術的な観点から見ると，正確な骨切りによるアライメントと良好な靱帯バランスの獲得が，人工関節の成否を左右するといっても過言ではない。コンポーネントの位置異常は接触面での均等な荷重分散を妨げ，また不安定膝はコンポーネントの片当たりや衝撃による応力集中を引き起こし，摩耗量を増加させる要因となる。

(d) 生体側の条件　生体側の条件としては体重や活動性の影響が考えられる。体重は(c)の人工関節の設置条件とともに，ポリエチレンの摩耗に相乗的な影響を与える。また人工膝関節術後の下肢アライメントも重要な要素である。衝撃荷重や摩擦面の移動距離の観点から見ると，術後の過酷な使用は当然摩耗量を増加させる要因となる。

3.3.6　整形外科バイオメカニクスに関する基礎研究の紹介

〔1〕 骨微細構造　近年マイクロCT（microcomputed tomography）等の画像機器の進歩により，1～30μm程度のオーダで微細骨梁の三次元形態情報を非破壊的に得ることができるようになった。骨梁三次元微細構造の指標としては，骨体積密度〔bone volume fraction（BV/TV）〕や，骨梁幅〔trabecular thickness（Tb.Th）〕や骨梁間隙〔trabecular separation（Tb.Sp）〕，骨梁数〔trabecular number（Tb.N）〕などのmetricな指標，および複雑性，連結性，異方性，配向性などのnon-metricな指標も用いられる。著者らは，マイクロCTを用いて，ラット骨粗鬆症モデルに対する薬物治療の影響について検討した。卵巣摘出および低カルシウム栄養による骨粗鬆症モデルでは，脛骨近位部での三次元再構築画像において正常群に比べて有意に海綿骨の減少が認められるが，ビタミンK_2の投与により有意にその減少が抑制されていた（**図3.25**）。骨体積密度，複雑性，連続性のパラメータに関してもビタミンK_2の投与により減少の抑制が認められた。

また，マイクロCTで得られた皮質骨，海綿骨骨梁構造をもとに，有限要素法モデルを構

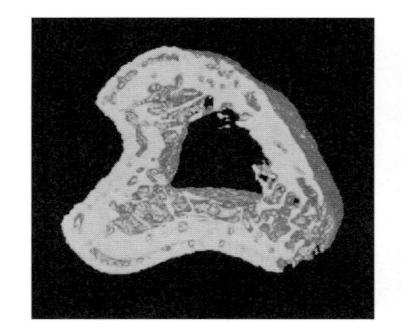

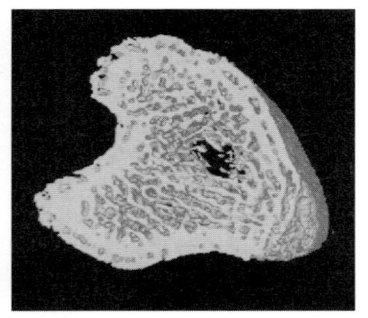

(a) ビタミンK_2非投与群　　　（b）ビタミンK_2投与群

図 3.25　マイクロ CT による骨梁構造解析

築し，力学解析を行うことも可能である．著者らは機械的刺激を与えたラット尾椎をマイクロ CT を用いて非侵襲的，経時的に計測し，形態変化した尾椎骨梁についてリモデリング過程の骨の応力状態について検討している（図 3.26）．

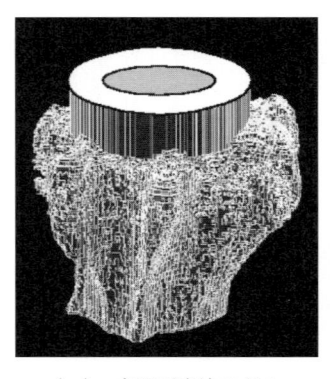

（a）有限要素法モデル　　　（b）解析後

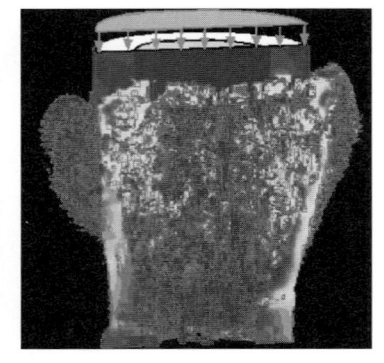

図 3.26　ラット尾椎骨梁構造の有限要素法

〔2〕 **キーンベック病に対する力学解析**　　剛体ばねモデルを用いた力学解析の一例を紹介する．対象疾患はキーンベック病という手の月状骨に発生する無腐性骨壊死である．骨壊死に陥ると骨組織の強度は低下し，負荷により圧潰や分節化が生じる．これは平滑であるべき関節面の破たんを意味し，疼痛や可動域制限の原因となる．本疾患の治療はいかに月状骨の圧潰や分節化を防止できるかにかかっており，月状骨への負荷を最小限にするための術式が要求される．九州大学病院整形外科では以下に示すような剛体ばねモデル解析に基づき，橈骨楔状骨切り術を開発し，良好な臨床成績をあげている（図 3.27）．

剛体ばねモデルは，キーンベック病患者の手関節正面レ線像をもとに橈骨楔状骨切り術前後の橈骨，手根骨，中手骨を輪郭抽出し，作成した．骨を剛体と仮定し，関節面には法線ばねと接線ばねを配置し，境界条件として橈骨中枢端を拘束し，第 3 中手骨長軸に 100 N の

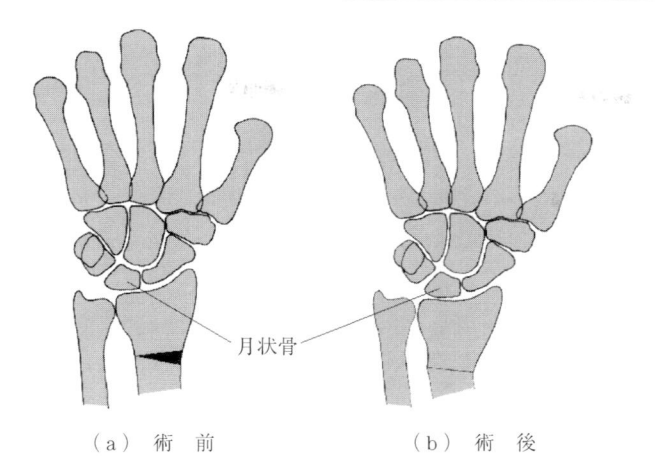

図 3.27　キーンベック病に対する橈骨楔状骨切り術
(a) 術　前　　　(b) 術　後

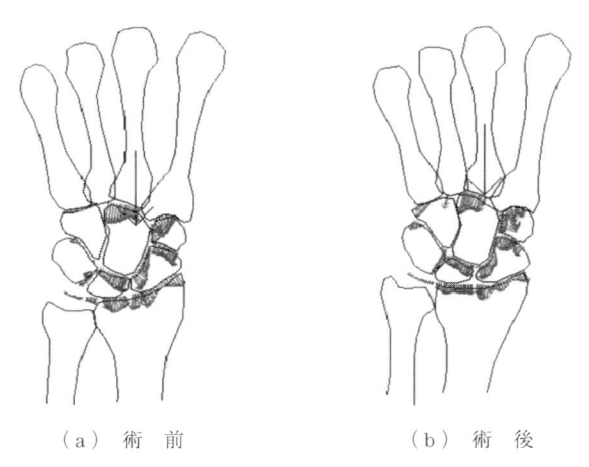

図 3.28　橈骨楔状骨切り術の剛体ばねモデル解析
(a) 術　前　　　(b) 術　後

圧縮荷重を加えた。解析結果では，術前観察された月状骨周囲の高い接触圧が，楔状骨切り術により均等化され，絶対値の減少が見られた[35)]（図 3.28）。

〔3〕　**癒着と関節拘縮**　　関節拘縮とは厳密には関節外の軟部組織の癒着や短縮，伸展性の低下により関節可動域の制限をきたした状態を指し，関節内癒着が関節内に原発する因子によって起こった関節強直と区別するが，一般的には他動的に可動性がない場合を強直，多少とも可動性のあるものは拘縮とすることが多い。

癒着を防止するために，歴史的には J-K 膜などを含む大腿筋膜のほか，遊離皮下脂肪弁，自家全層皮膚，動物の膀胱などの中間挿入膜が用いられてきた。また人工物として古くはナイロン，ビニールなどが用いられ，近年では腹腔内手術における癒着防止に関して，ヒアルロン酸溶カルボキシメチルセルロースが，すでに臨床応用されている。

著者らはリン脂質添加ヒアルロン酸による癒着防止効果について検討を行い，生体にサー

ファクタントとして広く存在するリン脂質の二重膜が関節軟骨表面最表層に吸着していることを電子顕微鏡にて示し（図 3.29），関節潤滑における境界潤滑性能向上に大きく寄与していること，さらに腱と腱鞘間の潤滑においてもリン脂質は滑液中に含まれ，境界潤滑性を向上させていることをトライボロジー的手法を用いて明らかにした。実際に腱癒着モデルに対して，リン脂質ヒアルロン酸を投与したところ，ヒアルロン酸単独と比較して，有意に癒着形成が抑制されることを，組織学的および生体工学的に証明した[36]。

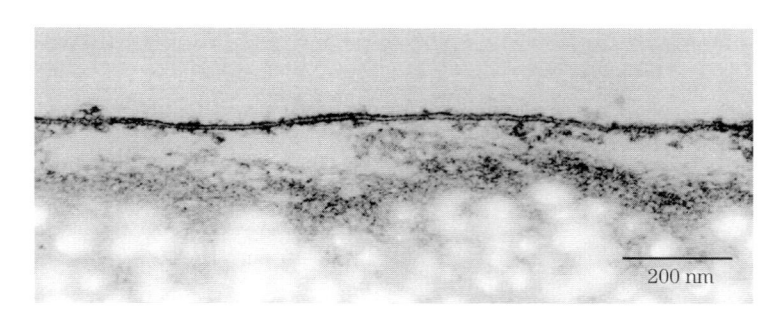

図 3.29 関節軟骨表面最表層のリン脂質二重膜

〔4〕 **過酷度によるポリエチレン摩耗予測** 人工膝関節置換術におけるポリエチレンインサートの摩耗予測パラメータとして，著者らが考案した過酷度を紹介する。過酷度は変形量とすべり速度の積と定義され，固有の人工膝関節形状と歩行パターンから導出することが可能である。タイプ A～D の 4 種類の異なる人工膝関節について過酷度を計算で求め，コンポーネント上にマッピングすると，タイプ C において高い過酷度の分布が認められた。過酷度の分布と摩耗試験後の所見を比較すると，同一条件下で行った 100 万歩行サイクルの摩耗試験後，肉眼的に明らかな摩耗痕を生じたものはタイプ C のみであり，その摩耗部位は過酷度の分布ときわめて近似していた（図 3.30）。このように過酷度は従来の有限要素法などによる接触面圧のみの解析と比較し，より正確に人工膝関節におけるポリエチレン摩耗を予測することが可能となっている[37]。

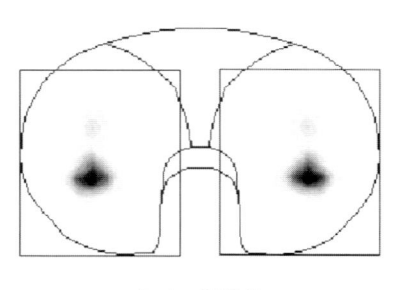

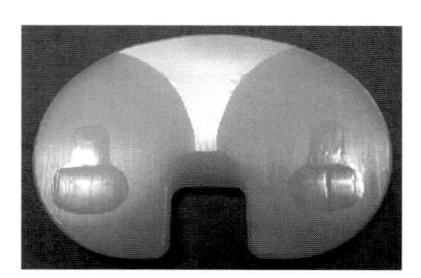

（a） 過酷度　　　　　（b） 摩擦試験後のインサート

図 3.30 過酷度によるポリエチレンインサート摩耗の評価

〔5〕 **イメージマッチング法**　体内での人工膝関節の複雑な動態を解析する手法の一つとしてイメージマッチング法がある。この方法は，あらかじめコンピュータ上で作成されているさまざまな場合の投影像を，対象画像との間で既定のアルゴリズムに基づいて形状をマッチングさせることで，三次元物体の空間位置と姿勢を推定するもので，特殊機器を要せず，一方向X線画像を用いることで三次元的な動態解析が可能となる（図3.31）。

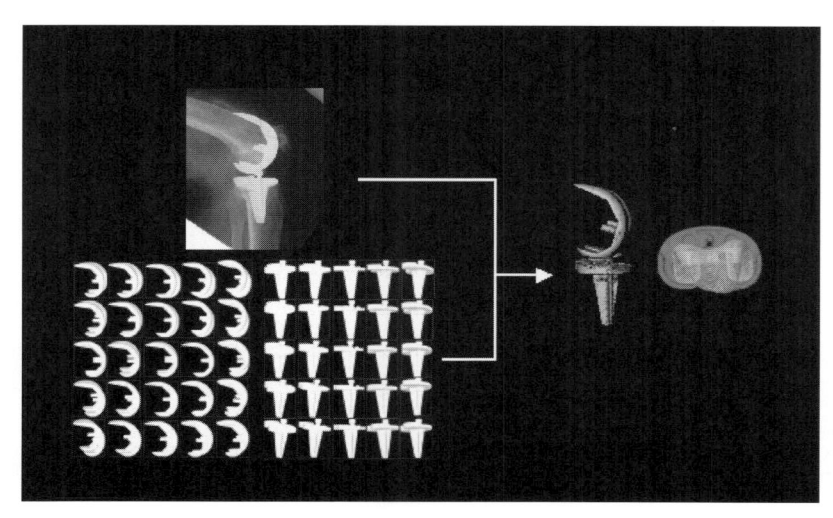

図3.31　イメージマッチング法

われわれは，自作のキャリブレーションフレームを使用することにより，フィルム-X線源の相対位置を0.5 mm，0.5°以内の誤差で認識することを可能とし，これによりきわめて正確な座標系の確立に成功した。またマッチングアルゴリズムの改良により0.7 mm，0.7°の誤差範囲内で人工関節の空間認識が可能となっている。近年，パーソナルコンピュータの急速な発達やX線画像の高解像度化により，人工膝関節の動態解析に応用されており，従来の単純なX線解析ではとらえられなかったさまざまな現象が明らかになりつつある[38), 39)]。

3.3.7　「骨・関節の10年」

以上，整形外科バイオメカニクスについて概説した。これまでは骨・関節など運動器の障害は生命の危険に至ることが少ないために，これらの疾患に対する国民の理解や関心は低く，また病因や病態の解明も不十分であった。しかし，2000年1月の世界保健機関（WHO）による「Bone and Joint Decade」の発足宣言以降，運動器疾患への関心は世界的な広がりを見せ，すでにヨーロッパ，アメリカ，アジア，アフリカの85か国と750を超える学会が参加し，積極的に運動を展開している。わが国においても2000年からの10年間を「骨・関節の10年」と定め，運動器疾患の制圧を目指し，積極的な研究が行われようとして

いる。少しでも多くの工学系の学生諸君が，整形外科バイオメカニクスに興味を抱き，この分野の発展に貢献していただければ望外の幸せである。

3.4 歯科インプラントと臨床バイオメカニクス

3.4.1 歯科インプラントとは

齲蝕や歯周病などで歯を喪失した場合，固定式の橋義歯（図3.32）や可撤式の床義歯（図3.33）による治療が従来より行われてきた。このような治療を補綴と呼ぶ。前者は天然歯にしっかりと固定されるため，使用感は良好であるが，健全な天然歯の切削が必要となる。また後者は歯の削除量は少ないものの，柔軟な口腔粘膜の上で機能するため，咀嚼時の義歯の動揺が大きかったり，疼痛・違和感をともないやすい。また義歯を維持している歯が揺さぶりを受け，欠損が拡大する場合があるなどの問題が見られる。

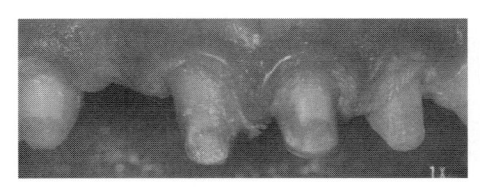

（a）欠損部分を補うためには，健全な天然歯であっても，削除を必要とする。

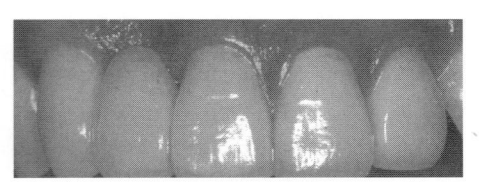

（b）橋義歯が装着された状態。動きがないので，装着後の患者の満足度は大きい。

図3.32 右側上顎側切歯を喪失した場合の固定式の橋義歯による治療例

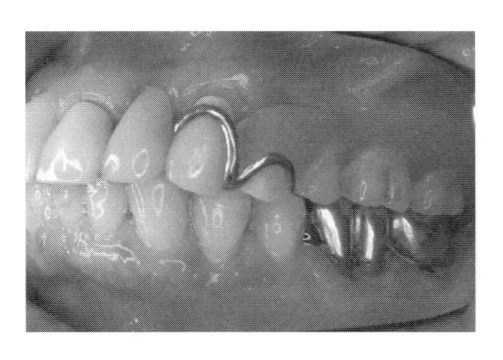

残存歯を削除する必要は橋義歯ほどにはないので，製作に当たっての患者のストレスは小さいが，審美障害や義歯の動揺など，機能時の患者の満足度は十分でないことが多い。

図3.33 可撤式の床義歯による治療例

これに対し，顎骨内にチタン（titanium）またはチタン合金製などの歯根様の人工物を埋入し，これを人工の歯根として利用し，この上に補綴物をつくることがある。この歯根用の人工物を歯科インプラント（人工歯根）と呼び，これを用いた治療を歯科インプラント治療と呼ぶ（図3.34）。この歯科インプラントはチタン製で1965年から臨床に用いられ，10年間の累積生存率が90％を超えており，成功率が高いことが知られている。また，上顎と下顎を比較すると，より硬い骨である下顎骨のほうが生存率が高いことが知られている。

3.4 歯科インプラントと臨床バイオメカニクス 95

ネジ構造を基本としている。この部分はフィクスチャーと呼ばれ，骨内に埋入される。骨が治癒すると，フィクスチャー表面と骨は軟組織を介在することなく，接触する。したがって，天然歯のような生理的動揺は見られない。

図3.34 人工歯根の一例

3.4.2 インプラントを用いた各種補綴法

骨内に埋入されたインプラントには上部構造と呼ばれる歯冠形態のものが連結され，咀嚼機能を担うが，これは以下の3種類の補綴装置に大別できる。

（1）術者可撤式上部構造：骨内に埋入されたインプラントと歯冠形態をした上部構造とがスクリューを介して連結される（図3.35）。修理や清掃など必要に応じて，術者は上部構造を口腔外に取り出すことが可能である。

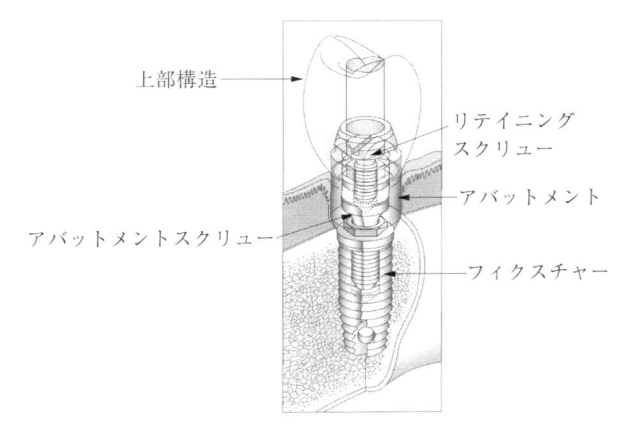

2回法と呼ばれるインプラントの一例である。歯肉部分を貫通するアバットメントと呼ばれる構造体はアバットメントスクリューによってフィクスチャーに連結される。上部構造（歯冠部分）はリテイニングスクリューによって，アバットメントスクリューに連結される。歯科医師がスクリューを緩めることで，歯冠部分とアバットメントは随意に口腔外に取り出すことができる。

図3.35 術者可撤式上部構造の模式図

（2）セメント固定式上部構造：骨内に埋入されたインプラントフィクスチャーにアバットメントをネジで連結固定し，この上に歯冠形態の上部構造をセメントにより固定する（図3.36）。

（3）インプラント支持オーバーデンチャー：床を持つ義歯をインプラントと連結してはずれにくくしたものである。アタッチメントと呼ばれる装置を介して，従来と同様の義歯がインプラントの上に直結される（図3.37）。インプラントは義歯をはずれにくくすること（維持）と，強い力でかむ力を支えること（支持）に役立つ。

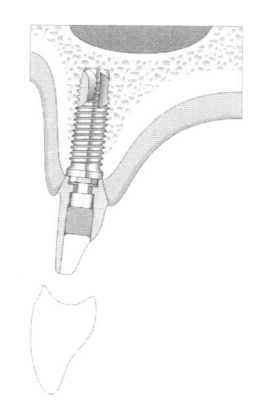

歯冠部分はアバットメントにセメント合着されるため，口腔外への取出しは困難である。

図3.36 セメント固定式上部構造

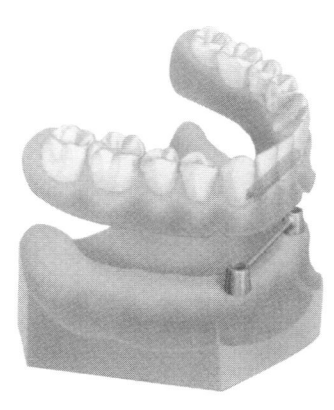

患者自身によって，義歯の脱着が可能である。

図3.37 インプラント支持オーバーデンチャー

3.4.3 インプラントの生体力学的特性

成功して機能しているインプラントでは骨とチタンは光学顕微鏡下では，軟組織を介在せずに直接接触している。この現象をオッセオインティグレーション（osseointegration：骨との一体化という意味の造語）と呼んでいる[41]。これに対し，天然歯では歯根と骨の間には，歯根膜と呼ばれる20～30μmの一層の軟組織が介在する。したがって，天然歯はインプラントに比べると，可動性を有している。また顎堤粘膜は厚く（厚いところでは5～6mm），さらに高い可動性を示す。すなわち天然歯，インプラント，顎堤粘膜は食物をかむという荷重を受けたときの挙動が異なる。したがって，歯列の一部の歯が欠損した患者にインプラントを用いた場合，これら三者の力学挙動をうまく制御する必要がある。

3.4.4 合 併 症

咀嚼は繰返し荷重の負荷であり，長期にわたる咀嚼によって，金属疲労をはじめ，摩耗，破折などのインプラントコンポーネントの物理的変化や，インプラント周囲骨の吸収などの病理的変化を生じ得る。

3.4 歯科インプラントと臨床バイオメカニクス

とりわけ，可動性の異なる天然歯とインプラントとの連結や，インプラントの配置が不正なために上部構造が片持梁となる場合などでは，これらの合併症が起きやすくなる。インプラント治療が導入された初期においては，十分な骨がある場所にインプラントを埋入し，上部構造を作製した。この場合，その上に加わる荷重はインプラントの長軸からずれた設計（オフセットローディング）となってしまうことが多い。このため，インプラントコンポーネントの破折や骨の吸収といった合併症が発生しやすかった。現在ではリスクファクタを減じるように配慮して上部構造の設計を行った上で，インプラントの埋入位置，方向を決定する治療手順の重要性が指摘されるようになってきている。

3.4.5 歯科インプラントのバイオメカニクス

上述のようなことを背景として，歯科インプラントの臨床バイオメカニクスにおいては，生体工学的手法を用いて，口腔内におけるメカニカルリスクファクタの抽出，インプラント体としての疲労強度，最適上部構造の設計等を行い，長期にわたって安全に機能できる歯科インプラントの臨床を確立することを目的としている。以下に歯科インプラントにかかわるバイオメカニクス解析事例のいくつかを紹介する。

3.4.6 インプラント破折症例に対するバイオメカニクス

この項では，インプラント破折症例のバイオメカニクスについて解析を行った事例を紹介する。

① 症例の概要　　下顎左側臼歯部に埋入された2本のインプラントのうちの1本が機能開始から約5年後に破折し，やむなく撤去した。破折は第1段目のスレッド部分から3段目のスレッド部分にかけて生じていた（図3.38）。自発痛，咬合痛はなく，上部構造の動揺による違和感のみを訴えていた。レントゲンでは破折線まで周囲骨が吸収していた。破折面をSEMにて観察するとともに，同部を有限要素法でモデル化し，破折原因を探り，その改善策についても検討を行った。

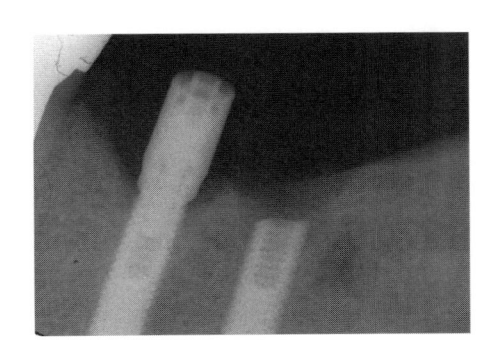

1段目のスレッドから3段目にかけて斜めに破折していた。インプラント周囲骨も破折線の部分まで吸収が進んでいるのが認められる。

図3.38　破折したインプラントのレントゲン像

98   3. 生体工学と臨床バイオメカニクス

② SEMによる破折面の検討（図3.39）　破折面の拡大所見では，滑らかなしま模様（striation）が認められ，金属疲労が起きたものと考えられた。

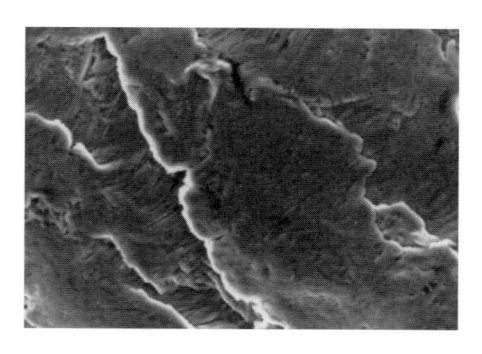

金属疲労を示す striation が認められる。

図3.39　破折面の SEM 観察

③ 有限要素法による解析結果　当該インプラントは咬合力の加わる方向に対し，17°傾斜していた。さらに咬合力の負荷される位置は軸心からずれ，オフセットローディングの状況であった。これらの状況と三次元 CT 画像データをもとに三次元有限要素法モデルを構築した（図3.40）。ネジによる連結固定は実際には接触であるが，線形連続体として計算を行い，チタンに対しては疲労破折を引き起こすとされる最大引張応力値で評価を行った。

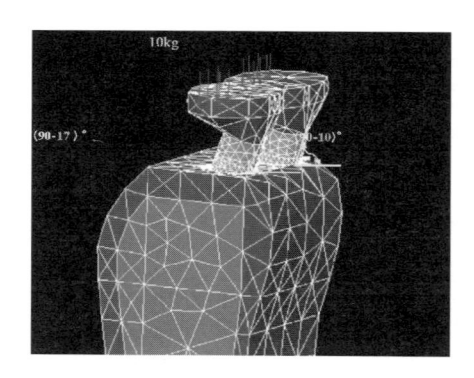

三次元 CT 画像等を参考に生体を忠実に有限要素法モデル化した。

図3.40　有限要素法モデル

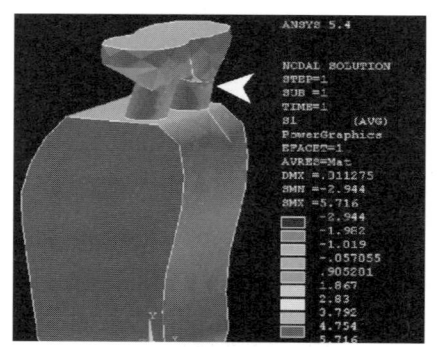

アバットメントと上部構造の連結部分に大きな引張応力が観察された（矢印部）。

図3.41　主応力分布図

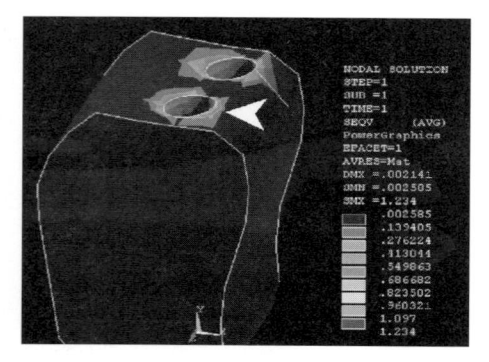

インプラント周囲骨緻密骨の上縁部分に大きな相当応力が観察された（矢印部）。

図3.42　骨内相当応力分布

3.4 歯科インプラントと臨床バイオメカニクス

主応力分布については2本のインプラントともに舌側よりの部分に引張応力が，頬側よりの部分には圧縮応力が分布し，大きな曲げを生じている様子がうかがえた（図3.41）。一方，骨内部の応力分布ではインプラントネック部周囲の緻密骨に応力集中が認められた。X線所見で観察された同部での骨吸収はこの応力集中が原因と推察された（図3.42）。

④　角度付きアバットメント使用による生体力学的効果　　臨床で使用したアバットメント（歯肉貫通部）はインプラントの軸方向に延長する，ストレートな形状のものであった。これを角度付きアバットメントを使用し，オフセットローディングを改善した場合について検討を行った（図3.43）。骨内応力に変化はないが，リテイニングスクリュー部の引張応力値は40％減少した（図3.44）。この結果から，リテイニングスクリューの緩みは回避できると考えられた。

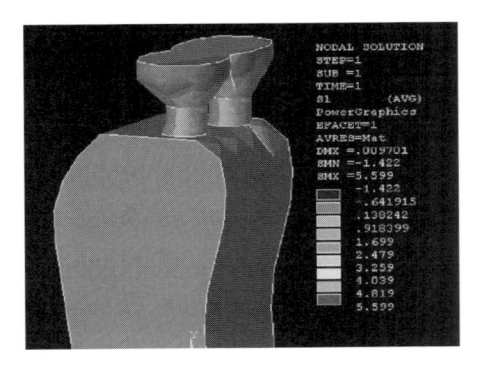

有限要素モデル上で，アバットメントの方向を変更したところ，図3.41で見られたアバットメントと上部構造の連結部分での大きな引張応力は観察されなかった。

図3.43　角度付きアバットメントモデルでの主応力分布

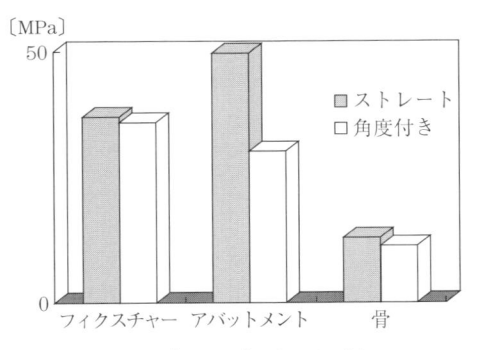

図3.44　各コンポーネントごとの最大応力値の比較

3.4.7　インプラント支台オーバーデンチャーの最適デザインに関するバイオメカニクス

従来の総義歯は固定源がなく，口腔粘膜上に設置されるだけであるため，義歯の動揺，脱離を生じやすい。この動揺が違和感，疼痛を生じさせる。インプラントを支台としたオーバーデンチャーにおいては，インプラントがこの動揺を防止するため，患者の使用感は良好なものとなるが，より完全に動揺を止めようとすると，インプラントには過大な力が働くことになり，インプラントコンポーネントの破折や周囲骨の吸収が危惧される。本項では，3種のインプラント-義歯の連結装置（アタッチメント）を用いて，義歯の動揺の最小化，インプラントへの応力伝達の最小化の2点を最適設計の指標として，模型実験を行った。

下顎無歯顎模型にインプラント2本を植立した。疑似粘膜として，厚さ2mmのシリコーンを用いた。顎骨モデル内に埋入されたフィクスチャーに連結される維持装置には，バー

アタッチメント，ボールアタッチメント，マグネットアタッチメントの3種を採用した。バーアタッチメントでは2個のインプラントがバーを介して強固に連結される。またバー中央部に設置したクリップを介して義歯はインプラントに連結される〔図3.45（a）〕。

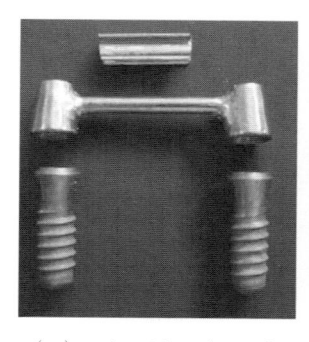

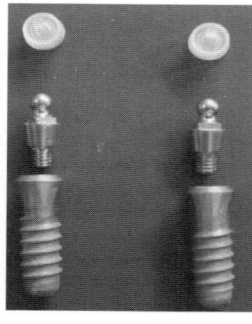

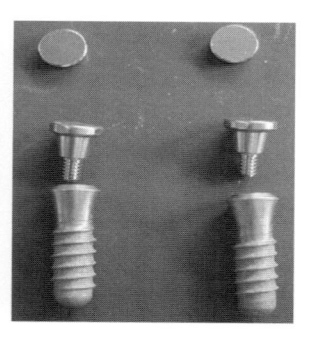

（a） バーアタッチメント　（b） ボールアタッチメント　（c） マグネットアタッチメント

図3.45　オーバーデンチャーに用いられる各種アタッチメント

ボールアタッチメントは，義歯内に設置されたプラスチック製メス部と，インプラントにネジ留めしたボール状の構造物が機械的に嵌合する〔図（b）〕。マグネットアタッチメントでは，義歯内面に設置した磁石とインプラントにねじ留めした磁性金属とが磁力によって連結される〔図（c）〕。

両側インプラントのアバットメント周囲にひずみゲージを貼付し，軸力と曲げモーメントを算出した。また左側第一大臼歯相当部にポヒマス社製磁気センサー3 spaceを設置し，義歯の回転角度を計測した（図3.46）。右側第一大臼歯相当部を荷重点とし，50 Nを負荷した。

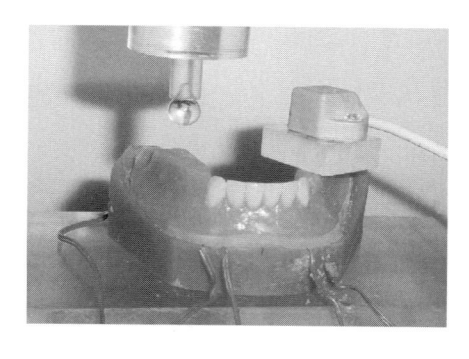

ストレンゲージによるインプラントの応力測定と，ポヒマス磁気センサーによる義歯の動揺を同時に測定した。

図3.46　インプラントオーバーデンチャーに対する荷重実験

曲げモーメントでの評価では（図3.47），ボールアタッチメントとマグネットアタッチメントでは荷重側インプラントのほうが非荷重側インプラントと比較して有意に大きい値が認められた。荷重側のインプラントではマグネットアタッチメントが最も小さく，ボールアタッチメントとバーアタッチメントに有意差は認められなかった。非荷重側インプラントでは

3.4 歯科インプラントと臨床バイオメカニクス

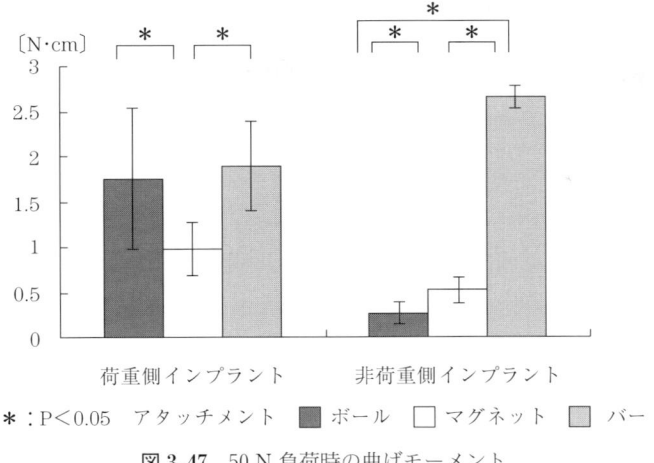

図3.47 50 N 負荷時の曲げモーメント

バーアタッチメントが有意に大きい値が認められた。

義歯の回転量の評価では（**図3.48**），マグネットアタッチメントではインプラントのひずみを抑えることができるが，義歯の動揺は大きいことが明らかとなった。患者の満足度は義歯の安定（機能時に動きが少ないこと）と相関があると報告されていることからも，マグネットアタッチメントでは患者の満足を得るには不利であることが示唆された。またボールアタッチメントはバーアタッチメントと比較して，インプラントのひずみは小さくすることができるが，荷重が増加するにしたがい，インプラントの負担も直線的に増加していくことが認められた。義歯の動揺については水平面，矢状面の回転を除けば，変位，回転ともにバーアタッチメントと差は認められなかった。一方，バーアタッチメントは荷重増加にともない，インプラントのひずみは複雑な様相を示し，インプラントへの軸力，曲げモーメントともに大きい値を示した。しかし，義歯の動揺は小さく，最も義歯の動きの少ないアタッチメ

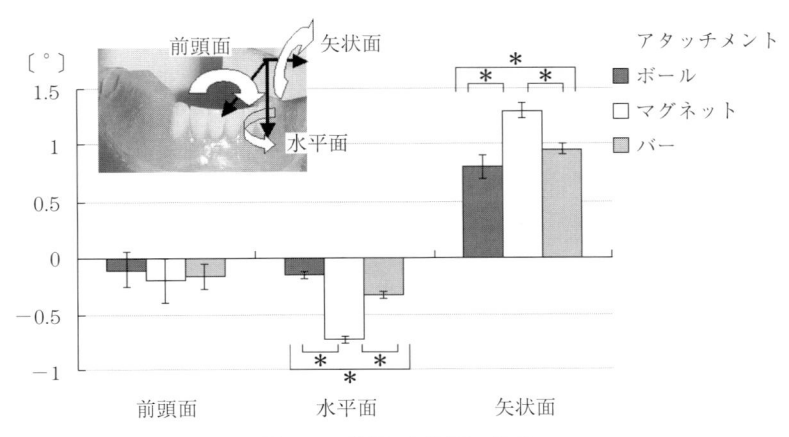

図3.48 義歯の回転量の比較

ントとして患者の満足，咀嚼機能の向上が期待できると示唆された。

　以上，ストレンゲージやコンピュータシミュレーション等の工学的手法を用いた歯科インプラントにおける臨床バイオメカニクスの実例を概説した。ここで紹介した事例以外にもデンタルインプラントによる最適設計を目標とした，マクロ，ミクロの両視点からの骨の反応に関するリサーチなども必要である。このように歯科インプラントの臨床成績の向上にはバイオメカニクスの視点からのアプローチが不可欠である。

4 バイオセンサと生体ナノ工学

4.1 バイオセンサ

4.1.1 味を測るということ

「食は文化である」といわれる。食文化は人類の長い歴史の中で培われてきた。センサは五感を再現，そしてそれを超えることを目的としており，人のもつ主観的かつあいまいな感覚を定量化することを目指すものである。近年の科学技術の発展にともない，センサは視覚・聴覚・触覚（光・音・圧力）といった，単一の物理量をとらえるものから，味覚や嗅覚を含めた総合的情報をとらえるものへと要求が高まってきている。

五感の中でも味覚や嗅覚は，現時点でも多分に主観的・生物的感覚といえよう。しかし科学の発展の歴史が「主観的量」を「客観的量」で表現する計測技術の発展とともにあったことを思うと，味覚や嗅覚もその例外ではないであろう。事実，時間や長さの定量化については，エジプト時代にもさかのぼる歴史をもっているが，これらも当初は多分に主観的量であったはずである。

視覚や聴覚では，光や音波を受容するだけでも，センサ（物理センサ）としての当初の目的は十分に達せられる。実際，カメラやマイクロフォンは出力結果を解釈する人が介入することで，その目的を達成できる。ところが味覚や嗅覚においては，センサレベルにおいて，人の感じる感覚を表現しなければ，センサとしては失格である。つまり，化学物質を検出したからといって，その結果から一般に味やにおいは再現できず，したがって，食品に含まれる化学物質を測定したことの正当性が失われる。この事実は，味覚や嗅覚のセンサは本質的にインテリジェントセンサであることを要求しているともいえる。

一般に化学物質を拾うセンサをバイオセンサ，化学センサという。ところで，代表的なバイオセンサはタンパク質（酵素）を高分子の膜に吸着させた酵素センサであることからもわかるように，物理センサが光や圧力といった特定の量を選択的に拾うようにつくられているのと同様に，バイオセンサも物質選択性が重要視され，開発が進められていた。実際，これまでのセンサの定義は，高選択性と高感度にあったといっても過言ではない。このような高

選択性センサはすでに医療方面でも使われており、今後ますますその需要は増すであろう。

しかし、この種の選択性の高いセンサで味覚をセンシングするには、すべての味物質に対応したセンサを用意しなければならないため、現実的ではない。食品には数百種類ともいわれる化学物質が含まれており、その中のどの化学物質が味に貢献しているかは一般には不明である。しかも、各化学物質間に、各味質間にも相互作用があり、化学物質（そして味質）はたがいに独立ではない。例えば、コーヒーに砂糖を入れると、甘味はもちろん増すが、同時に苦味は減る。これは、カフェインなどの苦味を砂糖が抑制したからである（苦味抑制効果）。また、カフェインの入っていないコーヒーでも苦い。つまり、食品の味の正体（化学物質）は不明で、しかもたがいに相互作用がある、という世界が味覚の世界なのである。

味覚センサ開発の歴史は1980年代にさかのぼる。脂質分子を成膜した人工の脂質膜が異なる味物質に異なる電位応答をすることが発見されたのが、1985年である。その後、1987年に甘味が苦味を抑制するという抑制効果がこの人工脂質膜で再現された。引き続き、うま味物質の間でたがいにうま味を強めあうという相乗効果を再現できることが見いだされるに及んで、人工脂質膜は人の感じる味覚を数値化できるというアイデアが提示された。つまり、これまでのセンサのような単一の物理量や化学物質の個々に応答するセンサではなく、人の感じる感性そのものを再現するセンサというアイデアが提案されるに至った。

1990年には、各味質に異なる応答を示す脂質膜センサを複数種そろえ、その出力から味質、味強度を判定するという仕組みのセンサ、つまりマルチチャネル味覚センサの基本原理が、九州大学とアンリツ株式会社から特許出願された。その後、味覚センサは10年以上もの長きにわたり、九州大学とアンリツ株式会社とで共同開発されることになる。その結果、味認識装置 SA 401, SA 402 が市販され、本装置は現在、食品や医薬品関係の会社、研究所、試験場、大学で使われている。また、アンリツ株式会社味センサーグループは2002年に独立し、株式会社インテリジェントセンサーテクノロジー（略称、インセント）なる新会社が設立されるに至っている。

本節では、味覚センサ[1]~[5]について詳述しよう。

4.1.2 味覚センサ

〔1〕 受容膜　　味覚センサは脂質/高分子ブレンド膜を味物質の受容部分とし、この複数の脂質膜からなる電位出力応答パターンから味を識別する。これは舌の細胞の生体膜が脂質とタンパク質からできていることに着目し、その構成成分の一つである脂質を実際に利用できる形でつくり上げたものである[6]。

図4.1に示すように、脂質膜電極はポリ塩化ビニルの中空棒にKCl溶液と銀・塩化銀線を入れ、その断面に脂質/高分子膜を貼りつけたものである。特性の異なる脂質/高分子膜を

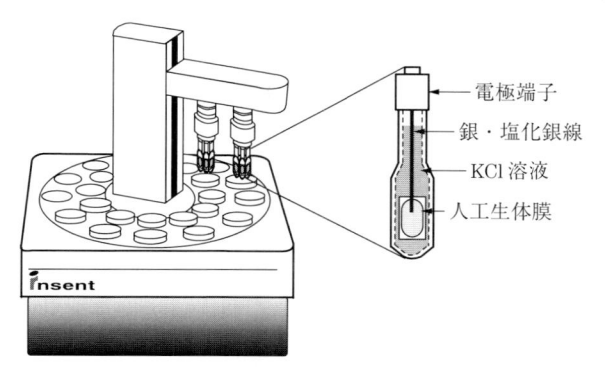

図 4.1 味覚センサ（SA 402 B，株式会社インセント製）と脂質膜電極

八つ（または七つ）準備し，脂質膜電極と参照電極との間の電位差を計測し，これら複数の出力電圧により構成されるパターンから味を識別・認識する。生体系との対応からは，脂質膜電極の内部が細胞内，味溶液である外部が細胞外に相当する。なお，これらの膜のことを以下「チャネル」と呼ぶことにする。

脂質の選択には任意性があるが，まずは生体膜の脂質の官能基を網羅する形で選ばれた（**表 4.1**）。もちろん測定対象と目的に応じて適宜選択し直すべきである。

表 4.1 受容膜に用いる脂質

チャネル	脂質（略称）
1	デシルアルコール（DA）
2	オレイン酸（OA）
3	ジオクチルフォスフェート（C または DOP）
4	C：T＝9：1
5	C：T＝5：5
6	C：T＝3：7
7	トリオクチルメチルアンモニウムクロライド（T または TOMA）
8	オレイルアミン（OAm または N）

〔2〕 **基本味応答** 五つの味のうち，塩味とうま味に対する応答パターンを図 4.2 に示す。誤差は 1％を切っているので，各味の識別が明瞭にできる。注目すべきは，五つの味に対しては異なる応答パターンを示すのに対し，似た味では似たパターンを示すことである。例えば塩味を呈する NaCl，KCl，KBr では似たパターンを示し，うま味を呈するグルタミン酸ナトリウム（MSG）やイノシン酸ナトリウム（IMP），グアニル酸ナトリウム（GMP）でも同様に似たパターンを出す。この事実は，味覚センサが個々の味物質ではなく味そのものに応答していることを意味する。

味覚センサの応答閾値は，キニーネ（苦味）で数 μM，HCl（酸味）で約 10 μM，NaCl（塩味）で数 mM，MSG（うま味）では約 0.1 mM，ショ糖（甘味）で約 100 mM であり，ヒトの検知閾値と同程度か 1 桁程度低い。またキニーネや HCl に対して，ヒトも味覚センサ

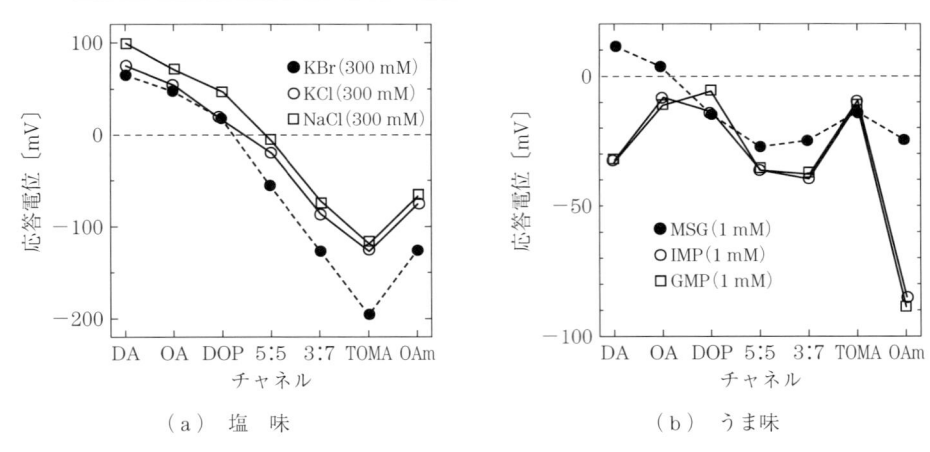

図 4.2 味覚センサの塩味とうま味物質に対する応答〔K. Toko：A taste sensor, Meas. Sci. and Tech., 9, pp.1919〜1936（1998）より転載〕

も同様に高い感度を示すことは注目すべき事実である。じつはこれはきわめて合目的なことである。というのも，苦味を生じる物質は本来毒であり，避けるべきものであるからであり，酸味も通常は腐敗のシグナルであるからである。味覚とは本来口に入るものを安全か毒かを判定するために備わった感覚であるため，迅速に化学物質を検出，分類する必要がある。味覚センサはその主旨に沿って開発された感性バイオセンサである。

図 4.3 に，受容膜である脂質/高分子膜と化学物質との相互作用を，各味質に分けて示している。塩味を生じる物質は，膜の近傍にて静電相互作用を行う。苦味を生じる物質はその疎水性で膜の内部に侵入するといったように，各味質と脂質/高分子膜との相互作用が異なる。その相互作用の違いが（人の感じる）味質にほかならないというわけである。

また，たとえ化学物質の構造が異なっていても，同じ味を生じることがある。植物由来のアルカロイドであるキニーネは中世にはインカの秘宝と重宝され，いまでもマラリアの治療

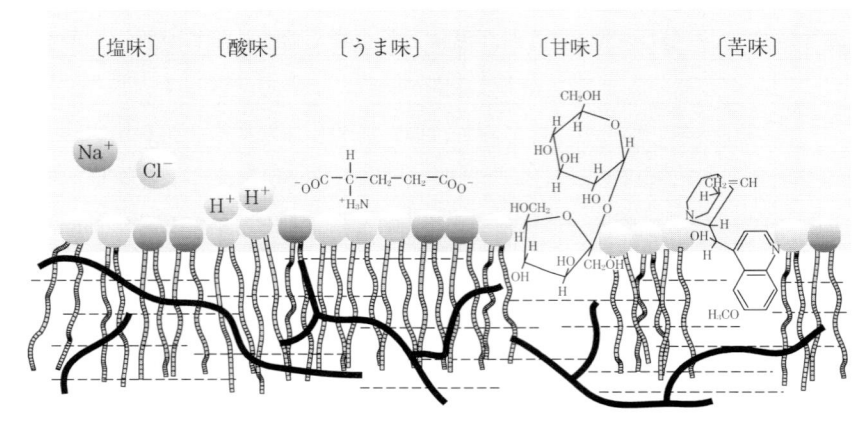

図 4.3 五つの味物質と脂質/高分子膜との相互作用の模式図

薬として使われているが，これは苦味を呈する。またアミノ酸であるトリプトファンは，食欲，睡眠，学習，気分などに関連した神経伝達物質セロトニンの原料となるが，やはり苦味を呈する。このキニーネとトリプトファンは異なる化学構造をもっているにもかかわらず，同じ苦味を呈する。

味覚センサは，双方の苦味を数値化することが可能である。それでは，人，そして味覚センサはこれらの物質のどこを拾って（検出して）いるのであろうか。先の「相互作用」という言葉を使えば，双方は膜との相互作用という意味において同じ相互作用をするため，同じ味質を生じるといえる。構造に目を向ければ，化学物質に共通の構造（部分構造）の認識が重要な役割を果たしているといえよう。

4.1.3 アミノ酸とジペプチド

〔1〕**アミノ酸** タンパク質を構成するアミノ酸は20種類あり，アミノ酸はアミノ基（$-NH_2$）とカルボキシル基（$-COOH$）を共通に持っているが，R基部分の構造は多種多様である。このR基の違いで，異なる味を呈することが知られている。

表4.2にさまざまなアミノ酸の構造と，その味を示している。アミノ酸は食品の味の形成や特徴付けに寄与しており，特に海産物ではアミノ酸の成分の違いでその味が特徴付けられる。例えば，ウニではアラニン，メチオニンが主で，アワビではアラニン，グリシン，バリンの味で決まる。表からわかるように，R基の違いで甘味，うま味，苦味といった異なる味を呈している。従来の化学分析機器を用いてアミノ酸の詳細な構造解析を行うことはもちろ

表4.2 アミノ酸の構造と味

$$NH_2-\underset{\underset{H}{|}}{\overset{\overset{R}{|}}{C}}-COOH$$

アミノ酸	R	塩味	酸味	甘味	苦味	うま味
グリシン	H			◎		
アラニン	CH_3			◎		
アスパラギン酸ナトリウム	$NaOOC-CH_2$	◎				◎
ヒスチジン	$CH=C-CH_2$ | | N NH \\ / CH	○	◎			
メチオニン	$CH_3-S-CH_2-CH_2$			○	◎	○

バリン	CH_3-CH
	    |
	    CH_3
				◎	◎	

トリプトファン	インドール-CH_2				◎	

ん可能である。しかしながら，人が感じる味はこれらの機器では再現できない。

まず最初に，アミノ酸の苦味に着目しよう。

図4.4にトリプトファンの三つの異なる濃度について規格化パターンを示す[8]。濃度に関係なくほぼ同一のパターンであることがわかる。また比較のためにHCl（酸味），MSG（うま味）そしてキニーネ（苦味）の規格化パターンを示す。ここでも濃度に関係なく各味質が特徴的パターンを持つことがわかる。

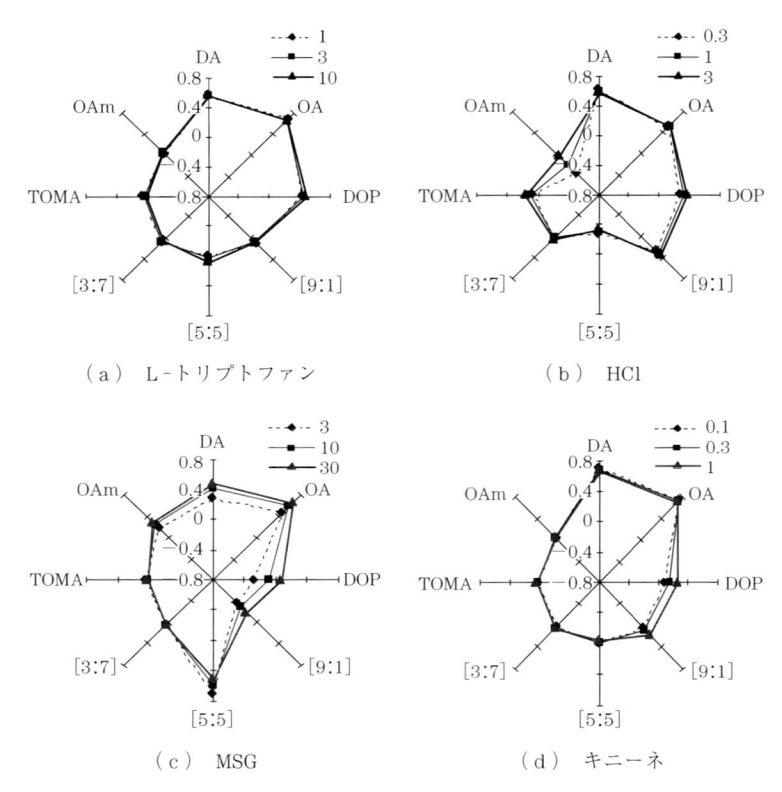

(a) L-トリプトファン
(b) HCl
(c) MSG
(d) キニーネ

各図の右上の数値は濃度〔mM〕を示す。また5:5，3:7，TOMA，OAmに対する応答は符号を逆にしている。自乗和面積が1になるように規格化している。

図4.4 トリプトファン，HCl，MSG，キニーネに対する規格化応答パターン
〔K. Toko and T. Nagamori：Quantitative expression of mixed taste of amino acids using multichannel taste sensor, Trans. IEE Japan, 119-E, pp.528～531（1999）より転載〕

トリプトファンとこれら味物質のパターン間の相関をとると，キニーネ，MSG，NaCl，HCl，ショ糖の順に0.90，0.58，0.28，0.79，0.52となり，トリプトファンは確かにキニーネと高い相関を持つ。つまり，苦味を呈するトリプトファンは確かにキニーネなどの苦味物質に特有のパターンをしており，味覚センサがアミノ酸の味を拾っていることがわかる。

〔2〕 **ペプチドの味**　　ペプチドとは，各種アミノ酸がアミノ基とカルボキシル基との間

で脱水縮合し，ペプチド結合（-CONH-）を形成して生成する物質で，分子論的にはアミノ酸とタンパク質の中間の物質である。

酸味を呈するジペプチドとして，グリシル・アスパラギン酸（Gly-Asp），セリル・グルタミン（Ser-Glu），アラニル・グルタミン（Ala-Glu），グリシル・グルタミン（Gly-Glu）が，また苦味を呈するジペプチドとして，グリシル・ロイシン（Gly-Leu），グリシル・フェニルアラニン（Gly-Phe），ロイシル・グリシン（Leu-Gly）を調べた。またグリシル・グリシン（Gly-Gly）やアラニル・グリシン（Ala-Gly）は味を呈さないことが知られており，これらへのセンサ応答も調べた。

まず，無味である Gly-Gly については，濃度 10 mM から 300 mM までの濃度増加でも応答パターンはほとんどのチャネルで 0 にとどまり，最も大きな応答をした OA 膜で最大 20 mV しか変化せず，呈味性は低いと結論された。

酸味を呈するジペプチドや苦味を呈するジペプチドについても，応答パターンが得られたが，その結果，期待どおりの結果，つまり酸味ジペプチドは酸味物質特有のパターン，苦味ジペプチドは苦味物質特有のパターンを示したのである。なお，これらの物質については 100 mV 程度の応答パターンを得ることができ，パターンは濃度とともに単調に大きくなった。

規格化した応答パターンに関する主成分分析の結果を図 4.5 に示す[4]。図は NaCl やキニーネなどの基本味物質やアミノ酸も含んでいる。例えば，塩酸，酢酸，クエン酸，グルタミン酸，Gly-Asp, Ser-Glu, Ala-Glu, Gly-Glu は酸味のグループを形成している。ほかの苦味，うま味，塩味，甘味のグルーピング化も見事になされている。うま味グループは，

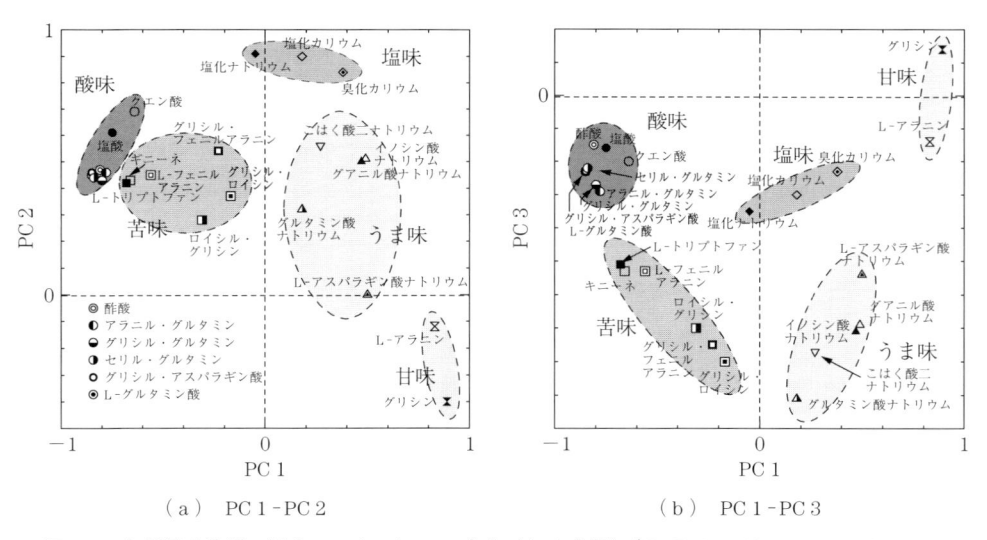

(a) PC 1-PC 2

(b) PC 1-PC 3

図 4.5 各種呈味物質に対するテイストマップ（口絵 13 参照）〔K. Toko：Biomimetic Sensor Technology, Cambridge University Press（2000）より転載〕

MSG，IMP，GMP，コハク酸ナトリウム，アスパラギン酸ナトリウム（L-Asp）から構成されており，アミノ酸系列である MSG と L-Asp がヌクレオチド系列である IMP や GMPと似たパターンを示すことは注目に値する。図は，化学物質の呈する味を定量的に表現するテイストマップ（味の地図）にほかならない。

4.1.4 食品への適用

〔1〕 水 の 味　図4.6は41種類のミネラルウォーターを味覚センサで測り，主成分分析して得られたテイストマップである。横軸（第1主成分）がほぼ硬度を反映している。また図を上にいくほど1価イオン濃度が高く，下にいくと2価イオン濃度が高くなる。したがって，図の上方がソルティー，下方がビターといえる。

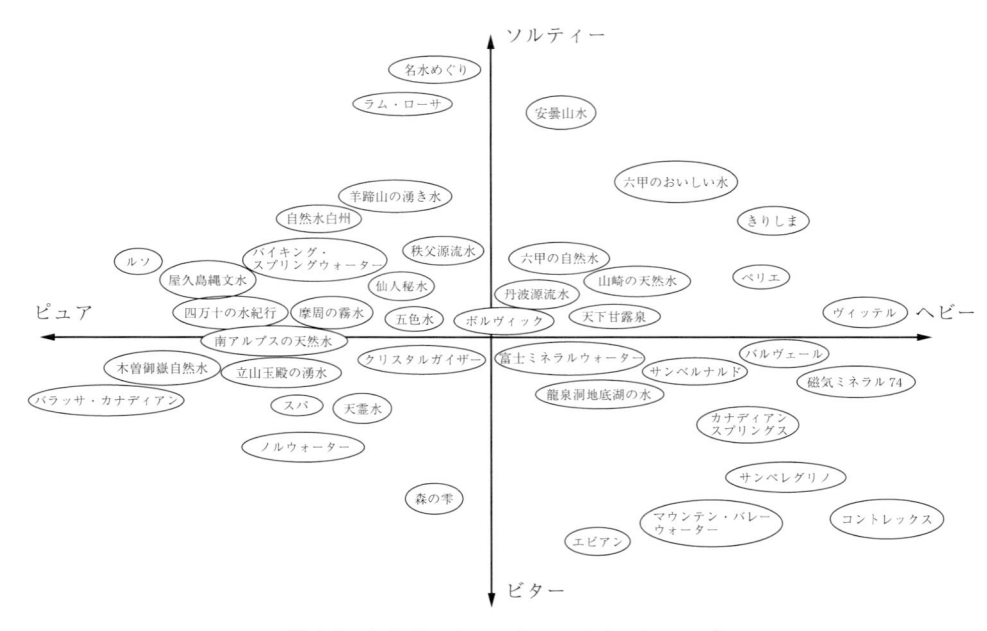

図4.6　ミネラルウォーターのテイストマップ

同時に官能検査も試みられたが，硬度が低い左半平面では再現性のある味の表現ができず，たかだか図4.6の右と左の離れた位置にあるミネラルウォーターどうしの識別がついた程度であった。これは実際，水の味の多くは含まれるカルキなどに起因する異臭によって決まるという報告とも一致する。その意味において味覚センサは，人が再現性よく表現できない味を定量化でき，すでに人の舌の感度を超えている。

この結果は，味覚センサが水質モニタ用センサとして使えることを示唆している。これまでの水質検査は特定の汚染源に的を絞って，原因を探るという本質的に後追い検査であった。しかしながら，人が水を口にする前に水質の安全性を迅速に判断するセンサは事故の未

然防止のために必須のものである。味覚センサは不特定多数の化学物質を検出できるため，本質的に簡易・迅速リアルタイム計測が可能である。

〔2〕 **ブドウ果汁の劣化**　ブドウ果汁の劣化の検出を試みた[9]。ブドウジュースは信州産のブドウをビン詰めしたもので，室温で1週間〔w〕，3w，4w，35℃および45℃で2日間〔d〕，1w，2w，3w保存したものを用いた。

まずジュースの官能検査を行った。実際に口で味わって劣化の程度を評点したところ，つぎの順であった。室温3w，室温1w，室温4w，45℃2d，35℃1w，35℃3w，35℃2d，45℃1w，45℃2w，45℃3w。最後の45℃3wは，だれもが劣化していると判断している。この結果の中には，室温1wのほうが室温3wより劣化が大きいという奇異なものもあり，必ずしも正しい判断がなされていないことがわかる。

図4.7に味覚センサによる測定結果との相関を示す[9]。味覚センサ出力に主成分分析を施し，その第1主成分（PC1）と官能検査の劣化に関する順位合計との間の相関を見たものである。図の横にいくほど劣化（官能検査），上にいくほど劣化（センサ出力）していることになる。相関係数は0.91であり，高い相関が得られている。また，官能検査では，室温1wの方が室温3wより劣化していると判断されているが，味覚センサでは正しく判断できている点は注目に値する。

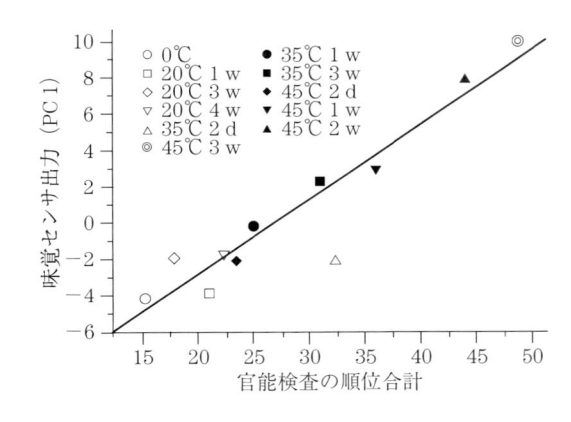

図4.7　ブドウ果汁に対する味覚センサ出力の主成分分析と官能検査との相関〔駒井　寛，谷口　晃，都甲　潔：味センサによるブドウ果汁の劣化評価の検討，電気学会資料，CS-98-62, pp.81～86 (1998)より転載〕

4.1.5　味覚センサで香りを測る

鼻をつまんでリンゴジュースとオレンジジュースを飲み比べると区別がつかない，という話をよく聞く。食品の認識・識別にそれぐらいにおい（香り）の占めるウエートが高いということである。有機膜を被膜した水晶振動子型においセンサ，酸化物半導体を用いたにおいセンサと，いくつかの種類のにおいセンサが開発されている。ここでは，味覚センサを用いて食品の香りを測る試みを紹介しよう。

方法は，食品から強制的に香りを飛ばし，水に再吸収し，それを味覚センサで測るという

ものである。株式会社インセントの池崎秀和氏にならい，この香りを含んだ水を「香り水」と呼ぶことにしよう。一般に，ワインやビールの劣化は，味覚センサでそのまま測ることができる。しかし，めんつゆの劣化はにおい成分に反映され，味覚センサの通常の方法では測ることができない。実際，鼻をつまむと，劣化を感じることができない。めんつゆの劣化は，味でなくにおいに現れるのである。

そこで，香り水を測る方法が考案された[10]。また，におい物質に多く見られる非電解質を高感度で検出するように，センサ受容膜にも改良が施された。なお，めんつゆを60℃の温度で2日間保管することで劣化サンプルを得た。図4.8に3社のめんつゆの劣化の計測結果を示す。図の縦軸と横軸は，2種類のセンサ受容膜の出力を示している。図からわかるとおり，劣化につれて，データが右上方に移動することがわかる。このように，香り水をつくることで，味覚センサを用いてにおいを検出することが可能である。

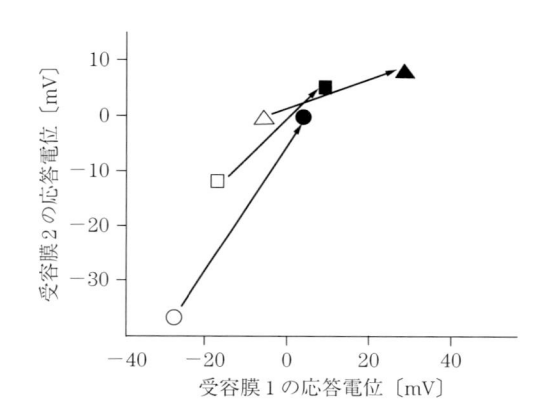

図4.8 香り水を利用しためんつゆの劣化の測定〔都甲 潔：味と匂いセンサからみた関西・日本文化，信学誌，86, pp.752～759 (2003) より転載〕

4.1.6 展 望

味覚センサは，世界中で開発，研究されている。10年前までは「味を測る」という概念はなかった。このような世界での味覚センサ研究の興隆は，日本の味覚センサ開発に端を発することはいうまでもない。

また，昨今の日本のロボットブームには目を見張るものがある。家庭にロボットが入った場合，人と共存するロボットということになるわけだが，その場合に要求される性能はなんであろうか。労働するロボットでは，人に代わり，掃除洗濯をしたり，料理をつくる性能が要求される。介護ロボットだと，人の行動の手助けができるだけの性能，または癒し系ロボットの場合，話し相手をするといった性能が要求されよう。

セキュリティーロボットでは，火災の際のにおいをかぐ，ガス漏れを迅速に検出する，食品の安全性を事前にチェックできるなどの性能が必要である。この例からわかるとおり，嗅覚や味覚は本来，環境や口に入れるものの安全性を事前にチェックする感覚である（図4.9）。

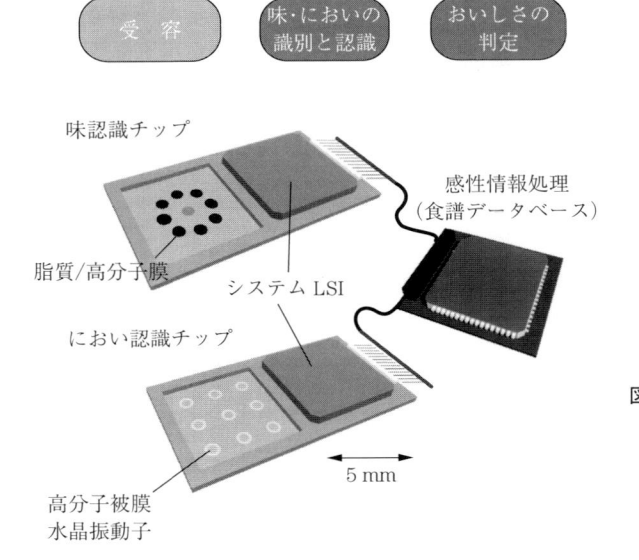

図4.9 味・におい認識チップ〔K. Toko: Measurement of taste and smell using biomimetic sensor, Tech. Digest 17 th IEEE Int. Conf. MEMS, pp.201〜207 (Jan. 2004) より転載〕

さて、ロボットに味覚を持たせることは可能であろうか。これまでの話からわかるとおり、答えはイエスである。

近い将来、調理器に希望の料理を告げると、食品センタから必要なデータベースがインターネットで届き、望む味の料理をしてくれる日が来るであろう。情報家電の普及である。人類が宇宙に飛び出そうという現代、月基地や火星基地、宇宙に浮かぶスペースコロニーと食

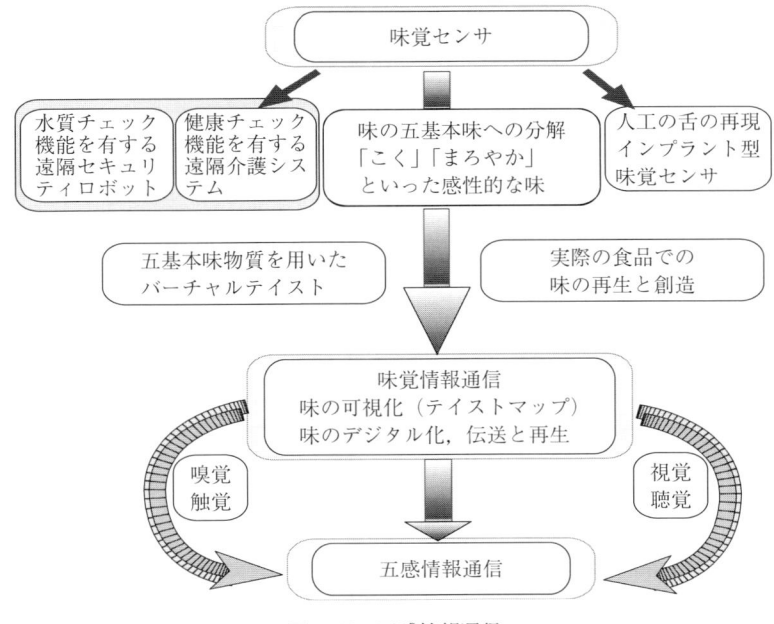

図 4.10 五感情報通信

譜を共有することで，地球上と同じ食を楽しむこともできる。味覚情報を含む五感情報通信の時代の到来である（図4.10）。また，民族や文化的側面を考慮したデータベース化を行うことで，たがいの民族や文化の違いを明らかにし，たがいによく理解しあえるための知見や方法を探ることもできるであろう。食譜があれば，いまの食文化を後世につなぐことも可能となる。お袋の味，伝統の味の伝承である。

味覚や嗅覚のセンサのさらなる発展は，味覚や嗅覚の障害者への大きな福音ともなるであろう。例えば，お箸にセンサを装着することで，その味を色で表示するようにすれば，一目で味がわかる。酸味が少し，甘味が強い，こくがある，などといったことが見てわかることになる。さらに進めば，耳でなされているように，舌にセンサをインプラント（埋込み）することも夢ではない。インプラント型味覚センサである。センサ出力を神経に接続させることで，健常人と同様な味覚の再現ができる。

21世紀はバイオ，ナノテクとIT（情報技術）の時代といわれる。味覚センサはこれまで未踏の地であった，人の味覚という感性を再現したものである。私たちはいまや，長さや時間の尺度が発明されたあのエジプト時代に相当する食文化の黎明期に入ろうとしている。

4.2 ナノ診断工学

4.2.1 ナノ診断とは

風邪かな，と思い病院に行けば，まず医師の診察を受ける。最初は問診。「どうしました？」。やりとりの間，医師は患者の顔色（血色）を見たり声のひびきを聞いたりしている。ついで聴診。心臓の鼓動や呼吸にともなう気管の音を聞く。これと前後して脈をとることもあるだろう。喉を見たり，体温や血圧を測ることもある。こうした初期の診察においては，主として物理的な生体情報の収集が行われる。すなわち温度（体温），圧力（血圧や脈圧），色（顔色や喉の色），音（鼓動や声）などである。このほか病院では，レントゲン（エックス線診断）やエコー（超音波診断），MRI（磁気共鳴イメージング）のような，大型の装置・機器を用いる検査・診断も行われる。これらも物理的な生体情報を診断に役立てようとするものである。その一部は2章で学んだ。

これに対し定期健康診断では，しばしば血液検査が行われる。血液中の細胞を数えたり，イオンや化学物質の濃度を測ったり，タンパク質を調べたりする。数や濃度の，正常値からのずれを生活習慣病の予防に役立てたり，特別な病気のときに現れるマーカーと呼ばれる物質を調べて早期診断に役立てようとするものである。大腸がん検診では便潜血検査が行われるが，便中の人間の血液の有無を，食事に含まれていた動物の血液と区別して，誤りなく判定しなくてはならない。このために人間と動物の血液を区別することのできる抗体というタ

ンパク質が利用される。これらは生化学検査と呼ばれることもあるとおり，生物や化学を基礎とした診断方法である。

このように，診断法には物理情報を扱うものと生物・化学的情報を扱うものがある。この節では後者に焦点を当て，その基礎を解説する。特にタンパク質や遺伝子など，ナノメートルサイズの分子が計測の対象であることから，ナノ領域での現象の理解が基礎となる。このため，ナノ診断工学とのタイトルをつけた。高校化学の履修が前提となるが，化学式・構造式の使用はできるだけ避け，概念の理解に重点を置いている。

ナノサイズの計測対象には，ナノレベルでの計測の仕組みが必要である。したがって，電気や情報，機械，材料の微細加工などに精通した，工学研究者の役割は大きい。近年，注目を浴びるナノテクノロジーは医療診断を画期的に進歩させる原動力としても期待されており，生体工学を学ぶ諸君にとってエキサイティングなフィールドとなることは疑いない。

4.2.2 ナノ診断の対象物質

医療の現場において診断の対象となる生体内物質にはさまざまなものがあるが，本項ではタンパク質と核酸を主として取り扱うことにする。いずれも生体高分子と呼ばれる化学物質であるが，その化学構造や役割は著しく異なる。タンパク質はわれわれの体を形づくったり，生命活動を支える化学反応を触媒したり，病原菌から体を守ったり，体内に入った毒物を分解したり，という具合に多様な働きを担っている。これに対し，核酸はタンパク質の設計図である。

ナノ診断とは，診察を受ける人の生命活動をミクロなレベルで調べることにほかならない。生命活動の中心的役割を担うのがタンパク質であり，その設計図が核酸なのであるから，ナノ診断では，タンパク質や核酸をいかにして測定するか，ということが重要となる。工学研究者の役割は，これらを計測するための原理を考案し，診断装置を開発することである。そこでまず，タンパク質と核酸について理解しておくべき基本を説明する[12]。

〔1〕 **タンパク質**　生体内物質としてもっとも幅広い機能を持ち，生命活動に深くかかわっているのがタンパク質である。タンパク質は，アミノ酸を基本単位とし，これが多数つながってできた高分子物質である。アミノ酸は炭素原子上にアミノ基とカルボキシル基を有しており，これが分子間で縮合してペプチド結合を形成する。タンパク質一つに含まれるアミノ酸の数は，タンパク質の種類により数十から数百とさまざまである。タンパク質に含まれるおもなアミノ酸には20種類があることを4.1節で学んだ。アミノ酸はそれぞれ，特徴ある側鎖官能基を持っている。アミノ酸にはグリシンを除き，一対の光学異性体（D体とL体）が存在する。天然のタンパク質に含まれるアミノ酸は，すべてL体である。このことはタンパク質の立体構造と深くかかわってくる。

これらのアミノ酸がどのような順序で並んでいるか（これをタンパク質の一次構造という）によって，タンパク質の機能・役割が決まってくる。タンパク質が多様な機能を持つのは，タンパク質がその一次構造に基づいて，さまざまな立体的・空間的構造を形成していることに関係がある。例えば，皮膚や筋肉，爪，髪の毛など，われわれの体を形づくるタンパク質（構造タンパク質）は線維状の構造をとっており，それらがたがいに規則正しく配列することによって，丈夫な組織を形成している。これに対し，ホルモンタンパク質や免疫タンパク質は球状をしていて水に溶けた状態で働いている。

こうした複雑な立体構造はいくつかの基本構造が組み合わさって構成されている。基本構造として代表的なものに，らせん状の構造である α-ヘリックスと，ジグザグ型の β-シート構造がある。これらの構造では，ペプチド結合に含まれるアミド水素とカルボニル酸素が，ある一定の間隔で規則正しく水素結合を形成している。タンパク質中の α-ヘリックス構造は，もっぱら右巻きのらせんとなる。これはタンパク質中のアミノ酸がすべてL体だからである。D体のアミノ酸のみからなるヘリックスは，逆に左巻きとなる。L体とD体とが不規則に並んでいたら，らせん構造をとることはできない。D体のアミノ酸からなるタンパク質は，地球上の生命体に対して正常に働かない。

〔2〕核　　酸　タンパク質の機能は，それを構成するアミノ酸の配列によって決まってくることを述べた。その配列は核酸に保存されている。つまり核酸はタンパク質の設計図であり，遺伝子とも呼ばれている。

タンパク質が生物体の中でつくられるとき，核酸のもつ情報は図 4.11 に示す経路にしたがって伝わっていく。これは人間や動物のみならず，生きているものすべてについて共通であって，「セントラルドグマ（生命の根本原理）」と呼ばれている。

$$\text{DNA} \xrightarrow{\text{転写}} \text{RNA} \xrightarrow{\text{翻訳}} \text{タンパク質}$$

セントラルドグマは生物界共通の情報伝達の仕組みである。診断のために生体情報を取得するとき，タンパク質を調べることと同様，RNA や DNA を調べることも有効である。

図 4.11　セントラルドグマ

核酸のうち，DNA は自らを複製する仕組みを生体内に有している。これにより子孫の細胞に大切な情報が正確に伝えられ，保存される。一方，DNA の持つ情報がタンパク質の構造（アミノ酸の配列）に翻訳されるときには，核酸の一種である RNA がその仲介をしている。DNA から RNA への情報の伝達を「転写」と呼ぶ。さらにこれがタンパク質の構造へと「翻訳」される。

DNA と RNA は，ほぼ同じ基本構造を持っており核酸と総称される。これは，もともと細胞の核に存在する酸性の物質ということからついた名称である。一方，DNA と RNA

は，その構造をより化学的に区別して表現した名称の略号である。前者はデオキシリボ核酸，後者はリボ核酸である。前者はデオキシリボース，後者はリボースという糖を基本単位とし，これらがリン酸と交互に結合した鎖状の高分子である。糖部分には核酸塩基（あるいは単に，塩基）と呼ばれる複素環化合物が結合している。ヒトのDNAの場合，この塩基の数にして約30億の基本単位が，1本の鎖の中に連なって含まれている。これを引き伸ばすと2m近くに達する。RNAにはさまざまな種類があり，その長さは一様ではないが，DNAに比べればはるかに短く，後に述べるメッセンジャーRNAでは塩基の数にして数千程度である。

　DNAとRNAでは，核酸塩基の種類にも若干の違いがある。DNAではアデニン（略号はA），グアニン（G），チミン（T），シトシン（C）の4種類があるのに対し，RNAではチミンの代わりにウラシル（U）が入る。ここで重要なのは，このうちの特定の2種の間で，図4.12に示すような，水素結合に基づく「塩基対」が形成されることである。すなわち，AはT（RNAではU）と，GはCと対をつくる。これを「相補性」と呼ぶ。この組合せは厳密である。DNAは，2本の鎖がこの相補的な塩基対形成により会合した二重らせん構造をとっている。片方の鎖上に並ぶ核酸塩基の配列と，もう片方の鎖上のそれは，たがいに相補的である。

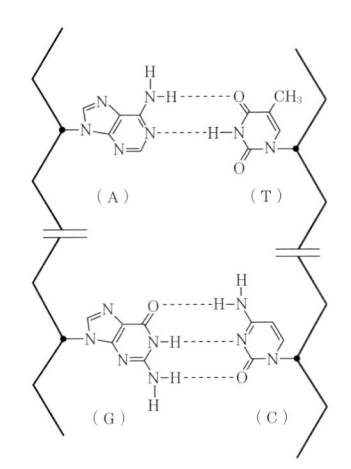

厳密な分子認識に基づき，二重らせんが形成されている。RNAではTの代わりにUが使われる。

図4.12　核酸（DNA）における相補的な塩基対形成

　DNA上には数多くのタンパク質の設計図が含まれており，ヒトの場合，その数は数万種に及ぶ。DNAの塩基配列の一部がRNAに写し取られ，ついでRNA上の核酸塩基の配列から，タンパク質中のアミノ酸配列への情報の変換が行われる。翻訳は，連続した3個の核酸塩基の配列に，1個のアミノ酸が対応する形で行われる。この対応関係を遺伝コードと呼び，3個の塩基の並びをコドンと呼ぶ。コドンの種類，すなわち4種の塩基が3個並ぶときの並び方は，4×4×4＝64通りである。一方，アミノ酸は20種類であるから，コドンが余

る。じつは，アミノ酸によっては複数のコドンが対応している。こうして，もともとDNA上にあった情報が，RNAを経由して，最終的にタンパク質の一次構造へと伝わっていく。

4.2.3　ナノ診断の基本

　ナノ診断とは，生命活動をナノのレベルで生化学的に調べることであると述べた。生命活動の中心的役割を担うのはタンパク質であるから，タンパク質の種類や量，構造を調べて，異常の有無を知ることは診断に有益な情報をもたらす。一方，タンパク質の設計図は核酸であるから，核酸の種類や構造を調べれば，異常の原因を根本から診断することにつながる。ここではタンパク質や核酸を検出するための基本的方法について述べる。それは特定のタンパク質または核酸を，ほかのものとの混合物の中から厳密に識別するための生物学的方法である[12),13)]。

　〔1〕**タンパク質の検出**　　生体内に異物（抗原と呼ぶ）が入ると，これに選択的に結合するタンパク質（抗体）がつくられる。そして再度，異物が生体に侵入すると，抗体がこれに結合して除去したり無害化したりして自己防御する。この仕組みを「免疫」と呼ぶことはご存知であろう。

　抗体の実体は免疫グロブリンというタンパク質であって，Y字型をしている。Yの2本の腕の先にそれぞれ，同一の抗原結合部位を持ち，抗原分子表面と相補的な形をとる。このタンパク質は2本の重鎖と2本の軽鎖と呼ばれる4本のポリペプチド鎖からなり，それらがジスルフィド結合で結ばれている。動物は数億種類に及ぶ抗体分子を生産でき，それらはいずれも独自の抗原結合部位を備えている。異物（抗原）と抗体の間では非常に厳密な分子認識が行われていて，ある抗体は特定の抗原とのみ反応し，鍵と鍵穴のように適合して結合が起こるのである。

　抗体の持つこの高度な識別能力を利用すれば，特定のタンパク質を検出することができる。すなわち，生体成分が複雑に混ざり合った中からある特定のタンパク質だけを抜き出したり，その物質にだけラベル（標識物質）をつけたり，ということが可能になる。では，どのようにして目的の抗体を手に入れるのだろうか。その方法を簡単に述べるなら，それはわれわれが免疫を獲得するのと同じ仕組みを，そのまま利用することである。検出したいタンパク質を，例えばマウスの血液中に注射し，しばらく経ってから，このマウスの血液を取り出し，遠心分離機にかける。このとき上澄みとして得られるのが血清である。血清には，この特定タンパク質に強く結合する抗体タンパク質が多量に含まれている。ただし，これは特異性や親和性の異なる抗体の混合物であることに注意する必要がある。こうして得られる抗体をポリクローナル抗体と呼ぶことがある。これに対し，特定の抗原に対する抗体を一種類だけ選択的につくる方法がある。得られる抗体をモノクローナル抗体と呼ぶ。その調製法は

〔2〕 **核酸の検出**　DNA は，抗体と並ぶ分子認識試薬として位置付けることができる。これは DNA の一本鎖が，二重らせんの相手となる一本鎖を，きわめて高選択的に認識することに基づいている。この認識は図 4.12 に示した相補的な塩基対形成により行われる。

DNA 二重らせんは水素結合という比較的弱い相互作用で組み上がっているので，水溶液を高温に熱すると，その相補的塩基対がはずれて，二重らせんが 2 本の一本鎖へと解離する（この過程を変性と表現する）。これをゆっくり元に戻す（すなわち，温度をゆっくりと下げる）と，この 2 本の一本鎖がもとの二重らせんに戻る（ハイブリダイゼーション）。塩基配列が相補的ならば，異種の核酸の組合せ，つまり DNA と RNA の間でも同様な反応が起こる。このように，一本鎖の核酸分子が相補的な相手と選択的に二重らせんを形成する性質を利用して，DNA であれ RNA であれ，特定の塩基配列を効率よく検出することができる。

より具体的には，DNA プローブと呼ばれる比較的短い一本鎖 DNA（オリゴヌクレオチド）を用意し，これと相補的な配列を持つ核酸分子を検出する。DNA プローブは化学的に人工合成して得ることができる。この DNA プローブに蛍光色素などのラベル（標識物質）を結合させ，目的の核酸とのハイブリダイゼーション（二重らせんの形成）を検出できるようにする。

4.2.4　ナノ診断システム

生命活動の主役であるタンパク質と核酸について，目的のものだけを厳密に識別するための生化学的原理を示した。しかしこれだけでは，われわれがその情報を取り出すことはできない。なんらかの工学的な手法と組み合わせた診断システムが必要である。4.1 節で学んだバイオセンサはその典型的かつ先端的な例である。ここでは，基本的な診断システムをいくつか紹介し，生化学的な生体情報を目に見える形にするための基本的な考え方について解説する[13], [14]。

〔1〕 **ラテックス凝集反応**　抗原抗体反応に基づく免疫学的診断法として，ここでは最も一般的なラテックス凝集反応を取り上げる。ラテックスとは，乳化重合法によってつくられるビニルポリマーの微粒子が水に分散したものであって，ラテックス粒子の大きさは 0.5 μm 程度である。図 4.13 にその仕組みを示している。

ラテックス粒子上に抗原が固定化されており，抗体分子が存在すると，粒子がたがいに結びついて凝集し，目に見える凝集体ないし沈殿物となって抗体の有無を検出することが可能となる。血液中にある特定の抗体タンパク質を検出することは重要である。なぜなら上述したとおり，生体に異物が入ってくると，それがどんなに微量であっても生体はそれに対する専用の抗体を用意するのであるから，抗体の存在は異物侵入の証拠となるわけである。例え

図4.13 ラテックス凝集反応

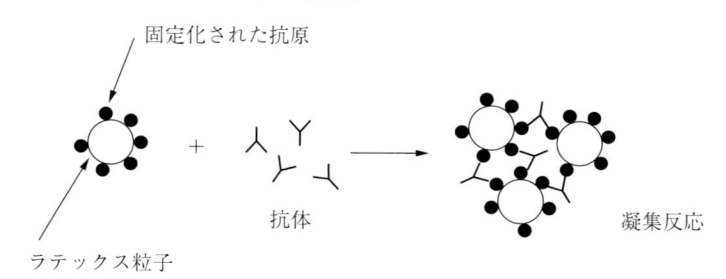

抗原を固定化した微粒子を用いて，抗体タンパク質の存在を調べることができる。抗体が抗原に結合することにより，微粒子が凝集する。その様子を目視や光センサで検出する。

ば，エイズウイルスは感染してから長い間，発症することなく体内に潜伏するが，侵入の痕跡はエイズウイルスに対する抗体として「記録」されており，これを検知すればエイズへの感染を診断することができる。エイズのほか，成人T細胞白血病（ATL），梅毒，肝炎などの感染症診断にも用いられる。ラテックス凝集反応はこのようにきわめて初歩的な原理に基づくが，特別な装置を必要とせず，簡単な操作で迅速な診断ができることに加え，多数の検体を同時に検査することができるので，臨床現場で広く用いられている。

〔2〕 **酵素免疫測定法**　抗原抗体反応に基づく免疫学的診断法のもう一つの例として，酵素免疫測定法を説明する（図4.14）。まず適当な担体（プラスチックやガラスなど）に，分析対象物質（抗原）を固定化する。一方，これに対する抗体を，ある種の酵素（触媒活性を持つタンパク質）と複合化しておく。診断の手順としては，分析試料とこの抗体・酵素複合体を，抗原を固定化した担体と反応させる。試料中の抗原と担体上の抗原は，反応液中の抗体・酵素複合体を奪い合って結合することになる。一定時間後に担体を取りだし，これを洗い流してやる。もし試料中に分析対象物質（つまり抗原）がまったく存在しなければ，担体上のすべての抗原に抗体・酵素複合体が結合するが，もし試料中に抗原が存在すれば，その濃度に応じて担体上に結合する抗体・酵素複合体が減ることになる。したがって，担体上の複合体を定量すれば，試料中の物質の濃度がわかる。

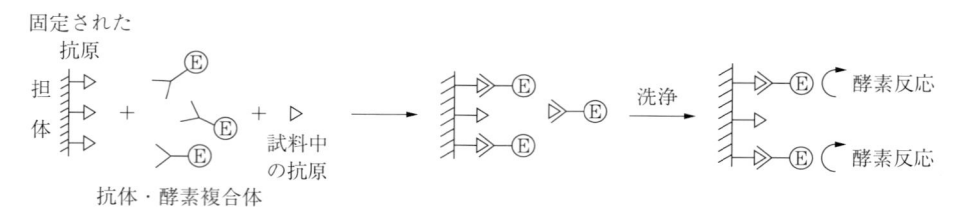

特定の分子（抗原）に対する特異的な抗体を用いて高選択性を達成するとともに，酵素を使うことによって高感度な測定を可能にしている。

図4.14 酵素免疫測定法

どれくらいの複合体が担体上に結合しているかは，抗体・酵素複合体が示す酵素反応を追跡することで行われる。酵素としては例えば，アルカリ性ホスファターゼがよく用いられる。この酵素に，ある特殊な試薬を加えると，酵素反応の進行にともない，青色の発色が見られる。酵素の量を色素の発色に換えて測定するのである。ここで特に強調しておきたいことは，この仕組みによって，1個の酵素を大量の色素分子に変換することができるということである。すなわち，情報の生物・化学的な増幅が行われるのである。増幅率は酵素反応の時間や加える色素分子の濃度によって変わってくるので，条件設定には注意が必要である。この方法はエライザ（ELISA）法とも呼ばれ，BSE問題にかかわる食肉牛の全頭一次スクリーニング検査など，医療や食品分野で広く用いられている。

　酵素免疫測定法では酵素反応が検出のための本質的役割を果たしている。酵素反応を電気（ないし電子）的に検出することも可能である。これは一種のバイオセンサである。興味のある方は発展学習を進めてほしい[13], [14]。

　〔3〕　**遺伝子診断法**　　科学の進歩にともなって，多くの病気が遺伝子の異常と関係があることがわかってきた。その中には先天的な遺伝病のほか，遺伝によらない遺伝子病，つまり後天的な遺伝子異常もある。その原因は，紫外線や放射線，ある種の食品や化学物質，あるいはウイルスの感染などである。これらの作用によって遺伝子の一部に異常が生じると，それはタンパク質の構造の変化となって現れる。わずか一つのアミノ酸の変化であっても，酵素の活性がなくなったり，場合によっては別の活性が発現したりすることも出てこよう。このようなとき，生体システムの正常な働きが阻害され，あるいは間違った方向に進むことによって，細胞が死んでしまうこともあれば，がんなどの病気へと至ることもある。このように，遺伝子の変異を知ることは，病気の原因の解明や早期発見に大きく貢献すると考えられる。

　ここで説明しておくべき遺伝子診断の目的が，もう一つある。それは，いわば体質や個人差に通じる個々人のごく微妙な遺伝子配列の違い，通常はわずか一塩基の違い，に関するものである。これによってただちに病気に結びつくことはないが，例えばある特定の薬の効き方が変わってくる，というようなことが起こる。場合によっては副作用につながることもある。その一塩基の配列の違い（一塩基多型と呼ぶ）が，タンパク質の構造の違いとなって現れ，結果的に薬の効き方に影響するのである。最も端的な例としては，肝臓で薬物の代謝（分解といってもよい）をつかさどる酵素にかかわる遺伝子一塩基多型がある。この酵素の活性が高い人は，薬がすぐに分解されるので薬が効きにくいのに対し，この酵素の活性が弱い人には副作用が現れる可能性がある。したがって，この遺伝子の一塩基の違いを見分けることは，それぞれの個人に最適な投薬を行う上できわめて重要な情報となる。これが，近未来に実現が期待されるテーラメード医療の一つの形である。

では，特定の遺伝子（DNA または RNA）を一塩基の精度で見分けるにはどのようにしたらよいのだろうか．じつは遺伝子の診断には，その目的に応じてきわめて数多くの手法が開発されており，それだけで一冊の教科書ができるほどである．しかし，それらの多くは，図 4.12 に示した相補的な二重らせん形成反応に基づいており，前述した DNA プローブを用いるのが一般的である．ここではその最も先進的な実例として，DNA チップについて説明する．

図 4.15 に DNA チップの原理を模式的に示す．DNA チップでは，プローブ DNA（目的配列に相補的な一本鎖 DNA）をガラスのような基板上に，スポット状に固定するところに特徴がある．検査したい試料中にこれと相補的な DNA または RNA が存在すると，これが基板上の DNA プローブと特異的に結合する．このとき，それをなんらかの方法（一般的には蛍光指示薬が使われる）で検知する．ナノテクノロジーの進歩は，DNA スポットの微細化・集積化を可能とし，いまや 1 cm 角のチップで 1 万種の遺伝子を同時に調べることができるようになっている．多数のミクロなスポットはカメラによってパターンとして取り込まれ，画像処理で診断が行われる．DNA チップはまさに先端技術の粋を極めたシステムといえる．このほかにもチップと呼ばれる小型診断装置が，さまざまな形で開発されている．微細加工によってつくられたミクロな流路を用いる電気泳動型チップは，その一例である．

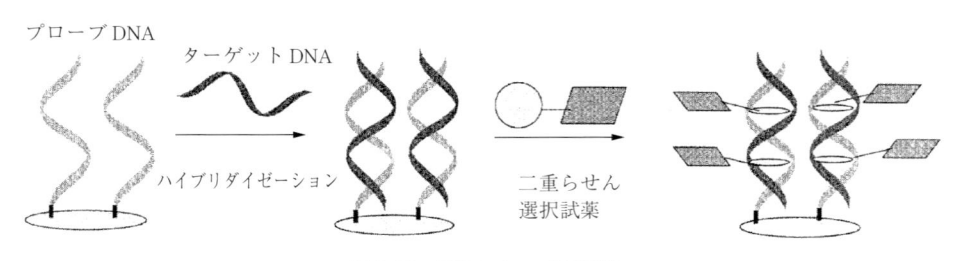

図 4.15 DNA チップの原理

4.2.5 ナノ粒子診断

ラテックス粒子の凝集反応は，古くから血液型判定などに用いられてきた．原理はいたって初歩的であるにもかかわらず，実用性の高い診断法である．最近ではナノテクノロジーの発展にともない，ナノ粒子が注目を集めている．ナノ粒子はそのサイズが可視光の波長（400〜800 nm）より 1 桁小さく，光を散乱しないので，シグナルとノイズの比（S/N）の高い分析が可能となる．そのほか，ナノ粒子が持つ特有の物性に着目した診断法も，つぎつぎと開発されている．以下にその代表的なものを示す[14), 15)]．

〔1〕 **金ナノ粒子** 直径 15 nm 程度の金の微粒子（金コロイドとも呼ばれる）は水中に分散している状態では赤色を呈すが，なんらかの刺激で凝集すると青紫色へと変化する．

この性質を利用して，免疫診断や遺伝子診断が試みられている．例えば，遺伝子診断において，標的DNAの配列の半分と相補的に結合する配列をもったDNAを固定化した金微粒子と，残りの半分の配列と相補的に結合するDNAを固定した金微粒子を用意する．標的DNAがサンプル中にあれば，そのDNAが2種類の金微粒子上のDNA断片の両方に結合し，金微粒子がたがいに結び付けられる．こうして密度の高い金微粒子ネットワークが構築されると溶液の色調が変わるので，目で見るだけで遺伝子の診断ができる．これは前述のラテックス凝集反応を，抗原抗体反応からDNA二重らせん形成反応に置き換えたものと見なすことができる．

一方で著者らは，金コロイドを用いた診断法について，まったく別の物理化学的原理に基づいた新しい凝集反応を発見し，遺伝子の精密診断に役立てている．金コロイド上に固定されたプローブDNAと，試料中のDNAが完全に相補的なときにだけ，金コロイドの凝集が起こる．金コロイドの凝集は赤から紫への色の変化として目視で判定できる．わずか一塩基の違いを，室温で，迅速かつ誤りなく判定することが可能である．

〔2〕 **半導体ナノ粒子** 数ナノメートルサイズの半導体は量子ドットという名前で知られており，特異な蛍光を発する．その発する蛍光の色は，粒子のサイズを変えることで調節できる．この半導体微粒子をタンパク質と結合させれば，生体分子の蛍光ラベル化が可能となる．この結合体は，タンパク質と結合させていない半導体微粒子と同等の発光強度を持ち，細胞内で感度よく生体分子を検出できる．

〔3〕 **磁性ナノ粒子** 磁性ナノ粒子で標識した抗体を標的物に結合させ，続いて短時間だけ磁場にさらすと，ナノ粒子はいっせいに磁化して，磁力を発するようになる．標的に結合していない抗体は溶液中であちこちの方向に運動するため，ナノ粒子からの磁性シグナルは相殺され，検出されない．このように磁性ナノ粒子を用いる免疫診断では，標的と結合していない抗体を洗い流す操作が不要となる．

4.2.6 ナノテクノロジー診断と展望

ナノテクノロジーは21世紀の産業革命と位置付けられており，世界中で研究と開発が進んでいる．生体工学に関連する分野でも，ナノテクノロジーに対する期待はきわめて大きい．その究極の目標としてしばしば引き合いに出されるのが，往年の映画"ミクロの決死圏"に登場する，体内治療のためのミクロな潜水艇である．潜水艇と乗組員たちを特殊光線でミクロ化するという設定は，もとより荒唐無稽であるが，体内にミクロなロボット潜水艇を入れて診断を行うというアイデアは夢物語ではない．

最近，長野市の企業（株式会社アールエフ）が開発したカプセル型内視鏡では，直径9mm，長さ23mmのプラスチック製カプセルにCCDカメラや送信機，電力伝送システムな

どが組み込まれている。薬と同じように飲み込むだけで，これが消化器系（食道，胃，腸）を通過する間に，消化器内部の状態をリアルタイムで撮影することが可能となっている（http://www.rfnorika.com/index1.html）。現在は撮影だけであるが，近い将来には生化学診断のための装置を組み込んだり，患部において薬剤を放出したりすることも可能であるという。治療のためのロボットシステムを搭載することも計画されている。日本の高い技術力を示す一例であり，まことに誇らしいことである。生体工学者を目指す諸君にとっては，大きな励みにもなるであろう。

一方，上述の金ナノ粒子を用いる新しい遺伝子診断法は，独立行政法人理化学研究所（埼玉県和光市）の著者らの研究グループ（前田バイオ工学研究室）が開発したものであるが，これは著者が九州大学大学院教授であったときに当時の大学院生・森　健氏（現九州大学大学院工学研究院助手）が発見した現象が基礎になっている。この一例をもってしても，大学院生諸君の日々の研究活動が科学の進歩に直接，貢献していることが理解できるであろう。特に，先端分野においては旧来の枠にとらわれない若い発想と素直な観察力が大切である。生体工学を学ぶ諸君の活躍に期待している。

4.3 ナノ治療工学

ナノ粒子，あるいはナノ分子複合体などを治療に用いる場合，それらの材料は，生体に対して毒性を有さず，かつ，ナノサイズの大きさが必須の対象に用いられるべきである。現在，この範疇に入る治療用材料としては，薬物の標的部位への特異的送達のためのナノカプセルと遺伝子の送達材料が代表的である。ここでは，この二つのカテゴリーについて，設計概念と現状を解説する。

4.3.1 ドラッグターゲティングとナノ粒子

薬物を体内に投与する場合，薬物は効果的な量，効果的な期間，効果的なタイミングで，標的部位に作用することが理想である。特に，制がん剤などに代表される薬効の強い薬剤の場合には，これらの条件が最適化されない場合，副作用が無視できなくなる。このような問題を軽減し，薬物の体内分布を制御する手法がドラッグターゲティングであり，そのためのシステムをドラッグデリバリーシステム（薬物送達システム，DDS）という。DDSにおいてナノ粒子が活躍する場は血中である。血中に粒子が投与される場合は，サイズが大きいと毛細管内で詰まってしまう危険性が生ずる。また，後述するように腫瘍部位のような箇所に血管から漏れ出て行く必要が生じることもある。これらの条件に合致するには，薬物カプセルが100 nm以下であることが必要である。このようなデバイスとしては，脂質分子が会合

してできるリポソーム，オイルドロップ，高分子ミセルなどが代表的である（**図4.16**）。

これらのデバイスはそれぞれ長所と短所があるが，保持する薬剤も，一般的には，リポソームでは水溶性の薬剤，後の二者は主として疎水性薬剤の封入に用いられる。最近，高分子ミセルでは，荷電を有する分子を取り込むことも可能になりつつある。ただし，現在，実際に体内で用いることのできるデバイスは多くない。これらを血中に投与した場合，血中のアルブミンや，特に肝臓，肺などの貪食細胞に捕捉されるからである。特にナノ粒子では，貪食細胞による捕捉が顕著であり，血中に安定して滞留させ，標的部位に到達させるには，後述するステルス型の粒子を設計する戦略が必要である。オイルドロップは，油滴に溶解する疎水性薬剤を溶解させる手法であるが，標的部位認識のための修飾などが困難であり，使用例は多くない。

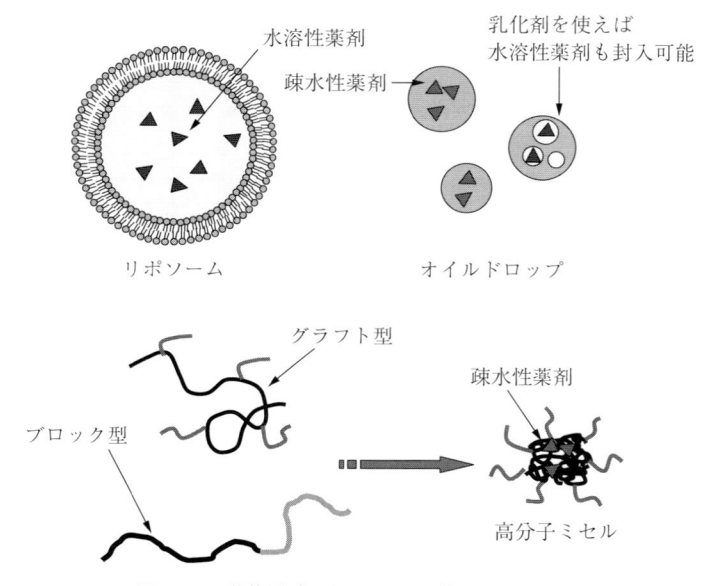

図4.16　薬物送達に用いられる種々のナノ粒子

〔1〕**リポソーム**　細胞膜を形成する分子に代表される複合脂質分子は，2本のアルキル鎖と水溶性を与える極性基を有する分子である。このような分子は，水中では疎水性のアルキル鎖への水分子の接触を最小にするために，アルキル鎖どうしが会合して片側が極性基で覆われた膜を形成する。この膜のもう片側は疎水性のままであるから，この膜が疎水面どうしを向け合って二分子膜を形成する。こうしてできるのが脂質二分子膜で形成される粒子（リポソーム）である。リポソームは，自発的に形成されるが，調整法により一枚膜から多重膜まで種々のものが形成され，サイズもマイクロメートルサイズからナノメートルサイズまで調製が可能である。また，種々の官能基を導入した脂質分子を混合することで，リポソーム表面に特定の構造や官能基を認識して結合する部位を組み込むこともできる。リポソー

ムは，疎水性の膜で内水相と外水相とを隔てているので，水溶性の薬剤を封入することができる。ただし，膜は低分子が会合した動的なものであるから，封入薬剤が漏れやすい傾向がある。脂質分子に水素結合ユニットなどを組み込んで，分子どうしの相互作用を強固にすると，この問題を軽減できる[16]。あるいは，リポソーム表面を多糖で被覆して安定化を図る手法もある[17]。リポソーム型薬剤の最も大きな欠点は，保存における不安定性である。

〔2〕 **高分子ミセル** 分子鎖中に親水部分と疎水部分を同時に有する高分子は，水中では脂質分子と同様，疎水部分を折りたたみ，あるいは高分子鎖どうし会合して，表面を親水部分で覆った形の粒子を形成する。これを高分子ミセルという。ナノ粒子を形成する高分子は，疎水部分と親水部分が連結した形のブロック型コポリマーや疎水性主鎖に親水性の鎖が枝のように側鎖として連結したグラフト型コポリマーがある[18],[19]。グラフト型高分子では，合成は比較的容易であり，一本の鎖に複数の性質を有する枝を導入できるメリットがあるが，ナノ粒子の粒径分布や，ナノ粒子の安定性はブロック型高分子のほうが優れている。基本的には，いずれの場合にも粒子の大きさは，高分子の分子量に依存する。疎水部分の会合により粒子が形成されると，外側の親水性シェルを形づくる親水部分の大きさにより，表面を覆う親水部分の本数が規定されて粒径が決まる。したがって，ナノ粒子の粒径は，高分子の分子量に大きく依存する。一般に，グラフト型では分子量が小さいと複数の高分子鎖が会合して粒子を形成するが，分子量がきわめて大きくなると，一本の高分子で粒子を形成するユニマーミセルとなる[20]。

これらのナノ粒子を血中に投与する場合，肝臓などで捕捉されないためには，タンパク質やその他の細胞表面の構造に相互作用しない性質を付与しなければならない。このような性質を付与できる親水性ユニットとして最も一般的なものは，ポリエチレングリコール（PEG）ユニットである。PEGは，生体内でステルス性を付与できる分子としてきわめて多様な分子の修飾に用いられる。

〔3〕 **高分子ミセル型薬物カプセル** 片岡らは，PEGと疎水性高分子からなるブロック型共重合体を用いて，疎水性薬物であるアドリアマイシンを内包させて固形がんの治療に用いる検討を行っている[21]。通常の疎水性高分子ユニットでは，薬物の保持能が低く，血中を滞留する間に漏れ出てくるため，ポリアスパラギン酸に側鎖としてアドリアマイシンを導入し，これを疎水性基として形成されるナノ粒子にアドリアマイシンを封入している。この粒子は，平均粒径が数十nmであり，表面をPEGが覆っているため，生体内で肝臓などの貪食細胞で捕捉されない。疎水性コアに封入されたアドリアマイシンの漏れ出しはきわめて遅く，長期間にわたって徐放される。増殖の活発な固形がんでは，血管が新生されるが，これらの血管は透過性が亢進しており，数十nmほどの粒子であれば，血管外へ漏洩する。一方，がん組織では漏れ出た物質を除去するリンパ系が発達していないため，結果的にナノ粒

子はがん組織にたまってくる。これを EPR 効果（enhanced permeability and retention）と呼ぶ[22]。一方，正常なほかの血管では，高分子量の物質は，透過性が抑制されている。これらのナノ粒子を用いて，固形がんの顕著な退縮などのよい治療効果が得られている。また，下川らは，この粒子を循環器系疾患に応用し，バルーン処置後の血管内皮障害に起因する内皮肥厚の抑制に成功している[23]。炎症など，内皮が傷害された血管は，がん組織の血管同様透過性が亢進しており，EPR 効果が期待できる。そこで，内皮肥厚部位にナノ粒子が蓄積し，徐放されるアドリアマイシンで内皮の異常増殖が抑制されるのである。

〔4〕 **刺激応答性ナノ粒子型カプセル**　前述のナノ粒子は，薬物保持能を有し，体内においてステルス性を有しつつ血管透過性が亢進した部位に蓄積することにより，治療効果を期待するものである。ただし，粒子からの薬物放出能は，標的部位に到達して変化するものではなく，血流中でも本質的に徐放されつづける。この場合，薬物の体内濃度分布は一義的に粒子の体内分布により決定される。一方，もし，薬物の粒子からの放出速度を標的部位で変化させられるならば，さらに薬物の体内分布を大きく変化させることが可能である。このような考えに基づく戦略として，熱や光により粒子の形状を変化させる手法がある。光は熱に比べて標的部位の位置正確性は優れるが，適用できるのは表面に限られる。一方，熱はマイクロウエーブなどを用いると体内の深部にも適用できる利点がある[24]。このような目的には，例えば，アゾベンゼンやスピロピラン等の光応答性ユニットを脂質分子に組み込んで，特定波長の光による分子異性化に基づくコンホメーション変化を利用してリポソームを破壊する手法などがあるが，熱を利用する場合は，感熱性高分子を用いるのが便利である。感熱性高分子は，ポリ N-イソプロピルアクリルアミド（P-NIPAAm）に代表される高分子で，その分子特有の相転移温度（LCST, P-NIPAAm では 32℃）以下では，高分子鎖が水和されて水溶性であるが，相転移温度以上になると脱水和が進んで水に不溶となり高分子鎖どうしが凝集して析出する高分子である[25]。この相転移温度は，主鎖を構成するユニットの疎水性をブチルアクリレートなどで増加させると低下し，逆にメタクリル酸などで親水性を増加させると上昇するので，好みの温度に調節可能である。例えば，このような感熱性高分子を PEG と連結したブロック共重合体を相転移温度以上にすると，感熱性高分子部分が凝集して疎水コアを形成してナノ粒子となるが，相転移以下では，当該部分は水溶性となり，粒子は崩壊する。したがって，この粒子に疎水性薬剤を封入すれば，患部を冷却することで，その部分でのみ薬物を放出することが可能となる。

〔5〕 **ナノ粒子の標的部位ターゲティング法による分類と新しいターゲティング概念**
前述のような粒子は，粒子自体に部位志向性がなく，血管透過性の変化のような情報により結果的に標的部位に蓄積するシステムをパッシブターゲティングという。これに対し，粒子に標的部位の特定構造を認識するユニットを導入して，積極的に標的部位に粒子を集める手

法をアクティブターゲティングという。アクティブターゲティングでは，いかに標的部位に特異的な構造を認識できるユニットを用いるかが重要である。標的部位としては，組織や臓器特異的な細胞表面構造，細胞のタイプ特異的な構造，がんなどの疾患細胞特異的な表面構造が選ばれる。例えば，肝臓に特徴的なアシアロ糖タンパクレセプターに結合するガラクトースや，上皮細胞を認識するペプチド性リガンド，がん細胞に多く存在する葉酸受容体に対する葉酸などが用いられる[26),27)]。がん細胞では，固形がんにポルフィリンが蓄積することを利用して，プロトポルフィリンなども用いられる[28)]。

これらの細胞表面の構造を標的とするアクティブターゲティングは，DDSにおいて薬物を標的部位に集積させる手法の主流であり，きわめて多くの研究が報告されている。確かにこの戦略は，組織特異性などを付与する場合，臨床的にもかなり良い成績を上げることができる。しかしながら一方で，疾患細胞と正常細胞を見分ける場合，必ずしも良い構造が見つかるわけではなく，むしろ，その識別は困難であるのが普通である。例えば，制がん剤のような薬理活性の強い薬剤の場合，標的組織に薬剤を集積しても，組織に偏在するがん細胞と正常細胞を見分けられなくては，重篤な副作用を生じてしまう。この問題を解決する新しい概念としてわれわれは最近，細胞内シグナル応答型材料を用いるDDSであるD-RECS（drug delivery responding to cellular signal）を提唱している。細胞は生命を維持するために，たえず外界からの情報を認知し，処理伝達し，的確に応答している。これを可能にするのが細胞内にある多くの酵素やタンパクからなるシグナルネットワークである。疾患細胞では，そのシグナル伝達系のどこかに狂いが生じており，細胞を外から見た場合には見分けがつかなくとも，内部に着目すれば多くの場合，異常なシグナルが見つかる。そこで，これらのシグナルを検知して，これに反応して薬物を放出するような材料を開発すれば，送達カプセル自体に細胞選択性はなくとも，細胞内で異常シグナルが存在するときのみ薬理活性を発揮して，結果的に優れた細胞選択性を発揮できるコントロールドリリースシステムが設計できると考えられる。われわれはこの発想に従い，細胞内の重要なシグナルであるプロテインキナーゼに応答して崩壊するナノ粒子の開発に成功した[29)]（図4.17）。

この粒子は感熱性高分子に標的キナーゼに対する特異的基質であるペプチドとPEGをグラフトしたもので，相転移温度以上で感熱性高分子が会合してナノ粒子を形成する。しかし，標的キナーゼが持続的に活性化していると基質ペプチドがリン酸化され，水和が増大するとともに，基質ペプチドへのリン酸基アニオン荷電の導入により，ペプチド間の荷電間反発が増大して，高分子ミセル型粒子が崩壊して内包薬剤を放出するものである。D-RECSは，後述するように遺伝子送達において細胞レベルではすでに良い成績が得られており，今後，生体への適用を進めていきたいと考えている。

(a) 感熱性高分子

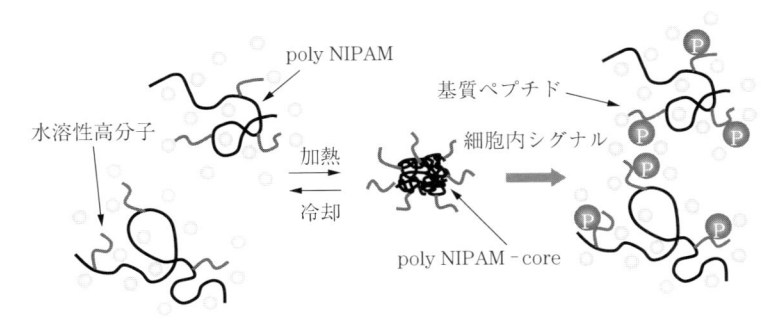

水和して水に溶解　　脱水和して凝集＞32℃

(b) 感熱性高分子を用いるナノ粒子の温度や細胞内シグナルによる崩壊

図 4.17　刺激応答性高分子（感熱性高分子）のナノ粒子への応用

4.3.2　遺伝子送達

ナノシステムを用いる DDS の中でも最近，最も注目されているのが遺伝子送達用ナノ粒子である。遺伝子治療は，最も期待される次世代型医療である。臨床的には，遺伝子送達効率の高いウイルス由来の粒子が用いられているが，いくつかの事故が起こり，ウイルス粒子の使用は将来的には問題がある。非ウイルス型の人工キャリヤーは，ウイルスに比べきわめて効率が悪いのが問題である。以下，現在の遺伝子治療に用いられるナノ材料について概説する。

〔1〕**ウイルス粒子**　ウイルス由来のナノ粒子であり，導入遺伝子をウイルスゲノムに組み込んで用いる。導入効率が良いのでほとんどの遺伝子療法に用いられる。ヒト免疫不全ウイルス（HIV）由来のレンチウイルスやヒト foamy ウイルス（HFV）のような spumavirus などの RNA ウイルス，およびアデノウイルス，ワクシニアウイルス，HSV などの DNA ウイルスが用いられる。いずれも増殖性は壊してある。どのベクターを選ぶかは，導入する遺伝子のサイズ，導入効率，炎症と免疫応答の傾向，持続的遺伝子発現が必要か，一過性でよいか，標的細胞選択性により選択される。ウイルス粒子は，その遺伝子導入効率の高さから，現行の臨床応用では主流を占めているが，免疫応答や，ゲノムへの組み込みによる遺伝子変異などの潜在的な危険性を有し，実際，米国でアデノウイルスによる免疫応答による事故，フランスでレトロウイルスによる白血病発症などの事故が起こっており，

将来的には人工キャリヤーへの移行が求められている。

（a）レトロウイルス　一本鎖RNAウイルスであり，エンベロープ表面のタンパクで細胞表面のレセプターと相互作用してエンドサイトーシスで細胞内に入る。その後，ウイルスゲノムがウイルスの逆転写酵素により逆転写され，二本鎖DNA中間体を形成してウイルスの核タンパクと複合体を形成して核に入り，ゲノムにランダムに組み込まれる。組み込まれた遺伝子は，プロウイルスと呼ばれ，持続的に発現する[30]。ただし組込みがランダムなので，潜在的に遺伝子変異の危険性がある。また，一般に非分裂性細胞への導入効率が低いが，レンチウイルスやスプマウイルスは，非分裂性細胞にも組み込める利点がある[31]。HFVなどのスプマウイルスは非病原性で，広い範囲の非分裂性細胞のゲノムにも安定して組み込める。

（b）アデノウイルス　エンベロープを持たない直鎖状の二本鎖DNAウイルスで，ファイバーコートタンパクと細胞のレセプターおよびインテグリンと結合し，レセプターを介するエンドサイトーシスで細胞に取り込まれる[32]。導入遺伝子はホストゲノムに組み込まれないが，ホスト細胞の核内でエピソームとして複製される。したがって，ホストゲノムの遺伝子変異を引き起こす危険性がない。30 kbまでの遺伝子を入れることができる。送達効率は高いが，発現は一過性で，最も大きな問題は免疫応答が強く，抗アデノウイルス抗体の産生により，繰り返しの使用ができないことである。

（c）アデノ随伴ウイルス　エンベロープを持たない一本鎖DNAのパーボウイルスで，アデノウイルスなどに依存して増殖する。非分裂性細胞にも遺伝子導入可能である。導入遺伝子は，ホストゲノムへ組み込まれ，持続発現が可能であり，炎症応答などの免疫応答は起こさないが，導入できる遺伝子の大きさに制限があり，4.7 kbまでのDNAしか入れられないのが欠点。

〔2〕**人工キャリヤー**　遺伝子送達における人工キャリヤーは，調製の容易さ，大量供給が可能，安全性に優れるなどの利点を有しているが，現行のキャリヤーはいずれも遺伝子導入および発現効率が低いのが致命的な欠点であり，これを解決するキャリヤーの開発が望まれている。現在，用いられる人工遺伝子キャリヤーとしては，リポソーム，カチオン性高分子が用いられる。

DDSのところで述べたリポソームにおいて，脂質分子の親水性部分にカチオン性基を用いると，表面がカチオン性となり，ここにDNAが静電相互作用により吸着し，複合体を形成する。また，ごく少量のアニオン性脂質を添加すると，DNAをリポソームの内水相に封入することもできる[33]。すでにリポフェクタミンなどの導入剤が市販されている。細胞への取込みは，受容体を介さない非特異なエンドサイトーシスである。リポソームは，細胞サンプルや生体への局所投与への適用は可能であるが，血清存在下では，アルブミンなどのタン

パクへの吸着が著しく，導入効率が大きく低下する。

一方，カチオン性高分子は，ポリアニオンである DNA とポリイオンコンプレックスを形成してナノ粒子を形成する。ナノ粒子のサイズは，カチオン性高分子に PEG などを連結し，ナノ粒子表面を PEG などで覆うと厳密に制御できる。細胞表面が負に帯電していることから，ナノ粒子の表面ゼータ電位が正に帯電しているほうが導入効率は優れているが，in $vivo$ に適用する場合，正に帯電していることは血清タンパクへの吸着を促進してしまう問題がある。その点，表面を PEG で覆えば，表面電位は 0 になるので，血清タンパクへの吸着の問題は軽減できるが，細胞への導入効率は低下してしまう。細胞への取込みは，リポソーム同様，受容体を介さないエンドサイトーシスであるが，粒子表面をコレステロールやその他の分子で修飾してやることで，受容体を介するエンドサイトーシスも利用できる。一般にこのほうが発現効率は高い。人工キャリヤーでは，遺伝子との複合体がエンドサイトーシスで細胞に取り込まれると，通常は，そのままリソソームに運ばれ，加水分解酵素により処理されてしまう。したがって，遺伝子を発現させるためには，いかにリソソームに至る前にエンドソームから離脱させるかが重要である。この問題のアプローチとしては，膜融合ペプチドの利用やプロトンスポンジ効果が用いられる[34]。プロトンスポンジ効果の利用とは，エンドソーム内の pH が低下することを利用する手法である。すなわち，生理的 pH では無荷電だが，pH の低下にともないプロトン化されてカチオン性となるような官能基を多数有する高分子型キャリヤーを用いると，エンドソーム内でキャリヤーがプロトン化してイオン強度が増大し，水が流入してエンドソームを破壊して遺伝子・キャリヤー複合体を細胞質に離脱させると考えられている。

〔3〕 **人工遺伝子キャリヤーの問題と刺激応答性高分子型キャリヤー**　現行の遺伝子キャリヤーには二つの大きな問題がある。一つは，安全で発現効率の高いキャリヤーがないこと，もう一つは，遺伝子の発現を標的細胞でのみ起こさせることができないということである。

第一の問題に対しては，安全性の点から人工キャリヤーが望まれるので，その発現効率の向上を目指すべきである。人工遺伝子キャリヤーの遺伝子発現効率が低い原因は，細胞への送達メカニズムに起因する（**図 4.18**）。人工遺伝子キャリヤーでは，分子上のカチオン荷電により遺伝子と相互作用して粒子を形成し，細胞への取込みを促進させる。したがって，粒子はより凝集しているほど，すなわち，キャリヤーと遺伝子の複合体が強固であるほど，細胞への取込みはよくなる。しかしながら，複合体が細胞へ入った後，遺伝子が発現するためには，これが核に入り，しかも遺伝子が解放されなくてはならない。これは，遺伝子の発現効率が良くなるためには，細胞内では複合体がより不安定であるほどよいということを意味する。遺伝子の全体としての発現効率は，細胞への取込み効率と遺伝子の転写・発現効率の

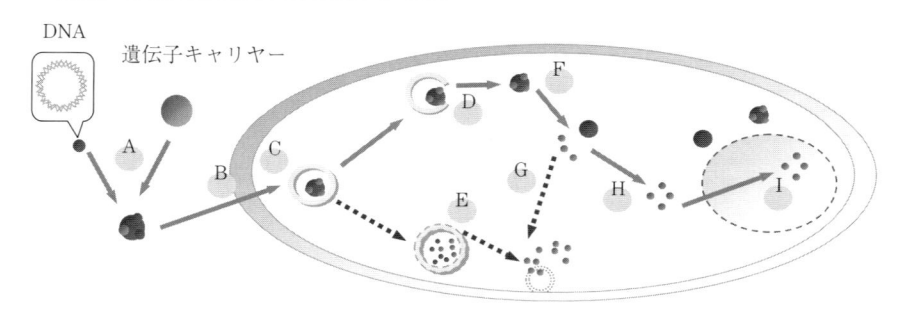

A：DNA/キャリヤー複合体形成　　B：細胞への取込み
C：エンドサイトーシス　　　　　　D：エンドソームからの離脱
E：酵素による消化分解　　　　　　F：複合体の崩壊と遺伝子放出
G：細胞質での遺伝子の分解　　　　H：核への輸送
I：核内で転写

図4.18　遺伝子送達のメカニズム

総和になる。人工遺伝子では，この相矛盾する要求条件を同時に満たすことができないため，全体としての発現効率は悪くなってしまう。これを解決する試みとしていくつかの手法が報告されている。一つは，遺伝子とキャリヤーの複合体をジスルフィド結合で固定しておき，細胞内に入った際に，細胞内に高濃度で存在するグルタチオンで還元してジスルフィドを切断して遺伝子を解放する方法，もう一つが熱や光などの刺激で遺伝子・キャリヤー複合体を崩壊させる方法である。後者は，刺激応答性高分子を用いるもので，温度の場合，例えば，特定温度以上で凝集し，それより低温では水に溶解する感熱性高分子を用い，相転移温度以上で複合体を強く凝集させ，細胞に取り込ませ，標的部位のみを相転移温度以下に冷却して複合体を壊し，遺伝子を解放するものや，逆に標的部位を加温して複合体をより凝集させて遺伝子取込みを促進する戦略がある[35]。

遺伝子発現制御の問題はさらに深刻で，これが解決されなければ薬理活性の高い遺伝子は，正常細胞での発現にともなう副作用のため適用できない。このため，現状では遺伝子治療は，発現制御の必要がない系，すなわち，遺伝的に機能を失った遺伝子を標的組織の全細胞に補充する補充療法に限定されており，がんをはじめとする種々の難治性疾患への適用は実用には至っていない。この問題へのアプローチとしては，前述のアクティブターゲティングの戦略が数多く検討されているが，細胞レベルでの異常細胞の認識は難しいのが現状である。DDSのところで紹介したわれわれのD-RECS（細胞内異状シグナルを利用する細胞特異的薬理活性発現）法は，この問題にアプローチできる良い方法論ではないかと期待している[36]（図4.19）。すでに，プロテインキナーゼとプロテアーゼに対する応答型キャリヤーは開発に成功しており，細胞内で活性化した標的シグナルに応答して遺伝子を発現させることに成功している。この場合，シグナルが活性化していない細胞では，導入遺伝子は発現せず，細胞外に差のない異常細胞を見分けて発現を制御した初めての例といえる。

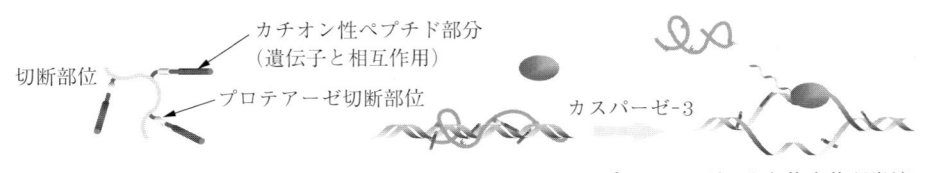

（a） プロテアーゼ応答型キャリヤーシステム

（b） プロテインキナーゼ応答型キャリヤーシステム

図 4.19　細胞内シグナルに応答して遺伝子を解放し，発現を起こさせる新しいキャリヤーシステム（口絵 14 参照）

4.3.3　ナノ治療工学の可能性

ナノ粒子を用いる治療法に関して工学的見地からまとめた。ナノ工学は，従来の分野の壁を取り払ったところに生まれる新しい工学分野である。自分の技術は，まったく関係がないと感じている技術が，じつは非常に重要な技術に発展する可能性が大いにある。そのような中で，最も必要とされるのは，実際のポストゲノム研究の現状と潜在ニーズを理解しながら，多くの工学的，化学的技術をも理解する目を育てることであろう。

5 生体材料

5.1 医用高分子材料

5.1.1 高分子材料と医用材料

　高分子材料は，工業や生活に直結しており，現代社会は高分子材料の存在なしには成り立たない。また，高分子材料の科学は基礎学問としても重要で，現代の化学や物理学の大きな研究分野となっている。また，タンパク質やDNAのような生命の本質にかかわる物質の構造や機能の解明も高分子の科学の発展なしにはあり得なかった。このような高分子材料は現在，医用材料として広く応用されている。本章では高分子材料の特徴と医用材料への応用例を解説する。

5.1.2 高分子材料の特徴[1)]

　高分子材料の性質はモノマーの性質，高分子鎖の構造，分子鎖の形成する高次構造にも関係している。高分子材料の特性として，成形性（いろいろな形にする性質），接着性，化学的安定性，硬さ，弾性，強度，比重など，ほかの低分子には見られない性質が挙げられ，電気的性質やほかの機能特性，また外観でも優れた性質のものが見られる。図5.1は汎用高分子の化学構造をまとめたものである。高分子（ポリマー）はモノマーという構造単位の繰返しから構成されている。高分子化合物の種類，性質が多様なのは，ほかの元素の化合物に見られない有機化合物の特徴であり，それが多様な用途につながっている。

　高分子材料の用途は，現代の生活の中で衣・食・住のあらゆる分野に広がっている。高分子材料はその特性により，繊維，プラスチック，ゴム，紙，皮革，塗料，接着剤，機能性高分子材料に分類できる。その中で繊維，プラスチック，ゴムは，高分子材料として最も代表的な，量的にも大きい用途である。これらはいずれも構造形成と力学的強度の保持をおもな目的とした用途であるが，それぞれの性質の特徴は，高分子の化学構造（一次構造）とそれに基づく分子の集合体の構造（高次構造），さらに長い鎖状の分子の運動性が基本となって発現している。

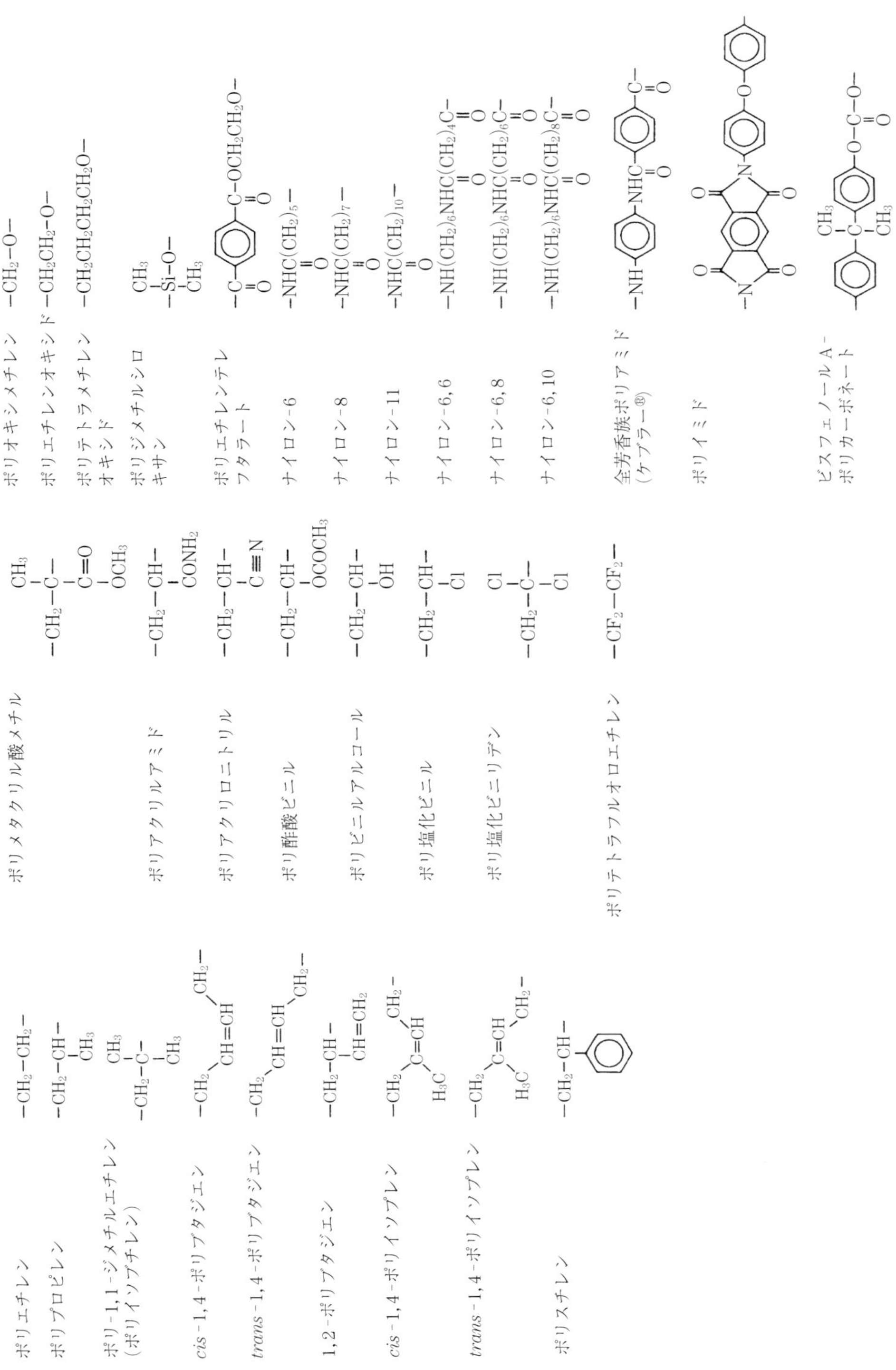

5.1 医用高分子材料

名称	構造
ポリエチレン	$-CH_2-CH_2-$
ポリプロピレン	$-CH_2-CH(CH_3)-$
ポリ-1,1-ジメチルエチレン (ポリイソブチレン)	$-CH_2-C(CH_3)_2-$
cis-1,4-ポリブタジエン	$-CH_2-CH=CH-CH_2-$ (cis)
trans-1,4-ポリブタジエン	$-CH_2-CH=CH-CH_2-$ (trans)
1,2-ポリブタジエン	$-CH_2-CH(CH=CH_2)-$
cis-1,4-ポリイソプレン	$-CH_2-C(CH_3)=CH-CH_2-$ (cis)
trans-1,4-ポリイソプレン	$-CH_2-C(CH_3)=CH-CH_2-$ (trans)
ポリスチレン	$-CH_2-CH(C_6H_5)-$
ポリメタクリル酸メチル	$-CH_2-C(CH_3)(COOCH_3)-$
ポリアクリルアミド	$-CH_2-CH(CONH_2)-$
ポリアクリロニトリル	$-CH_2-CH(C\equiv N)-$
ポリ酢酸ビニル	$-CH_2-CH(OCOCH_3)-$
ポリビニルアルコール	$-CH_2-CH(OH)-$
ポリ塩化ビニル	$-CH_2-CH(Cl)-$
ポリ塩化ビニリデン	$-CH_2-CCl_2-$
ポリテトラフルオロエチレン	$-CF_2-CF_2-$
ポリオキシメチレン	$-CH_2-O-$
ポリエチレンオキシド	$-CH_2CH_2-O-$
ポリテトラメチレンオキシド	$-CH_2CH_2CH_2CH_2O-$
ポリジメチルシロキサン	$-Si(CH_3)_2-O-$
ポリエチレンテレフタラート	$-C(=O)-C_6H_4-C(=O)-OCH_2CH_2O-$
ナイロン-6	$-NHC(=O)(CH_2)_5-$
ナイロン-8	$-NHC(=O)(CH_2)_7-$
ナイロン-11	$-NHC(=O)(CH_2)_{10}-$
ナイロン-6,6	$-NH(CH_2)_6NHC(=O)(CH_2)_4C(=O)-$
ナイロン-6,8	$-NH(CH_2)_6NHC(=O)(CH_2)_6C(=O)-$
ナイロン-6,10	$-NH(CH_2)_6NHC(=O)(CH_2)_8C(=O)-$
全芳香族ポリアミド (ケブラー)	$-NH-C_6H_4-NHC(=O)-C_6H_4-C(=O)-$
ポリイミド	(芳香族イミド構造)
ビスフェノールA-ポリカーボネート	$-O-C_6H_4-C(CH_3)_2-C_6H_4-O-C(=O)-$

図 5.1 汎用高分子の化学構造

高分子は長い分子鎖長を保ったまま気体になることはできないので，液体状態と固体状態の2相を形成する。液体状態としては高分子が溶媒に溶けた溶液，高分子が融点以上になった融液がある。溶液や融液では高分子鎖の自由度はきわめて高く，分子鎖は相互に絡み合った状態で分子鎖全体が蛇のようにその長さ方向に動く運動（reptation）により並進運動を示す。また固体状態としてはガラス状態，結晶状態がある。**図5.2**は高分子固体に特徴的な分子鎖の凝集状態の模式図を示す。合成高分子の場合，これらのような分子鎖の凝集構造を高次構造と定義している。

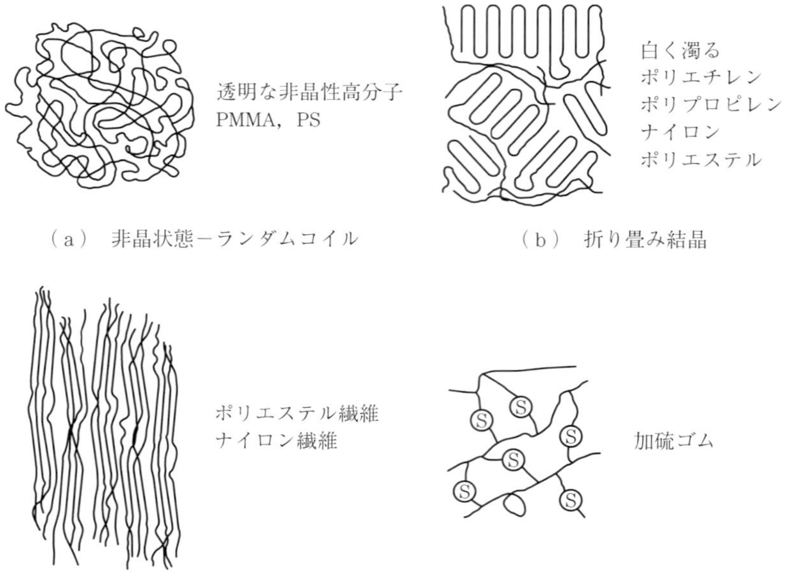

（a）非晶状態－ランダムコイル　　透明な非晶性高分子　PMMA，PS

（b）折り畳み結晶　　白く濁る　ポリエチレン　ポリプロピレン　ナイロン　ポリエステル

（c）繊維構造－配向した結晶組織　　ポリエステル繊維　ナイロン繊維

（d）ゴム　　加硫ゴム

図5.2 高分子固体に特徴的な分子鎖の凝集状態の模式図と代表的な高分子

高分子の多くは弾性体と粘性体の中間の性質を示し，この性質を粘弾性と呼んでいる。例えば，スライム（ポリビニルアルコールをホウ酸ナトリウムでゲル化したもの）は液体状であるが，弾性を持っているために棒を使って巻き取ったり，ボールをつくって床に落とすと弾む。これは高分子液体が弾性を持つことを示している。材料として用いられる高分子は一般に固体であるから，程度の差はあれ弾性をもつことは理解できるが，さらに粘性をもつと考えなければ説明できない多くの性質を示す。また，高分子材料は分子の運動のスケールが温度上昇とともに大きくなるので，温度に大きく依存した物性を示す。**図5.3**は非晶性高分子材料と結晶性高分子材料の貯蔵弾性率 G' と力学的損失正接 $\tan\delta$ の測定温度依存性の模式図である。ここで，貯蔵弾性率 G' は弾性率の実数成分，力学的損失正接 $\tan\delta$ は正弦的な応力とひずみ信号の間の位相差で粘性成分の寄与に対応する。

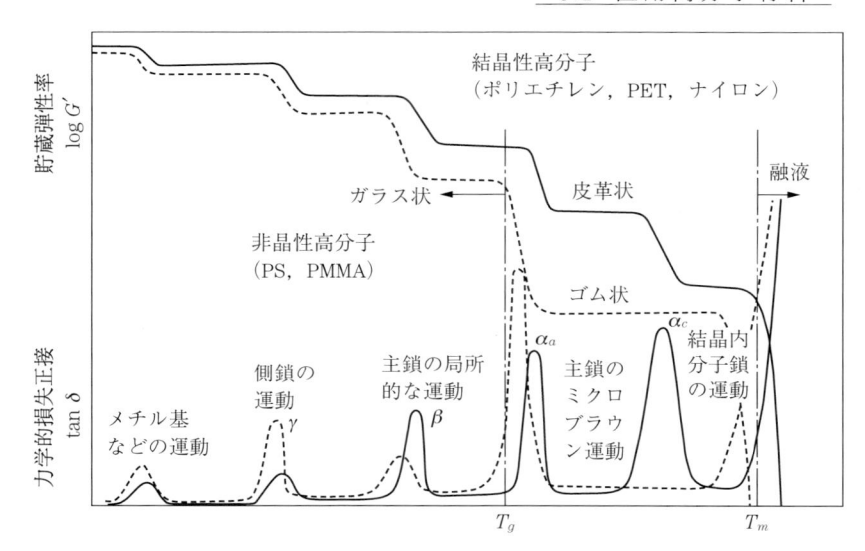

図 5.3 非晶性高分子材料と結晶性高分子材料の貯蔵弾性率 G' と
力学的損失正接 $\tan \delta$ の測定温度依存性[1]

　非晶性高分子材料の場合，低温側では高い弾性率を示すが，ガラス転移領域では急激な弾性率の低下を示す。弾性率が 1 GPa 以上の領域をガラス状態，1〜10 MPa の領域をゴム状態と呼ぶ。ガラス状態は低温，高周波数領域に観測され，高温，低周波数領域に流動域あるいはゴム状態が観測される。ガラス状態からゴム状態に変化する領域をガラス転移領域と呼び，その温度をガラス転移温度と呼ぶ。この領域ではセグメント（segment）のミクロブラウン運動（micro-Brownian motion）が起こり，弾性率は 3 桁あまり急激に低下する。一方，結晶性高分子の場合，ガラス転移温度より高温側に結晶が粘弾性的になる結晶緩和が観測される。高分子材料は，温度が同じでも高い周波数を使った測定に対してはより硬く振舞い，同じ周波数（時間スケール）の測定では，温度の低いほうが硬くなる。このように温度上昇にともない弾性率が低下するので，軟化した温度領域で材料の加工が可能となる。

5.1.3　医用高分子材料とは[2〜5]

　図 5.4 には人工臓器の種類と用いられる高分子材料の例を示した。医用高分子材料には用途に応じて**表 5.1** のような性質が要求される。

　医用高分子材料（biomedical polymer）といえば，手術用の手袋や注射器，点滴用の輸液セットのような医療用のものと，人工心臓や人工血管のような人工器官，臓器材料とに大別できる。血液を保存し，運ぶための血液パックなどは，高分子表面が入れた血液と長時間接触するために，人工心臓の材料と同じような血液を凝固させない性質（血液適合性，blood compatibility）が必要となる。血液適合性の実験的解明は進んでいるものの，実際問題としてはいまだ解決すべき点が多いといわれている。現在，医用材料は，内分泌器官の一

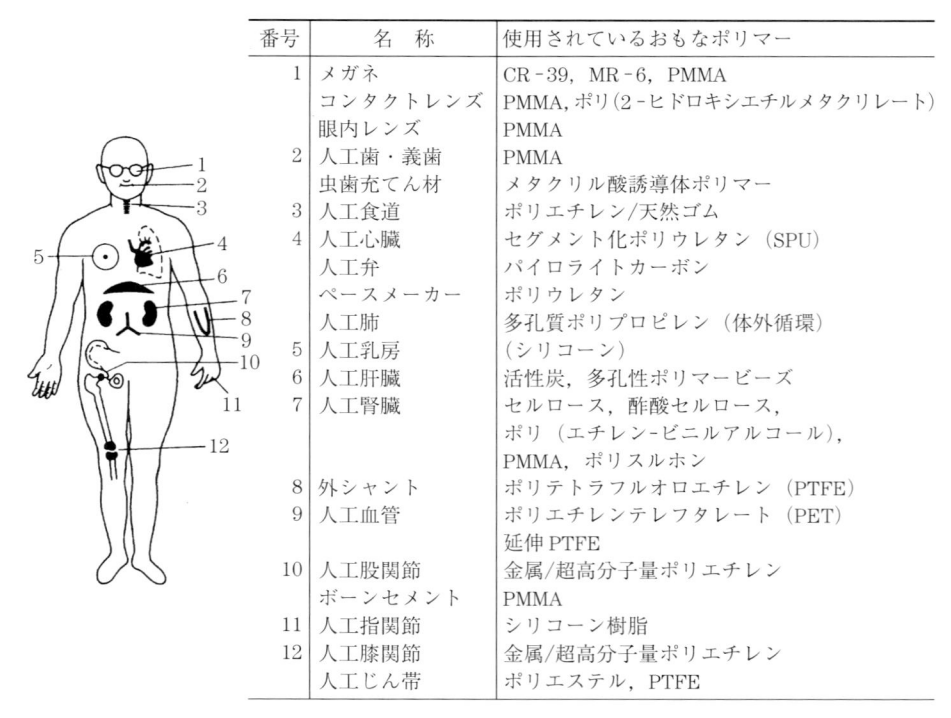

番号	名 称	使用されているおもなポリマー
1	メガネ	CR-39, MR-6, PMMA
	コンタクトレンズ	PMMA, ポリ(2-ヒドロキシエチルメタクリレート)
	眼内レンズ	PMMA
2	人工歯・義歯	PMMA
	虫歯充てん材	メタクリル酸誘導体ポリマー
3	人工食道	ポリエチレン/天然ゴム
4	人工心臓	セグメント化ポリウレタン (SPU)
	人工弁	パイロライトカーボン
	ペースメーカー	ポリウレタン
	人工肺	多孔質ポリプロピレン (体外循環)
5	人工乳房	(シリコーン)
6	人工肝臓	活性炭, 多孔性ポリマービーズ
7	人工腎臓	セルロース, 酢酸セルロース, ポリ(エチレン-ビニルアルコール), PMMA, ポリスルホン
8	外シャント	ポリテトラフルオロエチレン (PTFE)
9	人工血管	ポリエチレンテレフタレート (PET) 延伸 PTFE
10	人工股関節	金属/超高分子量ポリエチレン
	ボーンセメント	PMMA
11	人工指関節	シリコーン樹脂
12	人工膝関節	金属/超高分子量ポリエチレン
	人工じん帯	ポリエステル, PTFE

図5.4 人工臓器の種類と用いられる高分子材料の例

表5.1 医用高分子材料に要求される性質

製品構成上必要なマテリアル特性	バイオマテリアルとしての機能
強　度（破断, 曲げ, 圧縮など）	血液適合機能（溶血など）
弾　性	抗血栓機能
可撓性	生体組織適合機能
硬　度	生体内分解機能
透明性	生体接着機能
耐熱性	構造支持機能
耐寒性	免疫機能
耐放射線性	薬理活性・生理活性機能
耐薬品性	固定・徐放機能
無毒性	ガス交換機能
非溶出性	選択透過機能
成形性	選択吸着機能
接着性	情報検知機能
経時安定性	情報伝達機能

部を除いて，ほとんどすべての体内臓器が研究開発の対象となっており，すでに人工血管，人工関節，人工弁，ペースメーカー，補助人工心臓や人工腎臓のように実用化されているものも少なくない。人工臓器の材料としては，繊維やプラスチックが主として用いられ，これにゴムの性質を付け加えたり，人工骨などの硬組織代替材料では複合材料や金属，無機化合物が用いられたりする。ただし，使用に当たっては汎用樹脂とは違い，添加物，残留モノマ

一量などに格段に厳しい基準が要求される。基本的には人体に無害で，生体内で劣化，変性を起こさず，また容易に加工できて滅菌や消毒が可能なものということになる。以下に医用高分子材料の例を材料別に分類し，解説する。

〔1〕**ガラス状高分子材料**　ポリスチレン (PS)，ポリメチルメタクリレート (PMMA)，ポリ塩化ビニル (PVC)，ポリカーボネート (PC) などのガラス状高分子はランダムコイルが複雑に絡み合った無定形相（非晶相）を有する。室温では分子鎖の大きなスケールでの運動（ミクロブラウン運動）は起こらず，室温では硬いガラス状の材料である。また，分子鎖が秩序性の高い構造を形成しないので，透明となる。PMMA の場合は，高い透明性を有するので，眼内レンズ，ハードコンタクトレンズなどに応用されている。また，PMMA をシリカ粒子で強化したものは歯科用コンポジットレジンや骨セメントとして利用されている。ポリカーボネートは高い衝撃性を有するので血液透析器や血液ポンプのハウジング材料として利用されている。ポリ塩化ビニルは安価なガラス状高分子であるが，可塑剤を添加することによりゴムのような可撓性を賦与することができる。可塑化した軟質ポリ塩化ビニルは輸液チューブ，血液バッグなどに広く応用されている。

〔2〕**結晶性高分子材料**　ポリエチレン (PE)，ポリプロピレン (PP)，ポリテトラフルオロエチレン (PTFE)，ポリエステルのような結晶性高分子は結晶化の条件，すなわち溶液から結晶化するか，融液からか，さらには結晶化温度や圧力などによって結晶構造自体には変化がなくても，その結晶形態に大きな相違が生じて，固体状態の性質は大きく変化する。結晶性高分子は，球晶と呼ばれる光の波長オーダの構造ユニットを有するので，それが光を散乱し，白く濁って見える。結晶性高分子の中でも超高分子量ポリエチレンは耐摩耗性に優れているので人工関節に応用されている。ポリプロピレンは注射筒に用いられる汎用プラスチックで，PVC と同様に医療用の消費量はきわめて多い。ポリテトラフルオロエチレンは延伸物が人工靱帯，多孔質にしたものが人工血管に応用されている。

〔3〕**高分子繊維**　また，結晶性高分子を延伸し，分子鎖を延伸方向に配向させたものを繊維と呼ぶ。分子が延伸方向に配向するため，延伸方向にはきわめて高い力学的強度を示す。ポリエステル繊維は，それを編んで筒状にしたものが大口径の人工血管に用いられている。また生分解性高分子の糸は吸収性縫合糸などに応用されている。セルロース，酢酸セルロース，ポリアクリロニトリル (PAN)，PMMA などを中空状の形態に押し出した中空糸は血液透析器や気体分離システムなどに応用されている。中空糸の透析器の場合，図 5.5 に示すように，糸の内側に血液を，外側に透析液を流して代謝産物の排泄を行う。この膜は溶質透過性，水透過性，力学的強度に優れている必要がある。

〔4〕**エラストマー**　エラストマー (elastomer, ゴム) は図 5.6 (a) に示すように，高分子鎖が架橋点で連結された網目構造を形成している。エラストマーは液体状態のように

140   5. 生体材料

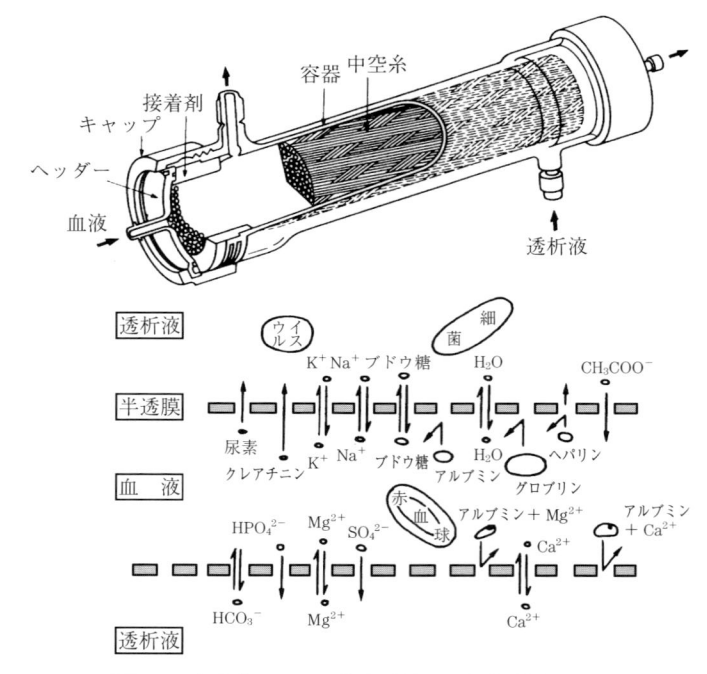

図 5.5 中空糸を用いた血液透析器と血液透析の原理

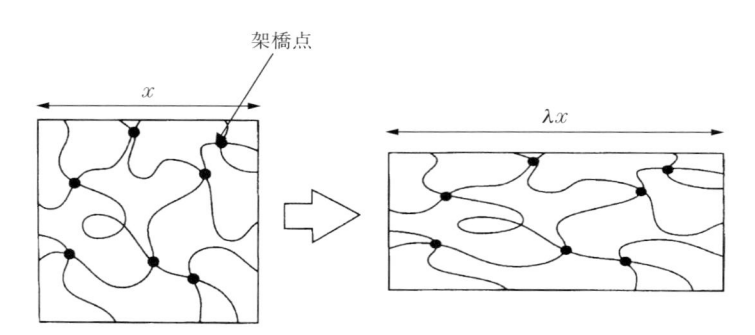

（a） 架橋ゴム－ゴムの網目鎖の伸長

（b） 熱可塑性エラストマー－セグメント化ポリウレタンのミクロ相分離構造

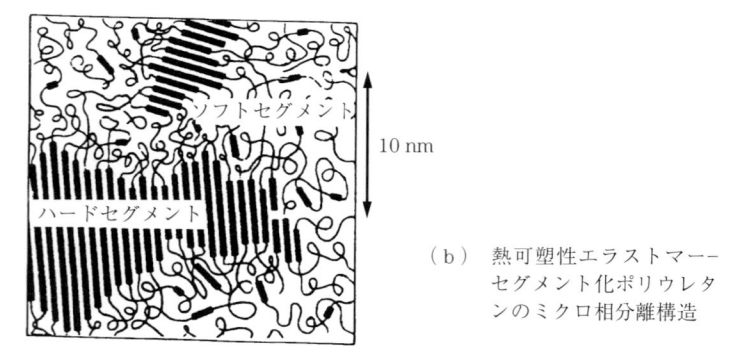

図 5.6 エラストマー

5.1 医用高分子材料

激しく運動する高分子鎖が網目状に結合しているので，大きな伸びを示すというほかの材料にはない特異的な性質を示す。分子鎖間を共有結合で結合（架橋）し，三次元網目構造を形成する高分子は，ガラス転移温度以上ではゴム弾性というきわめて特異な性質を示すようになる。例えば

（1） 通常の固体ではその弾性率は 1～100 GPa であるが，ゴムは 1～10 MPa と非常に低い弾性率を示す。

（2） そのために弱い力でもよく伸び 5～10 倍にも変形するが，力を除くとただちに元の長さまでもどる。しかし，伸びきった状態では非常に大きな応力を示す。

（3） 弾性率は絶対温度に比例する。

（4） 急激（断熱的）に伸長すると温度が上昇し，その逆に圧縮すると温度が降下する。これを Gough-Joule 効果という。

（5） 変形に際して体積変化がきわめて少ない。

このようなゴム弾性を示す状態をゴム状態，ゴム弾性を示す材料をエラストマーという。その性質は無機，金属およびガラス転移温度以下の高分子材料とは著しく異なっている。

エラストマーの中でもシリコーンゴムやポリウレタンは優れた力学的性質を示し，生体適合性も良好であるので医用材料として広く用いられている。この中でも医用材料で用いられるセグメント化ポリウレタン（spu）は熱可塑性エラストマーであり，図（b）に示すようにソフトセグメントとハードセグメントがミクロ相分離構造を形成する。ハードセグメントドメインは架橋点としての働きを示し，それを取り囲むマトリックスのソフトセグメントはガラス転移温度が室温以下で，ゴムの網目の分子鎖に対応する。一般のゴムは共有結合で架橋しているため，一度成形すると，特殊な条件を除いて，再加工は不可能である。SPU は温度の上昇，あるいは溶媒中でハードセグメントドメインが融解あるいは溶解するためいろいろな形状に加工できるという特徴がある。このミクロ相分離構造が血小板の付着性を少なくする効果が確認され，セグメント化ポリウレタンは，人工血管，人工心臓ポンプ用ダイヤフラム，ペースメーカーのリード線の絶縁被覆，カテーテルへの応用がなされている。

〔5〕 溶媒を多量に含んだ三次元網目高分子材料：ゲル　　ゲル（gel）はあらゆる溶媒に不溶の三次元網目構造を持つ高分子およびその膨潤物と定義される。機能性高分子のゲルの場合は一般に膨潤体が対応する。図 5.7 はゲルの膨潤の様子の模式図である。三次元網目高分子を溶媒中に入れると，高分子は溶媒の侵入により大きく膨潤する。体積膨張で表わした膨潤の度合い（膨潤度）は数百倍に及ぶことがある。高分子がこのように多くの溶媒を含むことができるのは，非常に低い溶液濃度で高分子鎖は重なり，からみ合いはじめることと密接に関係している。溶媒中に浸して十分に膨潤させたとき（平衡膨潤）の膨潤度は，溶媒が高分子鎖をばらばらにし，ふくらませようとする力とそれを押える網目の弾性力とのつり

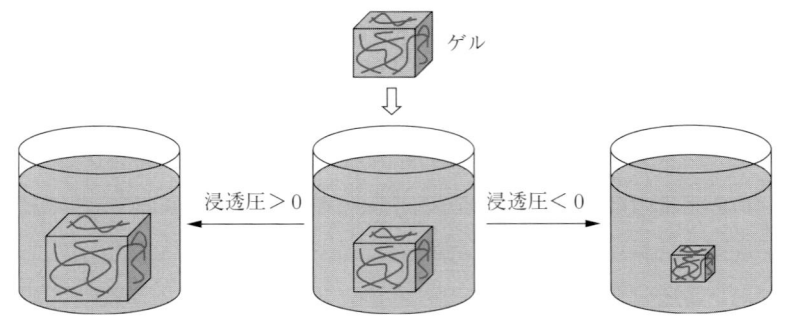

図 5.7 ゲルの膨潤

あいにより決まる。したがって，溶媒力の大きい溶媒を用いるほど大きく膨潤し，網目鎖密度が高いほど膨潤度は低い。溶媒力変化による膨潤度の変化は，希薄溶液中の一本鎖の膨張，収縮と類似の挙動である。良溶媒から貧溶媒への溶媒力の減少に際しては，急激な収縮が起こる。

ゲルの膨潤，収縮を起こす環境因子としては溶媒の溶媒力だけではなく，温度，pH，イオン組成，電場などがある。特に，感熱性高分子ゲルは多くの研究者によって研究が進められている。例えば，ポリイソプロピルアクリルアミド（PNIPAM）の水溶液は加熱すると，ある温度以上では白濁し，沈殿する。これは，低温で水和していた側鎖が脱水和し，高温では高分子どうしが疎水性相互作用で凝集することを示している。この PNIPAM を架橋したゲルは水溶液中で，ある温度以上で収縮を示す感熱性のゲルとなる。

実用化されているゲルの大部分は水を溶媒としたものである。このようなゲルをハイドロゲルと呼ぶ。モノマーとしてはヒドロキシエチルメタクリレート（HEMA）やアクリルアミド（AAm）などの親水性のものが使われている。ゲルの膨潤特性を利用して，高吸水性樹脂は家庭用品から産業用まで種々の製品に応用されており，生理用品や紙おむつなどにも広い用途がある。ほかにも室内用の芳香剤や農業用の保水剤，油に含まれる水分の除去剤や，さらには医療関連分野で，ソフトコンタクトレンズ，人工腎臓用のフィルター剤や血液吸着剤として幅広い応用がなされている。

5.1.4 高分子と医薬

医薬を利用するとき，薬の効果を最大にして副作用を最小限にすることが望まれる。多量の薬剤の投与は，副作用の問題を生ずる。一方，少量の投与では，薬の効果は期待できない。薬を望まれるときに，望まれる臓器や患部に量あるいは放出速度を制御して送達する目的でドラッグデリバリーシステム（DDS，drug delivery system）が考案された。DDS は薬物を長時間持続的に投与することを目的とした薬物徐放システム，目的とする患部，臓器に選択的に薬物を送達するターゲッティングシステム，必要な時間に必要な量だけ作用させ

ることを目的とした制御放出システムに大別される。

　薬物徐放システムでは，高分子のマトリックスまたはマイクロカプセル中に医薬を分散したものが用いられる。これは，投薬法では，投薬直後は効き目が高くても，すぐに消えてしまうような場合に，必要な患部へ必要な量を必要な時間だけ効果的に作用させようというものである。これは薬物を副作用が少なく，より効率的に，働かせるためのシステムの一つである。

　ターゲッティングシステムでは薬物とドラッグキャリヤーの複合体が用いられる。ドラッグキャリヤーは，標的細胞を特異的に認識する誘導部を有しており，生体適合性が優れていなければならない。抗がん剤の場合は，がん細胞に対して特異的に結合する抗体と抗がん剤を組み合わせて，がん細胞のみを標的にして抗がん剤を効率よく，かつ副作用が少なく作用させるものである。ターゲッティングシステムはミサイルドラッグとも呼ばれている。

　制御放出システムでは，生体からの化学情報をとらえる機能と，薬物の放出を制御する機能を持つ高分子膜やゲルが用いられる。糖尿病の治療のためのインシュリン徐放薬剤では，グルコース濃度を検出するグルコースオキシダーゼを固定化したゲル膜とそれに応答して親水性の変化にともない膨潤度が変化する高分子膜によりインシュリンの放出速度を制御する。

5.1.5　生分解性高分子材料[1), 4)]

　ポリエチレン，ポリプロピレン，ポリ塩化ビニルなどの汎用プラスチックをはじめとして，現在，工業的に生産されているプラスチックのほとんどは微生物で分解されない。生分解性高分子（biodegradable polymer）は微生物分解性により，環境問題解決の一助にしようとする目的と，生体中での分解，吸収を利用して縫合糸，再生医療などの医用目的に用いられる。図5.8に示すように高分子物質の生分解は，酵素加水分解と非酵素加水分解に大別される。

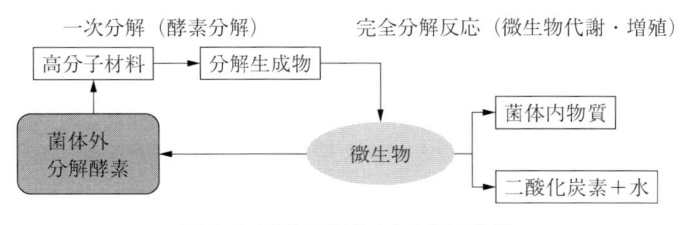

図5.8　高分子物質の生分解の機構

　一般に，分子量1000以下の化学物質は，微生物の細胞膜を浸透できる。したがって，低分子量の化合物は微生物体内に取り込まれた後に，各種の生体内酵素によって分解・代謝される。一方，高分子量の高分子物質，特に水に不溶な高分子物質は，微生物の細胞内に浸透できない。そのために，高分子物質（材料）は，分解酵素による一次分解と微生物内での代

144   5. 生 体 材 料

謝との二つの過程を経て分解される。高分子の加水分解に関与する酵素には，エステル結合に作用する酵素，グリコシド結合に作用する酵素，ペプチド結合に作用する酵素等がある。酵素の触媒作用の特徴は，高い基質特異性を示すという点にある。したがって，生物のつくる高分子に似た分子構造の高分子物質のみが酵素分解されることになる。このように自然環境下において微生物により分解・代謝される高分子材料を生分解性高分子と呼ぶ。**図5.9**に生分解性高分子の原料と合成ルートに基づく分類例を示す。

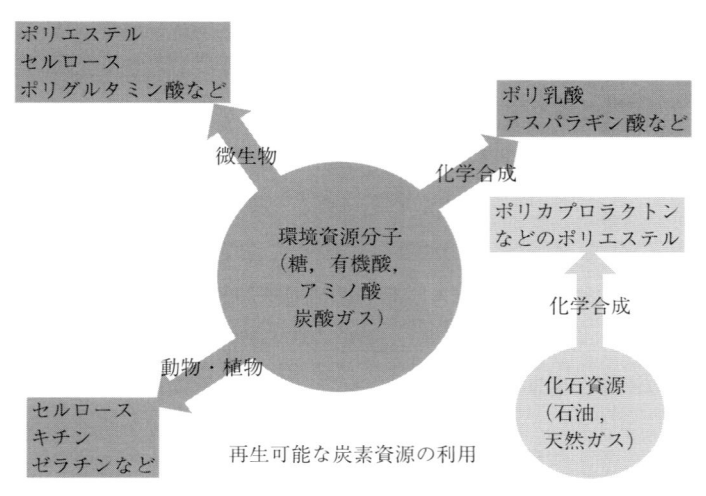

図5.9 生分解性高分子の原料と合成ルートに基づく分類

　生分解性が確認されている合成高分子は，ポリビニルアルコールのような水溶性高分子，ポリエステル系，ポリアミノ酸のような微生物産生高分子，デンプン，セルロースのような植物由来の多糖類，ポリ乳酸（PLA），ポリカプロラクトン（PCL）のような脂肪族ポリエステルである。現在，グリーンプラ（生分解性プラスチックの愛称）としていくつかのものが開発されている。デンプン系と呼ばれるものはポリビニルアルコールやカプロラクトンのような水溶性あるいは生分解性を持ったポリマーに特殊な技術でデンプンをブレンドしたものであり，ゴミ袋等としてすでに販売されている。また，以前，写真フィルムの基材として用いられていたセルロースアセテートも，アセチル基の置換度を調節することによって生分解性と加工性を改良し，グリーンプラとしての開発が行われている。このほかに**表5.2**に示した脂肪族ポリエステル系のグリーンプラがある。

　3-ヒドロキシ酪酸と3-ヒドロキシ吉草酸の共重合体は，微生物が体内に蓄積するポリエステルであるが，同時に微生物により分解される。最近，遺伝子組替えにより，植物体内にこのポリマーを蓄積させる技術が開発されている。

　ポリカプロラクトン（PCL）は，融点が60℃，ガラス転移温度が−60℃と低いために従来は樹脂にブレンドして衝撃性改良剤や相溶化剤等として用いられてきた。数年前からその

表5.2 脂肪族ポリエステル系のグリーンプラ

生分解性高分子の名称	化学構造
(3-ヒドロキシ酪酸/3-ヒドロキシ吉草酸)共重合体	$\left[\left(O-\underset{CH_3}{CH}-CH_2-\underset{\parallel}{\overset{O}{C}}\right)_x\left(O-\underset{CH_2CH_3}{CH}-CH_2-\underset{\parallel}{\overset{O}{C}}\right)_{1-x}\right]_n$
ポリカプロラクトン (PCL)	$\left[\overset{O}{\underset{\parallel}{C}}-(CH_2)_5-O\right]_n$
ポリブチレンサクシネート	$\left[O-(CH_2)_4-O-\overset{O}{\underset{\parallel}{C}}-(CH_2)_2-\overset{O}{\underset{\parallel}{C}}\right]_n$
ポリ乳酸 (PLA)	$\left[O-\underset{CH_3}{CH}-\overset{O}{\underset{\parallel}{C}}-O-\underset{CH_3}{CH}-\overset{O}{\underset{\parallel}{C}}\right]_n$

生分解性が注目されフィルムや繊維としての用途開発が進められている。

ポリブチレンサクシネートは，コハク酸と1，4-ブタンジオールから得られるポリエステルであり，フィルムにして軟らかい手触り，伸びのある性質からポリエチレンの代替として期待されている。

ポリ乳酸（PLA）は，トウモロコシやジャガイモからとれるデンプンを糖に変え，これを乳酸発酵してつくられる乳酸を原料にしている。高分子量のポリ乳酸は，いったん乳酸の環状2量体であるラクチドを単離してからこれを開環重合する方法，乳酸を脱水縮合して直接ポリ乳酸を合成する方法でつくられる。毎年，再生される植物資源を原料とし，石油のような化石資源に依存しない高分子という特徴を持っている。PLAは融点が178℃，ガラス転移温度が58℃の結晶性高分子である。PLAは安全性が高く，カビが生えにくい，透明性が高いなどの特徴から包装材料としての用途が期待されている。ポリ乳酸はポリエチレンやポリスチレン等と同様の方法で加工することにより，フィルム，シート，コップ等に成形することができる。

これらの生分解性高分子の一部は再生医療分野への用途展開が進んでいる。再生医療の要素技術として生体組織の培養がある。その足場として生分解性高分子への期待がある。足場材料としては，まず要求されるのは組織再生後は生体に吸収されてしまう生体吸収性である。第二の要求特性は新生血管などの多数の血管が入り込む可能性がある多孔性である。第三の性質としては，柔軟で高強度であることである。現在はポリ乳酸とその誘導体を中心に特に物性と分解特性の制御を中心に研究が展開されている。

5.2 医用材料の表面化学

5.2.1 医用材料と表面

生体適合性をはじめする材料と生体成分の相互作用は，材料表面の構造や物性と密接に関

連している。本節では高分子材料を中心に材料表面の構造と材料表面の物性として最も重要である表面張力，表面・界面の分析技術，高分子材料で観測される表面構造の環境依存性，さらに表面の性質が密接に関与している血液適合性について解説する。

5.2.2 表面・界面とは[6]

二つの相が接する境界を界面，また，一方が気体である場合の境界を表面という。図5.10は界面近傍における規則正しく配列した原子あるいは分子が受ける分子間力を模式的に示したものである。

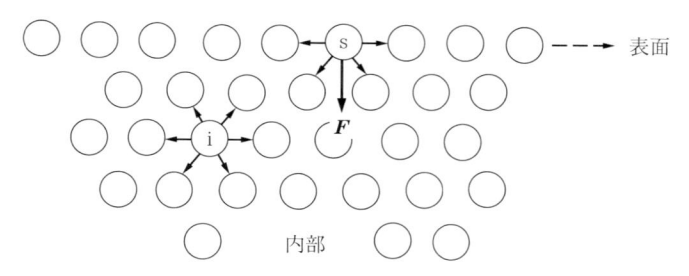

図5.10 界面近傍における規則正しく配列した原子あるいは分子が受ける分子間力の模式図

この表面あるいは界面に存在する分子は図に示すように配位数にバランスを欠いた分子間力の場に置かれており，あらゆる方向から等方的な分子間力を受けている相内部の分子と比べて，表面を構成するために過剰な自由エネルギーを有している。それはガラス板上の水銀の液滴がまるくなるように，その系の自由エネルギーが最小となるように表面積を最小にする力あるいは固体表面へ気体分子を吸着する挙動として観測される。この物理量を表面自由エネルギーと呼ぶ。このような固体表面の性質は，生体成分との相互作用や摩擦・摩耗特性と密接に関連しており，表面という領域が医用デバイスでは特に重要となる。

5.2.3 接触角と表面エネルギー[7]

接触角測定は固体の表面エネルギーに関する情報を得るための最も簡便な手段である。接触角（contact angle）とは図5.11に示すように平滑な固体面と液滴のなす角 θ である。液体の表面張力（surface tension）が既知であり，それを γ_{LV} とする。ここで添字 LV は液

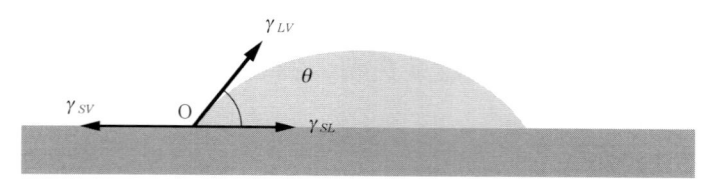

図5.11 固体表面上での液体の接触角の定義

体 L とその飽和蒸気 V の界面を示す．液体蒸気と接する固体の表面自由エネルギーを γ_{SV}，固体と液体との界面自由エネルギーを γ_{SL} とすれば，つぎに示す Young-Dupre（ヤング-デュプレ）の式が得られる．

$$\gamma_{LV}\cos\theta = \gamma_{SV} - \gamma_{SL} \tag{5.1}$$

ここで，γ_{SL}，γ_{SV}，γ_{LV} はそれぞれ固-液界面，固-気界面，気-液界面の界面張力である．最も簡単に式（5.1）を導くには，図 5.11 において，接触点 O に働く三つの力 γ_{SL}，γ_{SV}，γ_{LV} のつりあいを考えればよい．すなわち，接触点が動かないために三つの力の合力の左右方向成分が 0 であることが必要であり，まさしくこの条件が式（5.1）を与えている（合力の鉛直方向成分は 0 にならない．このことは，ぬれ現象が完全な熱平衡の現象ではないことに起因している）．

親水性のガラス面上では，固-気界面の界面張力，γ_{SV} が大きいため，水の接触角 θ が小さくなる．一方，疎水性のポリテトラフルオロエチレン（テフロン）表面上では，γ_{SV} は γ_{SL} よりも小さいため水の接触角が大きくなる．

さて，接触角 θ の大きさと液滴の形状の間にはつぎのような関係がある．

① $\theta = 0°$

液体は固体表面全体を完全に濡らし，表面全体に広がる．

② $0° < \theta < 90°$

液体は限られた範囲に広がり，液滴のままで存在する．

③ $\theta > 90°$

液体はまったく固体表面に広がらず，表面を濡らすことはない．液体の量が少量の場合，形状は球形に近くなり，接触面積を極小値にしている．

特に液体が水の場合，θ が 0° に近い固体表面を親水性，θ が 90° 以上の固体表面を疎水性と呼ぶ．

固体の表面自由エネルギーを接触角測定により推定する方法の一つとして Zisman（ジスマン）プロットがある．種々の表面張力 γ_{LV} を有する液体を用いて接触角 θ を測定し，γ_{LV} 対 $\cos\theta$ のプロットを行う．θ は γ_{LV} が固体表面の γ_{SV} に近付くと小さくなり，γ_{LV} のある値で接触角は 0° になることが予想される．この $\theta = 0°$ になったときの液体の γ_{LV} が固体の表面張力に対応すると考える．$\theta = 0°$ に対応する γ_{LV} をプロットより求めその値を臨界表面張力（critical surface tension）γ_c と定義する．γ_c の大きさから高分子/空気界面における親疎水性を評価することができる．**図 5.12** はポリエチレンにおける Zisman プロットの例である．直線の切片からこの高分子の γ_c は 31 mN/m と評価される．Zisman は種々の材料について臨界表面張力を測定し，種々の材料の表面張力を得ている．また，**表 5.3** にも種々の高分子材料の γ_c をまとめている．有機物で最も表面張力の低い表面は，CF_3 が最密

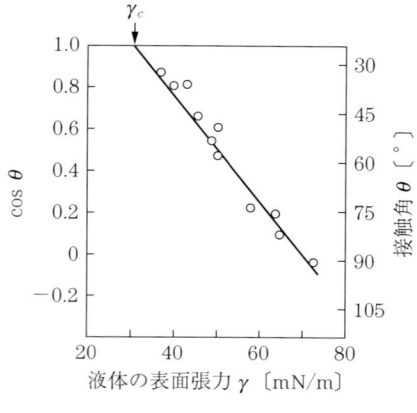

図 5.12 ポリエチレンにおける Zisman プロット

表 5.3 種々の材料の臨界表面張力

材料/官能基	γ_c〔mN/m〕
テフロン	18
ポリエチレン	31
ポリスチレン	33〜43
ナイロン 66	41〜46
-CF$_3$	6
-CH$_3$	20〜24
-CH$_2$-CH$_2$-	31
-CCl$_2$-CH$_2$-	40

充てんした結晶表面である。このように表面張力は表面第一層に存在する官能基の化学的性質，配向性，その密度の影響を強く受けている。固体表面の表面張力を制御するためには，表面に存在する官能基の種類，配向，密度を制御する必要がある。

より定量的に表面自由エネルギーを求める方法に Owens の方法がある。ここでは表面自由エネルギーが非極性の分散力成分 γ^d と，水素結合を含む極性成分 γ^h からなると考える。

$$\gamma_i = \gamma_i^d + \gamma_i^h \tag{5.2}$$

ここで，Fowkes の幾何平均の考え方を拡張して，AB 界面ではつぎの関係式が成立すると仮定する。

$$\gamma_{AB} = \gamma_A + \gamma_B - 2(\gamma_A^d \gamma_B^d)^{1/2} - 2(\gamma_A^h \gamma_B^h)^{1/2} \tag{5.3}$$

これを，液体 L と固体 S の場合について Young-Dupre の式（5.1）と組み合わせると

$$\gamma_L \cos\theta = -\gamma_L + 2(\gamma_S^d \gamma_L^d)^{1/2} + 2(\gamma_S^h \gamma_L^h)^{1/2} \tag{5.4}$$

$$\gamma_L (1 + \cos\theta) = 2(\gamma_S^d \gamma_L^d)^{1/2} + 2(\gamma_S^h \gamma_L^h)^{1/2} \tag{5.5}$$

となる。したがって，固体表面で γ_L^d と γ_L^h が既知の水とヨウ化メチレンの接触角を測定し，固体表面の γ_S^d と γ_S^h を式（5.5）の連立方程式を解いて評価することができる。

表 5.4 は γ_S^d と γ_S^h（γ_S^p）は Owens の方法により評価した種々の材料の表面自由エネルギーの分散力成分と極性成分の値である。フルオロアルキル基が表面を覆うポリテトラフルオロエチレンが最も低い γ_S^d を示し，一方，極性のアミド基や水酸基を高密度で有する高分子が高い γ_S^h を示す。このように表面自由エネルギーは界面に存在する官能基の種類に大きく依存し，化学構造と表面自由エネルギーの間にはかなり明確な関係がある。

医用材料は生体という大部分が水の環境で応用されるので，固体/水界面での表面自由エネルギーの評価が必要不可欠である。例えば，固体/水の界面自由エネルギーが高い場合には，タンパク質などが水中に共存すると，それが固体表面に吸着して界面自由エネルギーを

表5.4 Owensの方法により評価した表面自由エネルギー〔mN/m〕

	γ^d	γ^h	γ	γ_c
水	21.8	51	72.8	
ヨウ化メチレン	49.5	1.3	50.8	
LDPE	32	1.1	33.1	31
PTFE	12.5	1.5	14	18
PET	37.8	3.5	41.3	43
PS	41.4	0.6	42	33
ナイロン66	42	4.5	46.5	46

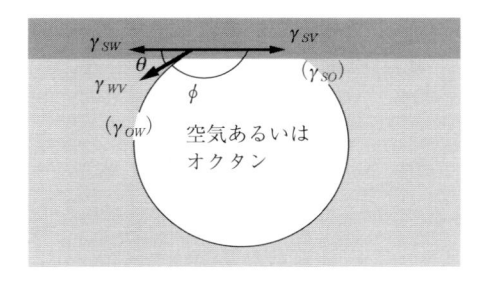

図5.13 captive bubble法における接触角の定義

低下させる。水和状態での高分子固体表面での n-オクタンや気泡の接触角を測定することにより，水界面での固体表面の分子鎖凝集状態が検討できる。この方法はcaptive bubble法と呼ばれ，n-アルカンあるいは気泡が接触角測定に用いられる。試料は水中に固定され，下方より液滴あるいは気泡を試料表面に導入し接触角を測定する。図5.13にはcaptive bubble法における接触角の定義を示す。通常，この接触角は補角 ϕ で表される。平衡状態での測定のためには，測定の前には試料をあらかじめ水和することが重要である。もし水和が不十分であれば接触角は著しい経時変化を示す。Hamiltonは次式に示すような親水性パラメータ，I_{sw} を ϕ より求めている。

$$\cos \phi = \frac{\gamma_{wv} - \gamma_{ov} - I_{sw}}{48.3} \tag{5.6}$$

ここで γ_{wv}，γ_{ov} はそれぞれ，オクタンで飽和した水および水で飽和したオクタンの表面張力である。PEのような疎水性高分子では，$I_{sw}=0$ であるが，極性の高いナイロンでは I_{sw} は大きな値を示し，表面の親水性の増大とともに I_{sw} が増加することが観測されている。

Andradeらは水中での表面自由エネルギーの分散力成分と極性力成分，および親水性パラメータ I_{sw} をオクタンと気泡の接触角測定値より評価した。固体，水，空気（オクタン）3相界面での力のつりあいより，次式が得られる。

$$\gamma_{so} - \gamma_{sw} = \gamma_{wv} \cos \phi \tag{5.7}$$

$$\gamma_{sw} = \gamma_{so} + \gamma_{ow} \cos \theta \tag{5.8}$$

ここで

$$\gamma_{so} = \gamma_{sv} + \gamma_{ov} - 2(\gamma_{sv}^d \gamma_{ov}^d)^{1/2} - I_{so} \tag{5.9}$$

$$\gamma_{sw} = \gamma_{so} + \gamma'_{wv} - 2(\gamma_{sv}^d \gamma_{ov}^d)^{1/2} - I_{sw} \tag{5.10}$$

と近似すると，式 (5.11) が導かれる。

$$I_{sw} = \gamma_{wv} - \gamma_{ov} - \gamma_{ow} \cos \theta \tag{5.11}$$

これらの値から γ_{sw}，あるいは水中での γ_{sv} などを求めることができる。図5.14はメタクリレート系共重合体の含水率と γ_{sw}，水中での表面エネルギー γ_{sv} の関係である。含水率の

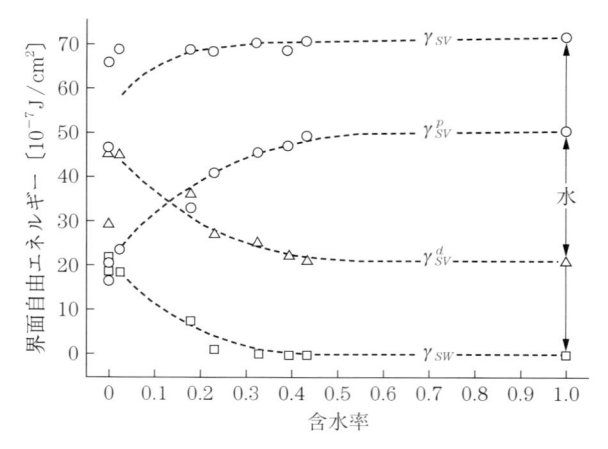

図5.14 メタクリレート系高分子固体と表面自由エネルギーと水との界面自由エネルギーの含水率依存性[8]

増大とともに表面エネルギー γ_{SV} は増大し,水との界面自由エネルギー γ_{SW} は低下している。

5.2.4 表面・界面の構造評価法[7), 9)~11)]

表面・界面の構造評価法としては分光学的手法,回折・散乱・反射手法,形態学的観察,前述の接触角法に大別される。分光学的手法は光の吸収,X線の照射による光電子の放出,イオンの照射による二次イオンの放出,イオンの弾性散乱などを利用している。その原理の模式図を図5.15に示す。多重全反射赤外吸収分光法(ATR-IR),X線光電子分光法(XPS),オージェ電子分光法(AES),静的二次イオン質量分析法(SSIMS),イオン散乱分光法(ISS)など得られる情報,分析深さ,二次元分解能など,さまざまである。回折・散乱・反射手法としては光,中性子,X線などの回折・散乱・反射を利用して結晶状態,膜厚,深さ方向の組成分布などを評価する。可視光を光源として用いる手法としてエリプソメトリー,中性子を使ったものとして中性子反射率測定(NR),X線を使ったものとしてX線反射率測定(XR),視斜角入射X線回折(GIXD)が挙げられる。形態学的な観察法は電子顕微鏡と探針を試料表面に走査させて形態を観察する走査プローブ顕微鏡がある。

図5.16は形態学的観察法の模式図を示す。電子顕微鏡としては,透過電子顕微鏡(TEM),走査電子顕微鏡(SEM)が挙げられ,TEMは三次元像を構築する機能,元素マッピング機能を有するものが発達しつつある。一方,SEMはFE-SEMにより,低加速電圧で絶縁物の高分解能観察が可能となり,差動排気を利用した環境SEMでは含水試料や水滴の観察も可能である。走査プローブ顕微鏡(SPM)としては,走査トンネル顕微鏡(STM),走査フォース顕微鏡(SFM)が挙げられる。STMは導電性材料の表面の原子レベルでの観察に威力を発揮し,SFMは絶縁体の表面観察に威力を発揮する。SFMの特徴としては水中も含めて種々の環境での観察が可能であり,さらに探針と表面の相互作用を利用して摩擦力,粘弾性など

赤外線 → ATRプリズム → 赤外線（吸収スペクトル）

官能基分析
0.5～2 μm

(a) 多重全反射赤外吸収分光法（ATR-IR）

X線（Mg Kα） → 光電子（エネルギー分析）

化学シフト
（定量性）
2～10 nm

(b) X線光電子分光法（XPS）

電子線
1～10 keV → オージェ電子

高い空間分解能
2～10 nm

(c) オージェ電子分光法（AES）

一次イオン（Ar, Cs）
0.3～10 keV → 二次イオン（質量分析）

質量スペクトル
高い空間分解能
高感度
1 nm

(d) 静的二次イオン質量分析法（SSIMS）

希ガスイオン
0.1～3 keV → 散乱イオン（エネルギー）

最外層原子の
分析
< 0.5 nm

(e) イオン散乱分光法（ISS）

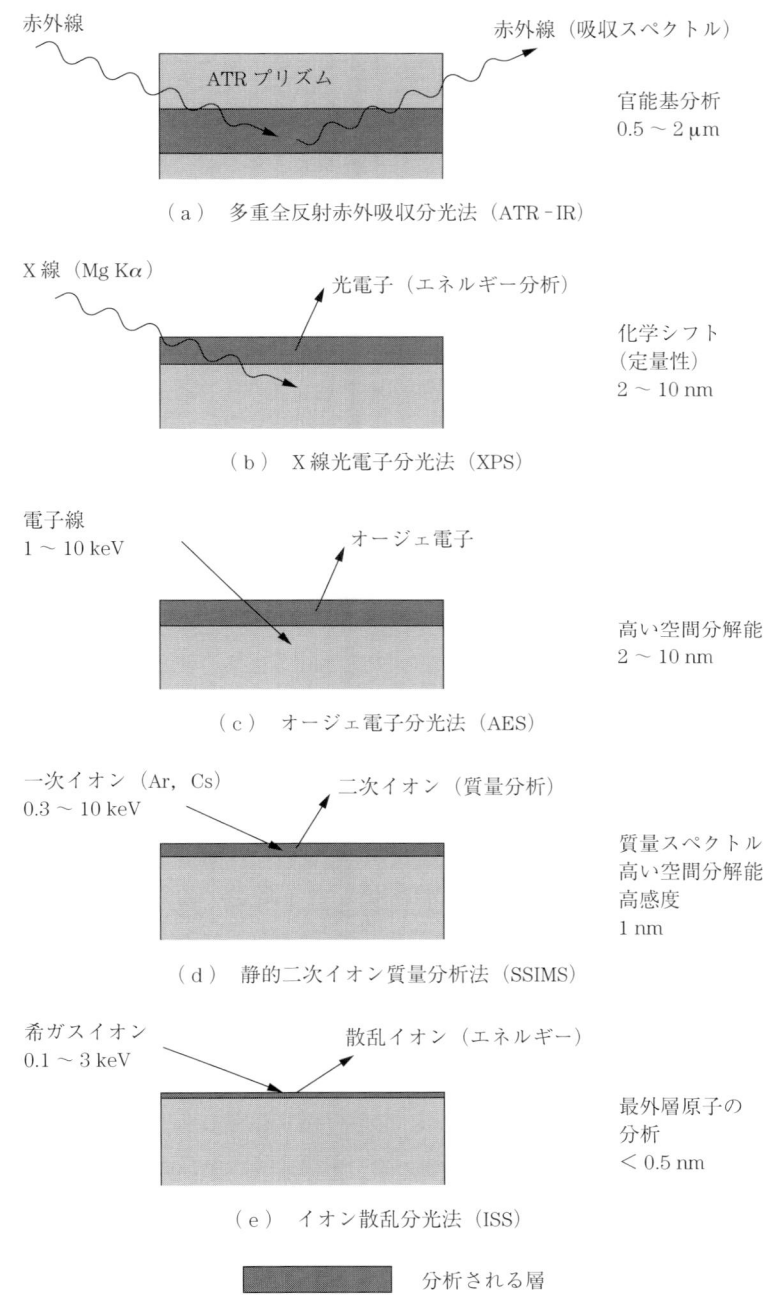

■ 分析される層

図 5.15 分光学的手法による表面分析の原理の模式図

表面の性質の評価が可能となる。表面・界面の構造解析では，種々の手法を相補的に用いることにより表面の構造とその性質が明らかとなる。個々の手法の詳細はそれぞれの成書を参考にされたい。

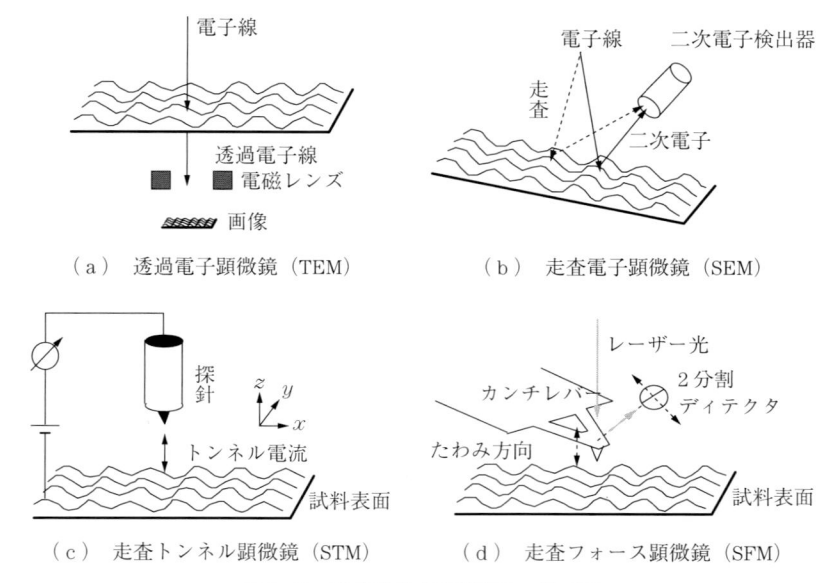

```
         電子線                      電子線   二次電子検出器
          ↓                            ＼   ／
   ～～～～～～～                走査 ＼／
                                ～～～＼／～～～～
          ↓透過電子線                    ／＼二次電子
      ■ ← 電磁レンズ
      ▨▨ 画像
  （a） 透過電子顕微鏡（TEM）     （b） 走査電子顕微鏡（SEM）

                                          レーザー光
                 探針                            ↘  ↗ 2分割
                 ↓        z  y    カンチレバー     ⊗   ディテクタ
                 ↕        │／            ↘  ／
              トンネル電流  └─x     たわみ方向 ～∨～～～
   ～～～～～～～                    ～～～～～～～
              試料表面                          試料表面
  （c） 走査トンネル顕微鏡（STM）   （d） 走査フォース顕微鏡（SFM）
```

図 5.16 形態学的表面観察法の模式図

5.2.5 材料表面のダイナミクス[7]

古典的な表面化学においてはガラス状態の固体の表面は硬く，分子運動性が低く，平衡状態にあるものと定義されていた。この定義は，一般に，ある温度で分子鎖の一部が熱運動している高分子固体には当てはまらない。近年，種々の表面あるいは薄膜物性測定法が進歩し，高分子固体表面のダイナミクスが明らかにされつつある。

高分子固体の表面構造は，周囲の環境に応答して熱力学的に安定なエネルギー状態となるように再編成する。環境変化にともなう高分子固体の表面・界面構造変化の速度は，観測温度領域での高分子の分子運動のスケールに強く依存する。高分子固体表面は静的ではなく動的なものであり，温度，環境を変数とする高分子固体表面の構造解析と表面分子運動特性解析は重要である。高分子材料が生体材料として用いられる場合，水中での表面構造が機能特性と密接に関連している。XPS は高真空下で測定を行うが，医用高分子などの含水状態での表面組成は真空中と異なるため，水和状態で表面構造を評価する必要がある。このために水和後，分子鎖のミクロブラウン運動を凍結することにより，表面構造の再編成を抑制し，水和状態での表面構造を評価することが可能である。試料表面に超純水の水滴をのせ，十分水和後，水をろ紙で拭き取り，200 K 付近まで冷却した。200 K に試料を保ち，液体窒素トラップのついた真空ポンプで減圧にして試料を凍結乾燥させた。その後，低温に保ったまま XPS 測定を行い，水との界面の構造を評価した。試料をさらに加熱し，室温以上に保持し，減圧にすることにより，空気と平衡な表面の組成を評価した[12]。図 5.17 はポリ（テトラメ

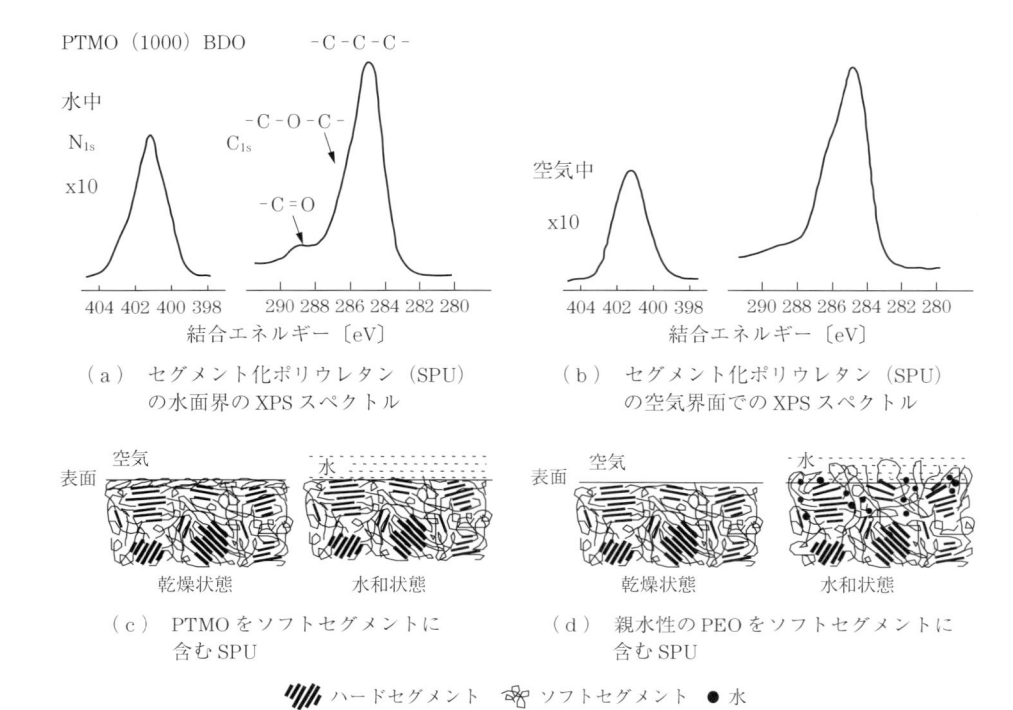

図 5.17 セグメント化ポリウレタン (SPU) の水界面および空気界面での
XPS スペクトルと表面構造変化の模式図[12]

チレンオキシド)(PTMO) をソフトセグメントに,ハードセグメントに 4,4'-ジフェニルメタンジイソシアナート (MDI)-1,4-ブタンジオール (BDO) を含むセグメント化ポリウレタン (SPU) の水界面および空気界面での XPS スペクトルである。空気中では表面に相対的に表面自由エネルギーの低い PTMO が濃縮された。PTMO の表面自由エネルギーはハードセグメントに比べて著しく低いため,水中での表面の PTMO の濃度は低く,空気中表面では PTMO が高い濃度を示す。このように SPU の表面のナノスケールの層の構造は環境によって大きく変化する。また和周波発生(sum frequency generation, SFG)によりポリウレタン系のブレンド表面の水浸漬にともなう構造変化が分光学的に評価されている。

5.2.6 血液適合性高分子材料

血液適合性(blood compatibility)の発現には材料表面の構造と性質が密接に関連している。血液が体外に出たり異物に触れると凝固が起こる。**図 5.18** は血液凝固の機構である。血液凝固の機構には二つあり,外因系と呼ばれるルートでは組織から出る組織トロンボプラスチンによって反応が開始され,また内因系では第Ⅶ因子が壊れた血管壁のコラーゲンや異物と接触することによって活性化され,反応が開始される。いずれも血液凝固因子が順に活

154　5. 生 体 材 料

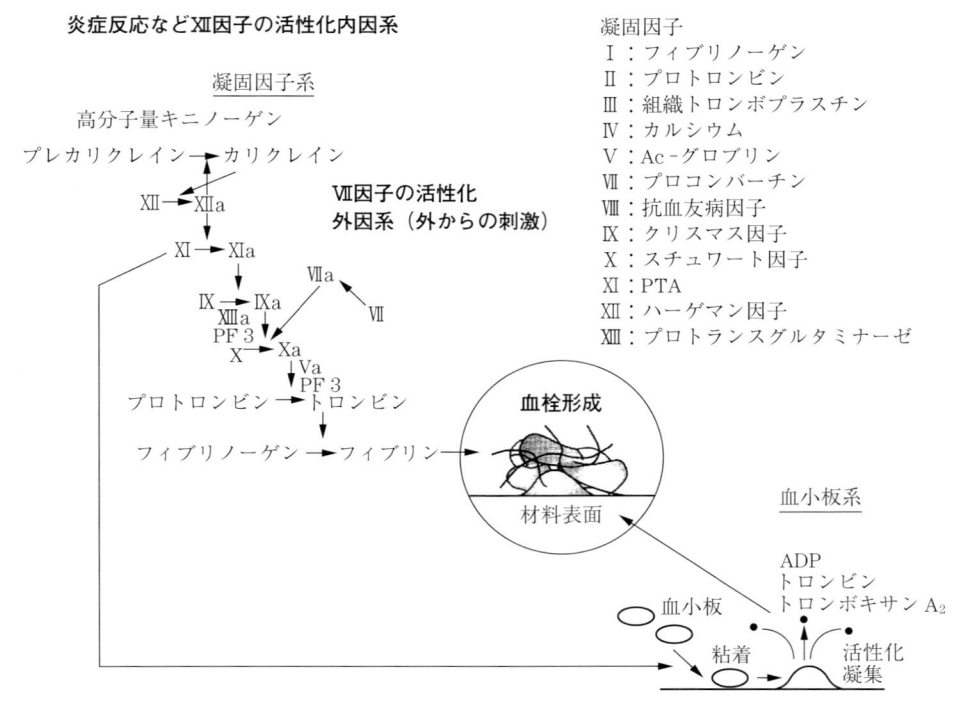

炎症反応などXII因子の活性化内因系

凝固因子系
高分子量キニノーゲン
プレカリクレイン → カリクレイン

XII → XIIa

XI → XIa

IX → IXa
XIIIa
PF 3
X → Xa
　　↓Va
　　PF 3
プロトロンビン → トロンビン
フィブリノーゲン → フィブリン

VII因子の活性化
外因系（外からの刺激）

VIIa
VII

血栓形成
材料表面

凝固因子
Ⅰ：フィブリノーゲン
Ⅱ：プロトロンビン
Ⅲ：組織トロンボプラスチン
Ⅳ：カルシウム
Ⅴ：Ac-グロブリン
Ⅶ：プロコンバーチン
Ⅷ：抗血友病因子
Ⅸ：クリスマス因子
Ⅹ：スチュワート因子
Ⅺ：PTA
Ⅻ：ハーゲマン因子
ⅩⅢ：プロトランスグルタミナーゼ

血小板系

ADP
トロンビン
トロンボキサン A_2

血小板 → 粘着 → 活性化 凝集

図 5.18　血液凝固の機構[3), 4)]

性化され，最終的には血漿タンパク質の一つであるフィブリノーゲンが不溶性のフィブリンに変わり，血小板，赤血球を包み込んで血栓を形成する。したがって，抗血栓性の高分子材料としては血小板を粘着させないもの，第Ⅶ因子を活性化しないものがよいということになるが，現状ではまだそのための材料設計の原理は確立されていない。この現象は固体と血液界面で起こるので，材料の表面構造と物性はきわめて重要な役割を果たしている。いろいろな考え方に立って血液適合性獲得のための試行錯誤的な材料設計が行われている。**表 5.5** は血液適合性高分子の例を示したものである。

　血液との相互作用がなるべく起こらない材料という見方からは，表面エネルギーの低い疎水性のポリマーを選ぶことになる。ポリテトラフルオロエチレン（テフロン）やシリコーン（ポリジメチルシロキサン）はその代表で，血液適合性は長期の応用には不十分であるが実用化されている。特にテフロンは延伸により多孔化したものが人工血管にも用いられている。この場合，高分子材料の表面にむしろ速くフィブリンを沈着させ，その上に細胞を成長させて偽内膜を形成させ，血液適合性を本来の生体表面と同じにしていると考えられる。

　疎水性のポリマーとはまったく逆の，親水性高分子のほうが血液適合性がよいとの考えもある。親水性高分子を適当に橋かけしたものは大量の水を含んで膨潤し，ヒドロゲル（hydrogel）となる。生体系は大量の水を含み，血管内皮や血液細胞成分もその表面は多糖類

表5.5 血液適合性高分子の例[13]

材料の種類	基本概念	代表的なポリマー	
合成ポリマー	疎水性表面	ポリ四フッ化エチレン ポリジメチルシロキサン ポリエチレン	界面物理化学的設計
	親水性表面	ポリ（2-ヒドロキシエチルメタクリレート） ポリ（アクリルアミド）	
	不均一表面 　ミクロドメイン構造	ブロック共重合体 グラフト共重合体 セグメント化ポリウレタン	
	高含水率「溶解鎖」表面	ポリエチレングリコールグラフト表面	
	負電荷表面	スルホン化セグメント化ポリウレタン	生化学的設計
合成ポリマー ＋ 生理活性物質	偽内膜形成	ポリ四フッ化エチレン ポリエチレンテレフタラート	
	生理活性物質を固定化した表面	ヘパリン化 ウロキナーゼ固定化 トロンボモジュリン固定化セグメント化ポリウレタン セルロース	
合成ポリマー ＋ 生体分子・組織	アルブミン吸着表面	アルキル化セグメント化ポリウレタン アルキル化セルロース	生物学的設計
	リン脂質吸着表面 生体膜類似表面	MPCポリマー リン脂質組織体	

のゲルからなると考えられ，合成高分子のヒドロゲルと似ていて，血液適合性がよいものもある。このような合成高分子の例にポリ2-ヒドロキシエチルメタクリレート（PHEMA），ポリアクリルアミド（PAAm）がある。ヒドロゲルは機械的に弱く，加工もしにくい。そこで，各種のポリマーの表面にいろいろな方法でヒドロキシエチルメタクリレートやアクリルアミド，ビニルピロリドンのような親水性モノマーをグラフト重合させることも検討されている。

材料と接触する細胞成分の表面（細胞膜）は均一ではなく，疎水性の脂質と親水性のタンパク質，あるいは多糖といった，不均一なミクロドメイン構造となっている。そこで抗血栓性を付与するためにはミクロ相分離構造を持つ高分子材料をつくればよいとの考えがある。ミクロ相分離構造は，異なった表面自由エネルギー（溶解性）を持つブロックからなるブロック共重合体やグラフト共重合体において形成される。異なった表面自由エネルギー（溶解性）を示す高分子の混合系では，マクロな相分離構造を形成するが，ブロック共重合体のように一つの分子の中に異なる性質のブロックを有する場合，二つのブロックのそれぞれで相分離しようとするためにマクロな相分離はできず，数十nm程度のスケールのミクロ相分離構造を形成する。抗血栓性を示す例として，コポリエーテルウレタン（セグメント化ポリウレタン），スチレン-ヒロドキシエチルメタクリレートトリブロック共重合体がある。

156　　5. 生 体 材 料

より単純に，抗血栓性のある生理活性物質をなんらかの形で高分子材料に結合させ，長時間にわたってその活性を保持させることも当然考えられ，代表的なものとしてはヘパリンと呼ばれる酸性ムコ多糖類の固定化が挙げられる。

　生体膜類似表面を有する材料を用いる考え方もある。リン脂質の親水基類似の構造を有するメタクリレート（MPC）共重合体は，生体成分との相互作用は著しく弱く，きわめて血液適合性の優れた高分子として注目されている。

5.2.7 細胞の接着性

　細胞の材料への接着性も材料表面の構造と性質が大きな影響を及ぼす。細胞の培養においてポリスチレンなどの培養皿が用いられ，細胞はフィブロネクチンなどの細胞接着性タンパク質を介して培養皿に付着する。図 5.19（a）は材料の細胞付着率と材料の水との接触角の関係を示す。細胞の付着率は，水の接触角が 70° 程度のプラズマ処理 PS シャーレで最大となる。

（a）　細胞培養

□：線維芽細胞 Tamada and Ikada（1994）
○：L 細胞 Ikada（1994）
△：内皮細胞 Hasson et al.（1987）
●：内皮細胞 van Wachem et al.（1987）
■：線維芽細胞 Saltzman et al.（1991）

（b）　細胞付着率と水との接触角の関係

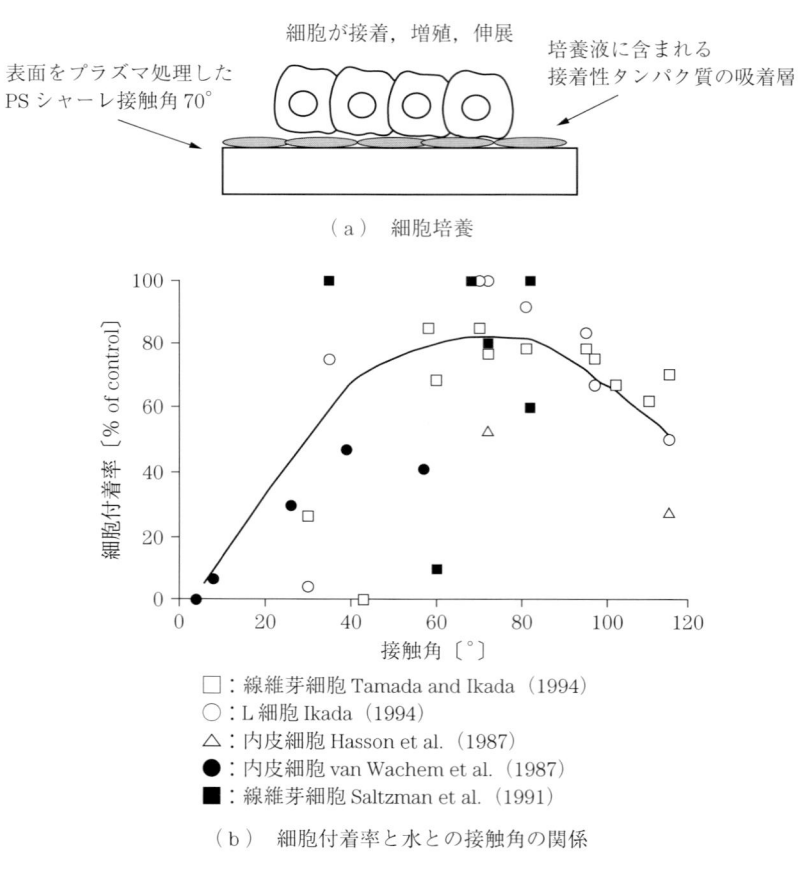

図 5.19　材料の細胞付着率と材料の水との接触角の関係

親水性，疎水性表面の細胞の付着挙動を利用して，細胞の接着・脱離が検討されている。図5.20はポリ（N-イソプロピルアクリルアミド）（PNIPAM）グラフト基板上での細胞接着と脱離挙動の模式図である。温度応答性ポリマーであるポリ（N-イソプロピルアクリルアミド）（PNIPAM）をグラフトした表面は，37°Cでは下限臨界溶解温度（LCST）以上で疎水性であるが，室温では親水性表面へと変化する。37°Cで細胞を播種すると，細胞接着タンパク質を介して細胞が接着するが，温度をLCST以下にすると表面が親水性となり，細胞が細胞接着タンパク質ごとに脱離し，温度による細胞の接着制御が可能である。この手法を利用して，再生医療を目的とした細胞シートが回収できる。

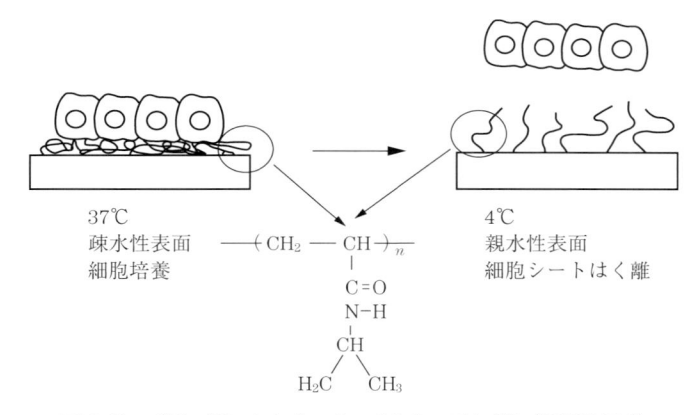

図5.20 ポリ（N-イソプロピルアクリルアミド）（PNIPAM）グラフト基板上での細胞接着と脱離（岡野光夫ら）[13]

5.3 生体用金属材料の合金設計と組織制御

5.3.1 生体材料における金属の位置付けと合金設計・組織制御の目的

生体材料（biomaterial）とは生体組織や失われた機能を補うために使用される人工材料であり，なかでも人体内に埋入される医療器具に使用される材料をインプラント材料（implant）という。金属はセラミックスや高分子などの生体材料に比べて，強度，延性，靱性，剛性等の力学的特性に優れるため，人工骨や人工関節などの硬組織代替材料として，また骨折固定用のプレートやワイヤー材として不可欠なインプラント材料である。しかしながら，構造材料として一般用途に実用されている金属材料に比べると，生体用金属材料の種類はごく限られている。その理由として，生体材料には生体に対する非毒性，生体内での耐久性が必要とされることはもちろんのこと，力学的，化学的，生物学的特性も含めた総合的な生体との相性，すなわち優れた生体適合性（biocompatibility）が要求されるためである。本節の題目である合金設計（alloy design）と組織制御（microstructure control）と

は，金属材料の化学組成と組織を最適化して特性改善を図ろうとする技術を意味し，特に生体材料の場合には，上記のように非毒性，耐久性を維持しつつ生体適合性をより改善していくことが目標となる。

本節では，まず金属材料の合金設計と組織制御を理解する上で必要な金属の結晶構造に関する基礎的事項について述べた後，代表的な生体用金属材料であるステンレス鋼，コバルトクロム合金，チタン合金を例に挙げ，その化学組成や組織の特徴，それらと材料特性との関係，用途および問題点等について述べる。単に現用の材料に関する説明だけでなく，最近の研究動向から今後の材料開発の指針についても若干記す。ただし，本節に記載する3種の合金以外にも，歯科用の金・銀合金や形状記憶効果を示すニッケルチタン合金など，実用上重要な金属材料がいくつかある。やはり，それぞれ合金設計，組織制御に関するさまざまなノウハウがあるのであるが，これらについてはほかの解説書[15]~[17]に譲る。

5.3.2 金属の結晶構造とその制御

金属とは一般に金属原子が規則的に配列した結晶性の材料であり，その配列のパターンである結晶構造によって性質が大きく異なる。特に強度や延性などの力学的特性は結晶構造に強く依存することから，結晶構造を制御してより優れた力学的特性を引き出すことが金属材料の合金設計における最も基本的な指針となる。図5.21は代表的な金属の結晶構造である体心立方（body-centered cubic，BCC），面心立方（face-centered cubic，FCC），最密六方（hexagonal close-packed，HCP）構造の単位胞（unit cell）を示す。単位胞が繰り返し配列して金属結晶を形成している。純金属の場合，BCC構造に属するものとして鉄，クロム，モリブデン，ニオブ，タンタル等，FCC構造に属するものとして金，銀，白金，銅，ニッケル，アルミニウム等，HCP構造に属するものとしてチタン，コバルト，マグネシウ

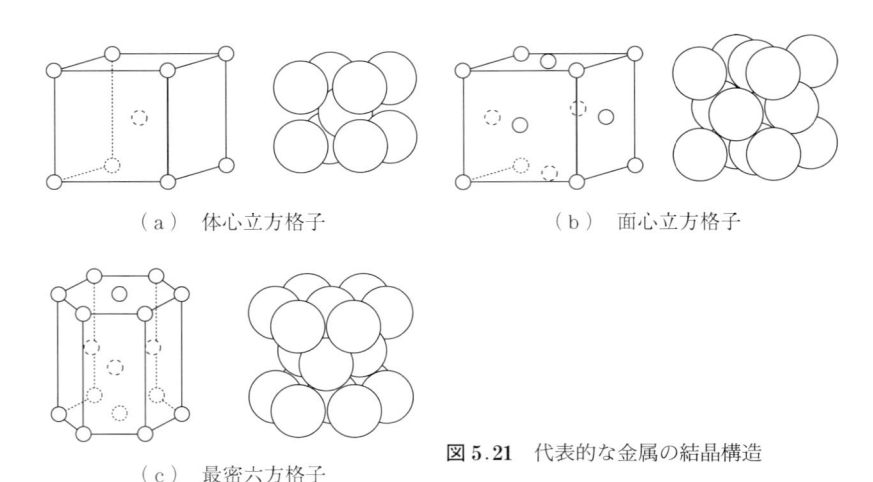

（a）体心立方格子　　　　　　（b）面心立方格子

（c）最密六方格子

図5.21　代表的な金属の結晶構造

ム等が挙げられる。ただし，これらは室温で安定な結晶構造であり，温度が変化すると結晶構造も変化する場合がある。

図5.22におもな生体用金属材料のベースとなる鉄，コバルト，チタンの温度と結晶構造の関係を示す。例えば鉄の場合，1 000°CではFCC構造が安定であり，室温ではBCC構造が安定であるから，もし1 000°Cに加熱された後に室温まで冷却されたならば結晶構造が冷却過程でFCCからBCCに変化する。このような結晶構造の変化を相変態（phase transformation）と呼び，意図的にそのような熱履歴を与えて相変態を生じさせる行為が熱処理（heat treatment）である。相変態をうまく利用することにより，金属組織を変化させて特性の改善を図るための，いわゆる組織制御が可能となるわけである。一方，実用の材料は合金であることが多いが，合金の結晶構造は温度だけでなく，配合された元素の種類や配合比（化学組成），熱履歴や加工履歴にも大きく依存して変化する。これらの因子を制御することにより，ステンレス鋼ではBCCからFCCへ，コバルトクロム合金ではHCPからFCCへ，チタン合金ではHCPからBCCへと室温での安定構造を変化させて機械的性質の改善が図られている。

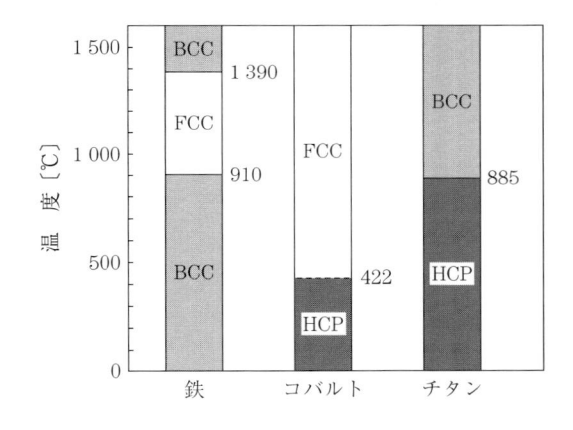

図5.22 鉄，コバルト，チタンの温度と結晶構造の関係

5.3.3 ステンレス鋼

〔1〕 **ステンレス鋼の分類と用途** ステンレス鋼は，鉄鋼材料の耐食性を高めるため，鉄に11％以上のクロムが添加された合金鋼と定義される。クロムは鋼の表面に厚さ数nmの緻密な酸化皮膜（不動態皮膜）を形成し，鋼自身を腐食環境から保護する役割を果たしている。表5.6に代表的なステンレス鋼の化学組成，金属組織，おもな機械的性質を示す。ステンレス鋼は，その組織の違いからフェライト系（BCC），オーステナイト系（FCC），マルテンサイト系（BCCまたはBCT）に分類され，それぞれの合金組成は，Fe-Cr，Fe-Cr-Ni，Fe-Cr-Cが基本となる（Fe：鉄，Cr：クロム，Ni：ニッケル）。耐食性や加工性を優先したい場合にはオーステナイト系，強度や耐摩耗性を優先したい場合はマルテンサイト系

表5.6 代表的なステンレス鋼の化学組成，金属組織，おもな機械的性質に関する JIS 規格

鋼種	化学組成（Fe 以外の主要元素を質量%で示す）	金属組織	熱処理	耐力〔MPa〕	引張強さ〔MPa〕	伸び〔%〕	備考
SUS 430	18 Cr	フェライト	焼鈍	205 以上	450 以上	22 以上	
SUS 444	19 Cr-2 Mo-Ti, Nb, Zr-低(C, N)	フェライト	焼鈍	245 以上	410 以上	20 以上	
SUS 304	18 Cr-9 Ni	オーステナイト	固溶化	205 以上	520 以上	40 以上	
SUS 304 L	18 Cr-11 Ni-低 C	オーステナイト	固溶化	176 以上	480 以上	40 以上	
SUS 316 L	18 Cr-14 Ni-2.5 Mo-低 C	オーステナイト	固溶化	175 以上	480 以上	40 以上	
SUS 410	13 Cr-0.1 C	マルテンサイト	焼入・焼戻	345 以上	540 以上	25 以上	
SUS 420 J 2	13 Cr-0.3 C	マルテンサイト	焼入・焼戻	540 以上	740 以上	12 以上	
SUS 440 C	18 Cr-1 C	マルテンサイト	焼入・焼戻	規定なし	規定なし	規定なし	硬さ HRC 58 以上
SUS 630	17 Cr-4 Ni-4 Cu-Nb	マルテンサイト	溶体化・時効	725 以上	930 以上	16 以上	H 1150 処理

が選択されるのが一般的である。表5.7[18]に，ステンレス鋼が使用されている医療器具と鋼種の対応を示す。メスなどの切れ味が要求される刃物にはマルテンサイト系が適用されるが，そのほかのほとんどの医療用ステンレス鋼はオーステナイト系ステンレス鋼のSUS 316 L である。SUS 316 L がステンレス鋼の中で最も生体用に適した材料とはいえないが，長期にわたる実績により信頼性は高く，比較的安価で入手しやすいという点が多用される理由である。ただし，最近になって SUS 316 L に多量に含まれるニッケルが皮膚アレルギーの原因になるという理由から，ニッケルを減量した鋼種，またはまったく含まない鋼種（ニッケルフリーステンレス鋼）の開発と生体用への応用が検討されている。これについては〔3〕で述べる。

表5.7 ステンレス鋼が使用されている医療器具と鋼種の対応[18]

おもな診療科	医療器具	鋼種
整形外科	脊柱固定器具	SUS 316 L
	骨折固定材（ボーンプレート，スクリュー，ピン，ワイヤー，髄内釘など）	SUS 316 L
	脊椎スペーサー	SUS 316 L
循環器外科・内科	ステント	SUS 316 L
	ガイドワイヤー	SUS 316 L
	クリップ	SUS 630
歯科	矯正用ワイヤー	SUS 316 L
	磁性アタッチメント	SUS 316 L, SUS 444, SUS 447 J 1
一般外科	注射針	SUS 304, SUS 304 L
	医療用刃物（メス，剪刀，ドリルなど）	SUS 420 J 1, SUS 420 J 2, SUS 440 C
	カテーテル	SUS 316 L, SUS 304, SUS 304 L
	ステープル	SUS 316 L
	一般医療用容器，棚	SUS 430, SUS 304

〔2〕 **ステンレス鋼における合金元素と組織** ステンレス鋼に添加される合金元素（Fe 以外の元素）は，熱力学的な観点から 2 種類に分類される。一つはオーステナイト（γ

相)の自由エネルギーを低下させるオーステナイト安定化元素であり，もう一方はフェライト（α相）の自由エネルギーを低下させるフェライト安定化元素である。表5.8にステンレス鋼に使用される合金元素の分類を示す。ステンレス鋼の主要合金元素であるクロムは強いフェライト安定化能を有するため，ニッケル等のオーステナイト安定化元素が添加されていない材料はフェライト系ステンレス鋼となる。一方，ニッケルや炭素のオーステナイト安定化元素が十分添加された材料は，1000℃付近の高温での保持によりオーステナイトが安定となり，その後の冷却時に相変態を起こさず室温までオーステナイトが持ち来されればオーステナイト系ステンレス鋼，冷却時にオーステナイトがマルテンサイト（α'相）に相変態すればマルテンサイト系ステンレス鋼となる。

表5.8 ステンレス鋼に使用される合金元素の分類

オーステナイト安定化元素	フェライト安定化元素
ニッケル（Ni）	クロム（Cr）
マンガン（Mn）	モリブデン（Mo）
銅（Cu）	チタン（Ti）
コバルト（Co）	ニオブ（Nb）
炭素（C）	バナジウム（V）
窒素（N）	ジルコニウム（Zr）
	アルミニウム（Al）

すなわち，ステンレス鋼の組織は
（1） 1000℃付近での熱処理温度でオーステナイトとフェライトのどちらが安定か
（2） オーステナイトが安定な場合は熱処理後の冷却時にマルテンサイト変態を起こすか否か

の2点によって決定されることになる。各合金元素のオーステナイト安定化能およびフェライト安定化能はそれぞれ数値で与えられており[19]，それらを加算することで各合金の1000℃付近での組織（相比）を定量的に予測することができる。またオーステナイトがマルテンサイト変態する可能性についても，マルテンサイト変態開始温度（Ms点）が合金元素濃度の関数で与えられており[19]，これを各合金について計算することで判別できる。ただし，一般的には近似的に組織を予測する簡便法としてシェフラー（Schaeffler）の組織図がしばしば用いられている。ステンレス鋼中のフェライト安定化元素とオーステナイト安定化元素の効果がそれぞれCr当量，Ni当量として整理されており，任意の組成のステンレス鋼の室温での組織を容易に予測することができる。図5.23はSchneiderに改良されたシェフラーの組織図であり[20]，Cr当量，Ni当量はそれぞれ次式で与えられている。

$$Cr 当量 = (Cr) + (2\,Si) + (1.5\,Mo) + (5\,V) + (5.5\,Al) + (1.75\,Nb) + (1.5\,Ti)$$
$$+ (0.75\,W) \tag{5.12}$$

$$Ni 当量 = (Ni) + (Co) + (0.5\,Mn) + (0.3\,Cu) + (25\,N) + (30\,C) \tag{5.13}$$

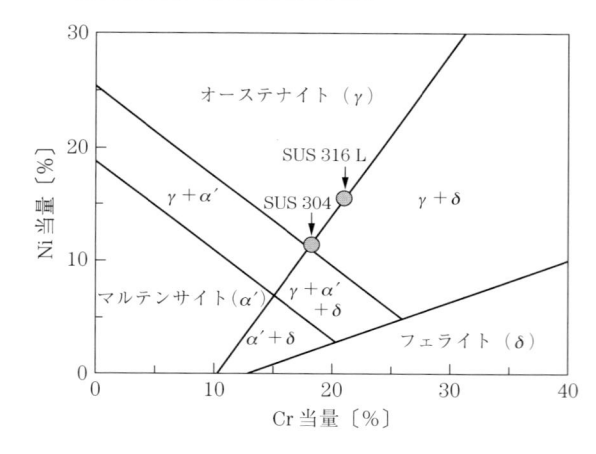

図5.23 シェフラーの組織図[20]

化学成分の単位は質量%である。例えば，SUS 316 L や SUS 304 では図中に示されるように安定なオーステナイト組織が得られることがわかる。

〔3〕 **ステンレス鋼におけるニッケルの必要性と問題点，および窒素によるその代替**

すでに述べたとおり，ニッケルはステンレス鋼の組織を FCC 構造のオーステナイトとするために必須の元素である。図5.24は，種々のステンレス鋼の機械的性質について JIS で規定されている強度（引張強さ）と延性（伸び）の関係を整理した結果を示す。ニッケルが添加されていない Fe-Cr 系合金および Fe-Cr-C 系合金がそれぞれフェライト系ステンレス鋼，マルテンサイト系ステンレス鋼に対応し，Fe-Cr-Ni 系合金がオーステナイト系ステンレス鋼に対応する。フェライト系ステンレス鋼に炭素を添加すると組織がマルテンサイトとなり，強度は大幅に改善されるが，延性は低下する傾向にある。それに対してニッケルによりオーステナイト組織としたステンレス鋼は，十分な強度を有し，かつ延性が著しく改善される。そのため，微小な機械部品への精密加工や極細ワイヤーへの伸線加工が可能となるだけでなく，衝撃に対する破壊抵抗（靱性）も増大するため力学的に安全性の高い材料であるといえる。

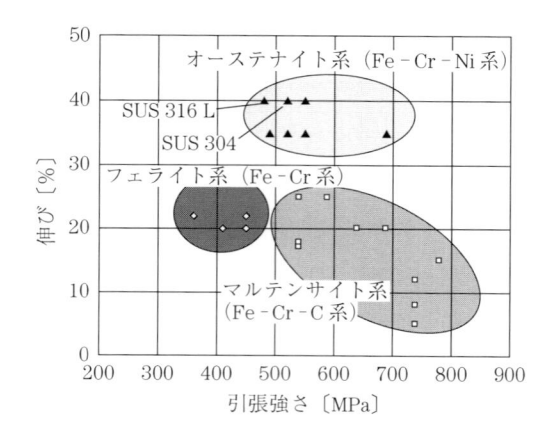

図5.24 各種ステンレス鋼における引張強さと伸び（規格値）の関係

このようにニッケルはステンレス鋼の特性を生かすために欠かせない元素ではあるが，5.3.2項で述べた金属アレルギー（ニッケルアレルギー）の危険性がしばしば指摘されており，近年，ニッケル含有量の低いステンレス鋼が必要とされるようになった。そこで最近，特に注目されるようになった合金元素が窒素である。窒素は強力なオーステナイト安定化元素である上，大気中に多量に含まれ，人体内にも約3％存在する元素であるから，生体に対しては無害と考えられる。また，材料の強度を降伏強度，引張強度ともに大幅に高める。図5.25[21]は，引張試験により得られた高窒素ニッケルフリーオーステナイト系ステンレス鋼の真応力-真歪み曲線の一例を示す。比較のため，窒素が添加されていないオーステナイト系ステンレス鋼の結果も示している。窒素添加により大幅に強度が上昇しているだけでなく，均一伸びも増大していることがわかる。材料の強度を高めると延性が低下するという原則は材料強度学的に常識的な事実であるが，強度と均一伸びが同時に増大するという窒素添加の効果はきわめて特異なケースである。さらに窒素はステンレス鋼の耐食性を高めることも知られている。式 (5.3) はステンレス鋼の耐孔食性の指標である孔食指数（pitting index）[22]であるが，窒素はモリブデンの約5倍の値を有している。

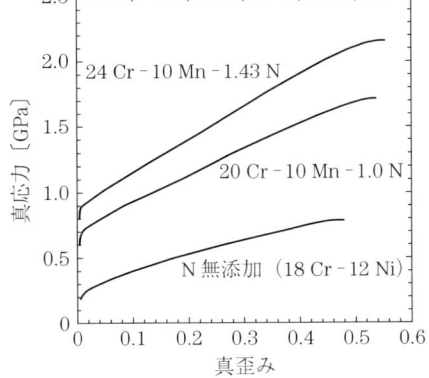

$$\text{pitting index} = (\text{Cr}) + (3.3\,\text{Mo}) + (16\,\text{N}) \tag{5.14}$$

図5.25 高窒素ニッケルフリーオーステナイト系ステンレス鋼の真応力-真歪み曲線

水環境で使用されるステンレス鋼にしばしば窒素が添加されるのはこれが理由であり，過酷な腐食環境である生体内においても窒素が有効に作用することが期待される。

5.3.4 コバルトクロム合金

〔1〕 **コバルトクロム合金（バイタリウム）の特徴**　コバルトクロム合金は，本質的に酸化しにくいコバルト（Co）の性質とクロム（Cr）による不動態被膜形成の効果により，ステンレス鋼よりも優れた耐酸化性と耐食性を有する。そのうえ耐摩耗性にも優れるため，もともと航空機エンジン用の耐熱材料として開発された合金であったが1930年ごろから歯科鋳造用に転用されるようになった。その際につけられた商品名がバイタリウム（Vitallium）である。その後，整形外科用としてバイタリウム製の人工関節が精密鋳造で製造されるようになり，生体用金属材料としてバイタリウムがしだいに注目されるようになった。現在では，機械加工により骨折用プレートやスクリューにも成形可能な高ニッケル系のコバルト基合金も規格化されているが，医療用コバルト合金の総称としてバイタリウムという名称が定着している。**表5.9**は，おもな生体用コバルトクロム合金の化学組成，製造法・処理，機械的性質を示している。化学組成や製造法・処理によって強度と延性を幅広く調整できることがわかる。近年，人工関節用材料としてチタン合金が多く使用されるようになったが，高い耐摩耗性が要求される摩擦面（ボールと呼ばれる骨頭部）には，現在もコバルトクロム合金が最も信頼性の高い材料として適用されている。しかし一方では，加工用コバルトクロム合金におけるニッケルアレルギーの危険性が指摘され，ニッケルフリーでかつ加工性・延性に優れたコバルト合金が望まれている。

表5.9 代表的なコバルトクロム合金の化学組成，製造法・処理，機械的性質

合　金	化学組成 （Co以外の主要元素を質量%で示す）	製造法・処理	耐力〔MPa〕	引張強さ〔MPa〕	伸び〔%〕
F 75	28 Cr-6 Mo-0.3 C	鋳造	450以上	655以上	8以上
F 90	20 Cr-10 Ni-15 W-2 Fe-0.1 C	焼鈍	379以上	896以上	30以上
F 562, MP 35 N	20 Cr-35 Ni-10 Mo	溶体化	240〜448	739〜1 000	50以上
		加工・時効	1 585以上	1 790以上	8以上
F 563	20 Cr-20 Ni-3 Mo-3 W-5 Fe-Ti	焼鈍	276以上	600以上	50以上
		加工・時効	1 172以上	1 310以上	12以上
Elgiloy	20 Cr-15 Ni-7 Mo-15 Fe-2Mn-0.15 C	焼鈍	700以上	1 050以上	15以上
		加工・時効	1 000〜1 700	1 500〜2 000	1〜3
SPRON 510	20 Cr-35 Ni-10 Mo-Nb, Ti	焼鈍		882	62
		加工（線引）		1 470〜2 499	2〜4
		加工・時効		1 764〜2 940	1.5〜3

〔2〕 **コバルトクロム合金の組織と合金元素の役割**　コバルトクロム合金に用いられる主要な合金元素は，クロム，モリブデン，タングステン，そしてニッケルである。これらの元素はいずれも材料の強化（固溶強化）に有効であるが，クロムについては不動態被膜形成により耐食性を高める効果が，モリブデンについては不動態被膜を安定化し，やはり耐食性を高める効果が重要な添加の目的である。一方，ニッケルはステンレス鋼の場合と同様に，組織の相バランスに影響して材料の延性を支配するきわめて重要な役割を担っている。コバルトクロム合金の組織は，熱力学的に約1 000°C以上の高温側ではFCC構造のγ相が安定で，低温側ではHCP構造のε相が安定となる。したがって，室温では一部γ相が残留するものの，主組織は塑性変形能に乏しいε相となる。Co-Cr-Mo系鋳造用コバルトクロム合金（F 75）の延性が低い理由として，粗大な共晶炭化物や鋳造欠陥の影響が挙げられるが，

ε相が主組織であることも一因となっている。しかしながら，γ安定化元素であるニッケルを十分な量添加することにより，室温でも安定なγ組織が得られ，延性を大幅に改善することができる。γ相はそれ自体が延性に富む性質を有するばかりでなく，変形時にγ→εマルテンサイト変態が誘起されると（加工誘起マルテンサイト変態），局部変形が抑制されて均一伸びが増大する効果（TRIP効果）も期待できる。また，ニッケル量を増加させることにより，延性を損なうことなくモリブデン量も同時に増加させて耐食性の改善を図ることも可能になる。例えば，表5.9のF562や超合金（superalloy）の一種であるMP35Nではニッケル量を35％とし，モリブデンを10％まで増加させている。また，SPRON 510は，F562とほぼ同組成の合金に1％のニオブ（Nb）と0.5％のチタン（Ti）が添加されたコバルト合金であり，両元素の固溶強化が利用されると同時に，合金中の不純物である炭素（C）を炭化物（NbC，TiC）として遊離させることで，耐粒界腐食性の向上，ならびに熱処理時の結晶粒成長の抑制が図られている。

〔3〕 **加工と熱処理によるコバルトクロム合金の高強度化および高延性化** 一般に，γ組織を有する高ニッケル系のコバルトクロム合金は冷間加工および時効処理により著しく高強度化される。**図5.26**[23]はSPRON 510の冷間圧延材における時効処理温度と引張強さの関係を示す。

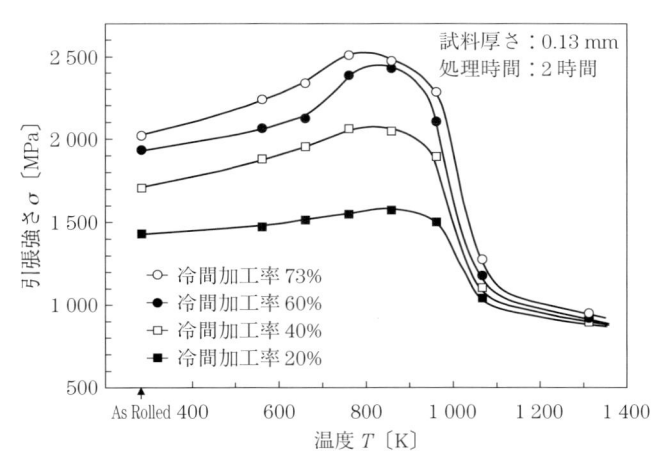

図5.26 SPRON 510の冷間圧延材における時効処理温度と引張強さ（圧延直角方向）の関係[23]

圧延まま材の引張強さに着目すると，著しい加工硬化を生じる結果，冷間圧延だけで2 000 MPa以上の高い強度が得られることがわかる。冷間圧延材に時効処理を施すと強度はさらに上昇し，500°C付近での処理により最も大きな引張強さが得られている。このように，高ニッケル系のコバルトクロム合金は加工性や強度特性の面では優れた材料であるが，生体用としてはニッケルアレルギーの問題がある。そのため鋳造用に用いられるニッケルフリー

Co-Cr-Mo 合金の機械的性質を加工熱処理による組織制御で改善しようとする研究がなされている。千葉ら[24]は，Co-29Cr-6Mo 合金の組織を高温の γ 域（一部 BCC 構造の α 相含む）での熱間鍛造および熱間圧延により約 60％ の γ 相が残存した $\gamma+\varepsilon$ 二相組織とし，かつ結晶粒径を 10 μm 以下にまで微細化した。それにより耐力が約 700 MPa，引張強度が約 1 000 MPa，伸びが約 18％ の機械的性質を達成している。さらに，1 050℃での再 γ 化→急冷処理により γ 相比を 80％ まで高めると，耐力は若干低下するが引張強さは約 1 200 MPa，伸びは約 30％ に改善されることを報告している。

5.3.5 チタンおよびチタン合金

〔1〕 **チタン合金の分類と用途**　チタン（Ti）は比重が小さく（鉄は 7.9 g/cm³，チタンは 4.5 g/cm³），強度も鉄鋼に匹敵する。また耐熱性や耐食性にも優れるため，鉄鋼では使用が困難となるような航空機のエンジン関係や海水環境での用途にも適用できる構造材料として広く認知されている。さらに，優れた生体適合性を兼ね備えていることが明らかにされ，近年ではインプラント用の硬組織代替材料として最も有望視される金属材料となった。チタン材料には多くの種類が存在し，ステンレス鋼と同様，金属組織の違いによって分類されている。すなわち，純チタンに近い組成で結晶構造が HCP 構造の α 型チタン合金，多量の合金元素を含み室温でも安定な BCC 構造を有する β 型チタン合金，α 相と β 相の混合組織を有する $\alpha+\beta$ 型チタン合金に分類される。**表 5.10** は，実用されている純チタン（不純物として含まれる酸素濃度により分類）および代表的なチタン合金の分類，化学組成，熱処理，おもな機械的性質を示す。ただし，このようにさまざまなチタン合金が開発されているにもかかわらず，国内では現在生体用として認可されているチタン材料のほとんどが純チタンあるいはチタンに 6％ のアルミニウム（Al）と 4％ のバナジウム（V）を添加した Ti-6Al-4V 合金である。

表 5.11[18] に，チタンが使用されている医療器具と材料の対応を示す。加工性や延性，靱性が要求される場合には純チタンが，強度が必要とされる場合には Ti-6Al-4V 合金が使用されている。Ti-6Al-4V 合金は，熱処理により強度と延性のバランスをさまざまに制御することが可能であり，機械的性質に関しては十分な性能を有した材料といえる。ところが，Ti-6Al-4V 合金中の構成元素であるバナジウムの毒性が指摘され，アルミニウムがアルツハイマー病の原因になるとの説[†]が流布した結果，生体に無害な元素で構成されたより安全なチタン合金の開発に目が向けられるようになった。一方で，骨代替材料としてチタン合金を適用するには材料の弾性率が骨に最も近い β 型合金が有利であることが指摘され

[†] WHO（世界保健機構）では，「アルミニウムは人を含めたいかなる動物種においても，生体内でアルツハイマー病の病態を引き起こさない」としている。

表5.10 純チタンおよび代表的なチタン合金の分類，化学組成，熱処理，機械的性質

分類	合金 (Ti以外の主要元素を質量%で示す)	熱処理	耐力 〔MPa〕	引張強さ 〔MPa〕	伸び 〔%〕	備考
純チタン (CPチタン)	JIS 1種 (0.150)	加工	167以上	275〜412	27以上	
	JIS 2種 (0.20)	加工	216以上	343〜510	23以上	
	JIS 3種 (0.30)	加工	343以上	481〜618	18以上	
α型合体	5 Al-2.5 Sn	焼鈍	820	850	18	
	8 Al-1 V-1 Mo	加工	930〜1 030	1 000〜1 100	15〜18	
	6 Al-5 Zr-0.5 Mo-0.25 Si	溶体化・時効	888	1 061	12	nearα型
α+β型 合金	6 Al-4 V *	焼鈍	910	990	14	
		溶体化・時効	1 100	1 170	10	
	6 Al-2 Sn-4 Zr-6 Mo	溶体化・時効	1 180	1 262	10	
	6 Al-6 V-2 Sn	溶体化・時効	1 098	1 166	8	
	11 Sn-5 Zr-2.5 Al-1 Mo-0.25 Si	溶体化・時効	1 000	1 098	10	
β型合金	13 V-11 Cr-3 Al	焼鈍	892	1 114	16	
		溶体化・時効	1 200	1 270	8	
	11.5 Mo-4.5 Sn-6 Zr	溶体化・時効	1 313	1 382	11	
	15 Mo-5 Zr-3 Al	溶体化・時効	1 450	1 470	14	

* 生体用には不純物量の少ない 6 Al-4 V ELI (extra low interstitial) がおもに用いられる。

表5.11 チタンが使用されている医療器具と材料の対応[18]

おもな診療科	医療器具	材料
整形外科	脊柱固定器具	Ti-6 Al-4 V
	骨折固定材（ボーンプレート，スクリュー，ピン，ワイヤー，髄内釘など）	Ti-6 Al-4 V
	脊椎スペーサー	Ti-6 Al-4 V
	人工関節・骨頭（ステム）	Ti-6 Al-4 V
循環器外科・内科	埋め込み型人工心臓	純Ti
	心臓ペースメーカー	Ti-6 Al-4 V
	人工弁	Ti-6 Al-4 V
	クリップ	Ti-6 Al-4 V
歯科	人工歯根	純Ti, Ti-6 Al-4 V
	矯正用ワイヤー	Ti-6 Al-4 V

ている。実際に，低弾性率型 β 型チタン合金が骨癒合およびリモデリングに対してステンレス鋼や Ti-6 Al-4 V 合金よりも有効であるという事実が報告されている[25]。

〔2〕 **生体用チタン合金における合金設計の指針と開発動向**　ステンレス鋼における合金元素がオーステナイト安定化元素とフェライト安定化元素に分類されたのと同様に，チタン合金における合金元素も α 安定化元素と β 安定化元素に分類される。表5.12 にチタン合金に使用される合金元素の分類を示す。Ti-6 Al-4 V 合金における合金設計の指針としては，α 相に濃化して α 相を強化するアルミを添加するが，そのままでは延性に乏しいため，

表5.12 チタン合金に使用される合金元素の分類

α安定化元素	β安定化元素	中立元素
アルミニウム（Al） 錫（Sn） ガリウム（Ga） 酸素（O） 窒素（N）	モリブデン（Mo） タングステン（W） バナジウム（V） タンタル（Ta） ニオブ（Nb） マンガン（Mn） クロム（Cr） 鉄（Fe） 水素（H）	ジルコニウム（Zr） シリコン（Si）

強いβ安定化元素であるバナジウムの添加により延性に富むβ相を組織中に混在させ，良好な強度-延性バランスを確保しようとの考えによる。しかしながら，前節で触れたようにバナジウムの生体に対する毒性が指摘されているため，Ti-6Al-4V合金中の4％のバナジウムをこれと同等なβ安定化能となる7％のニオブ（Nb）で置換したTi-6Al-7Nb合金や，同様の考えにより相バランスを調整したTi-5Al-2.5Fe合金，Ti-15Zr-4Nb-4Ta-0.2Pd合金（Zr：ジルコニウム，Ta：タンタル，Pd：パラジウム）等のα+β型バナジウムフリーチタン合金も開発されている。

最近では，力学的な生体適合性を考慮して低弾性率を示すβ型チタン合金に関する研究が主流となっている。表5.13は，生体用として開発された種々のβ型チタン合金とその弾性率を示す。同時にその他の材料の弾性率も例示している。β型チタン合金の弾性率はほかの金属材料に比べて小さく，骨に対して約2〜3倍程度である。いずれの合金もニオブ，タンタル，ジルコニウムなどの重元素を多量に含有しており，製造性やコスト面には問題を残すものの，無害元素から構成され，生体適合性にも優れた金属材料として最も注目されている生体用金属材料である。また，この種のチタン合金には超弾性（superelasticity）を発現するものもあり，その機能を利用してステント（管の狭窄を防止する網状のチューブ）や歯

表5.13 生体用として開発されたβ型チタン合金とその他の材料との弾性率の比較

	合　金	処　理	弾性率〔GPa〕
β型チタン合金	13Nb-13Zr	時効	79〜84
	12Mo-6Zr-2Fe	焼鈍	74〜85
	15Mo	焼鈍	78
	35Nb-7Zr-5Ta	溶体化	55
	29Nb-13Ta-4.6Zr	溶体化	63
骨およびその他の生体用金属材料	骨		約30
	6Al-4V（α+β型）	焼鈍	124
	ステンレス鋼（SUS 316L）	冷間加工	200
	コバルトクロム合金	鋳造	248

5.3 生体用金属材料の合金設計と組織制御

科矯正ワイヤーへの応用も期待されている。

チタン合金を構成する各合金元素の α 安定化能と β 安定化能が実験的に定量評価された研究例はあまり存在しないが，チタン合金の設計に簡便な手法としてd電子合金設計法が提案されている。この手法では，チタン合金の各合金組成について原子間の結合力の指標となる平均結合次数（$\overline{Bo}$）および原子半径や電気陰性度の指標となる平均d電子軌道エネルギーレベル（$\overline{Md}$）をそれぞれ計算し，$\overline{Bo}$-$\overline{Md}$ 線図を作成して整理すると，α 型，β 型，$\alpha+\beta$ 型となる領域を明瞭に分類できることが示される。さらに，加工時の変形モードの分類や β トランザス（$\beta \to \alpha$ 相変態開始温度），Ms 点の予測にも利用できる。表 5.14 は，森永らによって計算された各元素の Md と Bo の値を示す[26]。合金における平均 Md と平均 Bo はそれぞれつぎのように組成平均で定義する。

$$\overline{Md} = \sum Xi(Md)i \tag{5.15}$$
$$\overline{Bo} = \sum Xi(Bo)i \tag{5.16}$$

ここで $(Bo)i$ と $(Md)i$ はそれぞれ i 原子の Md，Bo 値であり，Xi は i の原子分率である。例えば Ti-6 Al-4 V（86.2 at％ Ti-10.2 at％ Al-3.6 at％ V）合金の場合

表 5.14 チタン合金における各元素の Md と Bo の値

	Md	Bo		Md	Bo		Md	Bo
Al	2.2069	2.4457	Mn	1.1796	2.7195	Nb	2.4175	3.106
Si	2.2154	2.5814	Fe	0.95984	2.6522	Mo	1.962	3.072
Sn	2.6003	2.2836	Co	0.79832	2.5278	Hf	2.9709	3.1199
Ti	2.4387	2.7999	Ni	0.72021	2.4102	Ta	2.5207	3.1236
V	1.8588	2.8087	Cu	0.54545	2.1119	W	2.06	3.1326
Cr	1.4603	2.7842	Zr	2.9232	3.0998			

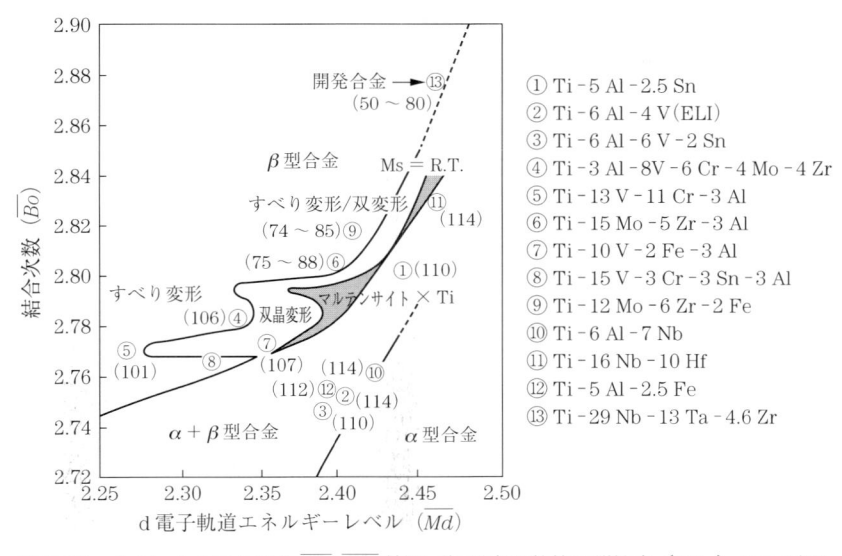

① Ti-5 Al-2.5 Sn
② Ti-6 Al-4 V（ELI）
③ Ti-6 Al-6 V-2 Sn
④ Ti-3 Al-8V-6 Cr-4 Mo-4 Zr
⑤ Ti-13 V-11 Cr-3 Al
⑥ Ti-15 Mo-5 Zr-3 Al
⑦ Ti-10 V-2 Fe-3 Al
⑧ Ti-15 V-3 Cr-3 Sn-3 Al
⑨ Ti-12 Mo-6 Zr-2 Fe
⑩ Ti-6 Al-7 Nb
⑪ Ti-16 Nb-10 Hf
⑫ Ti-5 Al-2.5 Fe
⑬ Ti-29 Nb-13 Ta-4.6 Zr

図 5.27 チタン合金における $\overline{Bo}$-$\overline{Md}$ 線図（括弧内の数値は弾性率〔GPa〕を示す）[27]

$$\overline{Md} = 0.862 \times 2.439 + 0.102 \times 2.207 + 0.036 \times 1.859 = 2.39 \quad (5.17)$$

$$\overline{Bo} = 0.862 \times 2.800 + 0.102 \times 2.446 + 0.036 \times 2.809 = 2.76 \quad (5.18)$$

となる。新家ら[25), 27)]は，$\overline{Bo}\text{-}\overline{Md}$ 線図に弾性率の情報も取り入れて図 5.27 を報告している。そして本手法を用いて，毒性のない構成元素からなり，かつ強度，延性，耐食性，弾性率をも考慮に入れた新しい生体用 β 型チタン合金，例えば Ti-29 Nb-13 Ta-4.6 Zr を提案している。

〔3〕 **生体用チタン合金の表面改質**　表面改質とは，材料表層部の組成や構造をなんらかの処理により変化させ，耐食性，耐摩耗性，生体適合性を改善しようとする手法である。生体材料の表面に要求される特性は，構造部材として要求されるバルクの力学的な強度特性とは相いれない場合が多いので，表面改質は材料の総合的な機能を高めるにはきわめて有効な手段である。チタン合金は，ほかの金属材料に比べて生体親和性に優れた材料ではあるが，リン酸カルシウム（CaP）やハイドロキシアパタイト（HAp）のような生体活性材料（bioactive materials）ではなく，生物学的融合性に問題を残している。また耐摩耗性に関してはまったく不十分であり，そのままでは摺動部への適用は困難である。例えば，人工関節においてすり合せ部の摩耗量が多いと，摩耗粉がフレッティング腐食や疲労の原因となり関節としての機能が損なわれるだけでなく，骨吸収反応（骨のカルシウム成分の減少，材料-骨界面への軟部組織の侵入など）が助長されることもある。以上の観点から，チタン合金の応用範囲を拡大していくには表面改質は重要な技術であり，すでにいくつかの手法が実用化されている。

表 5.15[18)] に生体用金属材料に対する表面改質法を示す。このうち，生物学的融合性を改

表 5.15 生体用金属材料に対する表面改質法[18)]

目的	方法	
耐食性改善	水溶液浸漬 陽極酸化 貴金属イオン注入	
耐摩耗性改善	TiN 被覆 窒素イオン注入	
骨形成促進	アパタイト被覆	水溶液浸漬 電気的析出 プラズマ溶射 イオンプレーティング PF マグネトロンスパッタ パルスレーザー被覆 アパタイト粒子圧入
	アパタイト非被覆	アルカリ溶液浸漬＋加熱 過酸化水素溶液浸漬 カルシウムイオン注入 カルシウムイオンミキシング

善する手法としてプラズマ溶射による HAp の被覆が，耐摩耗性および耐食性を改善する手法としてスパッタ蒸着による TiN コーティングが一般的に利用されている。HAp は骨や歯質などの硬組織を構成している物質であり，その薄膜を材料表面に形成させることで骨組織形成が促進されるため，HAp 被覆したチタンおよび Ti-6 Al-4 V 合金が人工歯根に適用されている。ただし，母材金属と HAp との結合強度が不十分であることから界面はく離が問題となっている。これを解決するため，カルシウムイオン（Ca^{2+}）の注入により膜の結合強度を高めようとする手法（ダイナミックミキシング）[28] や，直径数十マイクロの球状 HAp 粒子をチタン合金表面から超塑性変形を利用して機械的に圧入する手法[29] 等が提案されている。

5.4 金属材料の強度

5.4.1 金属材料の腐食環境中での強度

腐食環境中の金属材料の強度は，不活性環境中の強度に比べて低下することが多い。腐食環境中の強度低下は，材料，環境，応力の相互作用により発生するが，作用応力の形態によって大別すると，静的引張応力による応力腐食割れ[30] と，繰返し応力による腐食疲労[31] に分けられる。ここでは生体材料で重要な腐食疲労について概説する。

〔1〕 **腐食疲労の特徴**　腐食性環境中で金属材料に繰返し応力が作用すると，図 5.28 に示すように真空中，大気中や不活性ガスなどの不活性環境中における疲労とは異なった挙動を示すようになり，これを腐食疲労という。あらかじめ腐食させた試験片（予腐食試験片）を用いて不活性環境中で疲労試験をすれば，ある程度の強度低下は生じる。これは腐食による表面損傷が応力集中源として作用することによるが，腐食損傷が継続して進行するわけではないので，疲労限度が消失するまで低下することはない。一方，腐食疲労の場合は腐食環境とひずみの同時作用により損傷が進行し続けるので，有限寿命域では短寿命化が起き

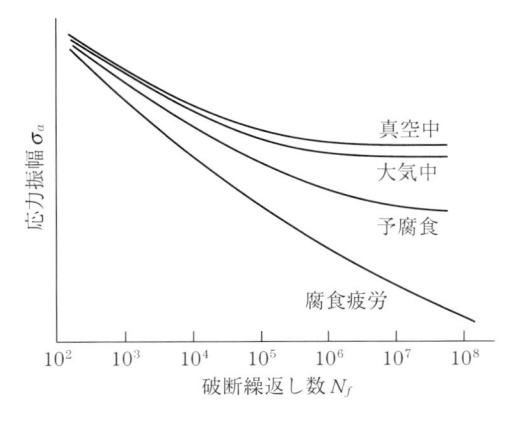

図 5.28　S-N 曲線に及ぼす環境効果

るとともに，疲労限度が低下し続けることが多い。応力腐食割れが特定の環境と材料の組合せ下で生じるのに対して，腐食疲労はほとんどの材料で発生し得る事象である。

〔2〕 腐食疲労の機構

（a） 腐食疲労き裂の発生機構　腐食疲労はおもにき裂発生が加速されるのが特徴であり，通常の疲労に比べて早期にき裂が発生し，また通常の疲労限度以下の応力でもき裂が発生する。き裂発生起点は材料と環境の組合せで異なるが，図 5.29 に示すように介在物，すべり帯腐食部，保護皮膜の破壊部などを源として形成される形状不連続部であることが多い。

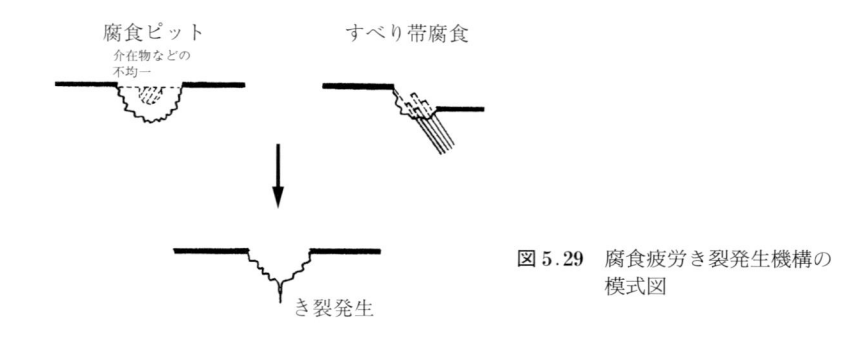

図 5.29　腐食疲労き裂発生機構の模式図

（b） 材料の影響　不活性環境中では疲労限度と材料の引張強さの間に比例関係が見られるのが普通であるが，腐食疲労の場合は図 5.30[32)] に示すように，非耐食鋼では引張強さの高い材料を用いても疲労強度の向上は望めない。

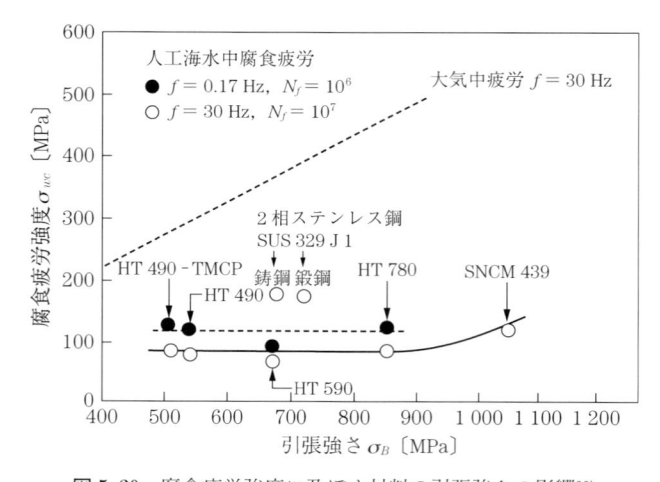

図 5.30　腐食疲労強度に及ぼす材料の引張強さの影響[32)]

（c） 環境の影響　図 5.31[33)] に炭素鋼の腐食疲労強度に及ぼす pH の影響の例を示す。pH が高い領域では大気中疲労強度に近付くが，pH 11〜5 では強度変化が少なく，5 以下では pH の低下とともに著しく低下する。

5.4 金属材料の強度

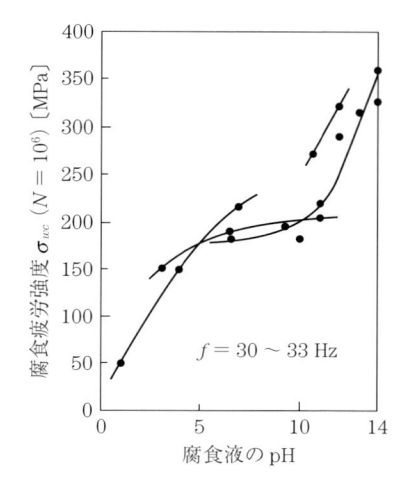

図5.31　炭素鋼の腐食疲労強度に及ぼすpHの影響[33]

腐食疲労強度は腐食環境の強さに影響される．図5.32[34]は13Crステンレス鋼について代表的な腐食性因子であるNaCl濃度の影響を示したものである．濃度が低いときはほとんど強度低下がないのに対し，濃度が高くなるにつれて短寿命化および疲労限度の低下が生じている．代表的な環境因子はpH，塩分，溶存酸素，温度等である．塩分は不動態化を阻害する因子であるとともに，溶液の電気伝導度を上昇させて腐食を促進する．温度の効果は溶存酸素量や金属表面に生成する皮膜種類にも関係するので単純ではないが，一般的には温度が高いほうが腐食は促進され，腐食疲労強度が低下する．

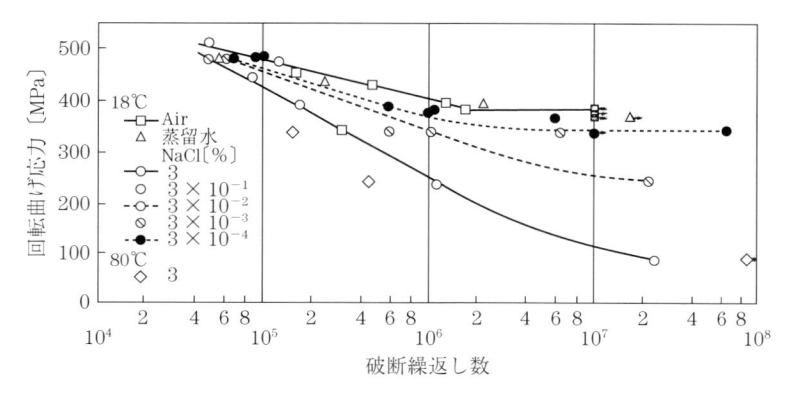

図5.32　13Crステンレス鋼の腐食疲労強度に及ぼすNaCl濃度の影響[34]

ステンレス鋼やチタンなどの耐食性金属材料は材料表面に不動態皮膜を形成することによって耐食性が実現されている．したがって，これらの材料の腐食疲労強度は不動態被膜の状況によって大きく影響される．チタンや，ステンレス鋼の耐食性の基になるクロムは本来は活性な金属元素であるが，酸素の存在下で材料表面に緻密な皮膜を形成することによって耐食性が実現されるので，溶液中の溶存酸素濃度が大きく影響する．図5.33[35]はSUS316ス

174   5. 生 体 材 料

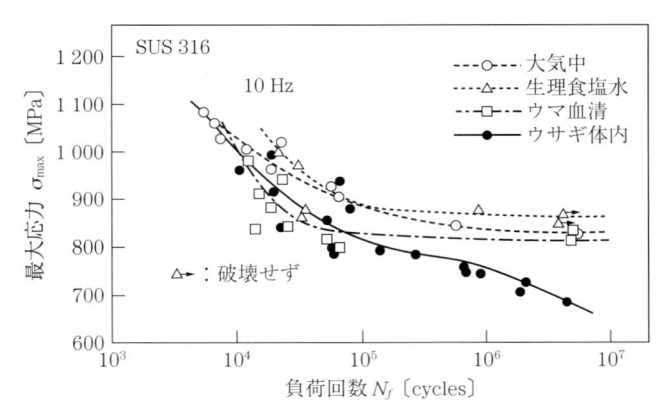

図 5.33　SUS 316 の引張疲労試験結果[35]

テンレス鋼に対して各種の環境中で疲労試験を行った結果であるが，大気解放された生理食塩水やウマ血清の場合は大気中とほぼ同様な強度となるのに対し，生きているウサギの体内に試験片を挿入して行った試験結果は著しく強度低下を起こすことが示されている。これは生きているウサギの体内では溶存酸素濃度が低いため金属材料が十分に不働態化せず，耐食性を発揮するまでに至らなかったためである。一方，図 5.34[35] はチタン合金について大気中とウサギの体内での同様の試験を行った結果であるが，チタン合金の場合は比較的低い溶存酸素濃度で不働態化が生じるために，両環境で大差ない結果が得られている。耐食材料の選定に当たってはこのような体内環境のことを考慮し，適切な環境を再現した状態での材料選定試験が必要であることを示している。

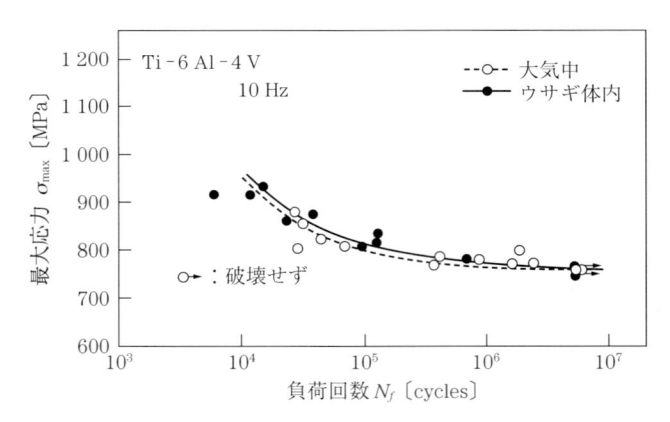

図 5.34　チタン合金の引張疲労試験結果[35]

5.4.2　歯科インプラントの疲労強度評価の例

歯科用インプラントは，人工の歯根を顎骨の中に埋め込み，その上に義歯をつくる治療法で，約 40 年前に開発された。その代表的な構造を図 5.35 に示す。以前は，フィクスチャー

5.4 金属材料の強度　175

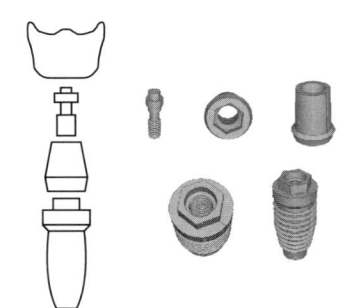

図 5.35 歯科用インプラントの例

と顎骨との結合が満足に得られないための失敗が多数あったが，最近では生体適合性に優れる材料としてチタンを用い，さらに表面にチタンプラズマスプレーやハイドロキシアパタイトをコーティングすることにより，インプラント植立後のオッセオインテグレーション（結合組織の介在なしで直接骨と結合すること）は高い成功率を収めている。一方で，機械的にねじで締結している部位の緩みや破壊が報告されており，材料強度面での信頼性が検討課題となっている。インプラントの応力状態を有限要素法を用いて解析し，疲労強度評価を行った例を以下に示す[36]。

歯科インプラントを約10年間使用することを想定すると，その間のそしゃく回数はほぼ1 000万回近くになるので，高サイクル疲労を検討すべき領域となる。Ti-6 Al-4 V製のインプラントを，締付けトルク20 N·cmでねじ締結後，軸方向に100 N，直角方向に20 Nを負荷したときのインプラント各部の応力分布を，三次元有限要素法により解析した結果を図5.36に示す。最大応力はアバットメントスクリューのかみ合い第1ネジ山の谷底に発生

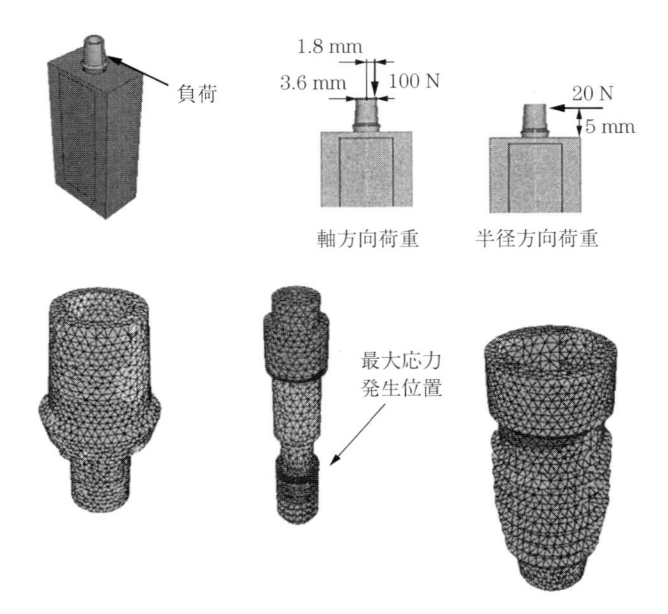

図 5.36 歯科用インプラントの応力解析[36]

するが，いずれの部位も材料の耐力と比較しても延性破壊に対しては余裕のある設計となっている。

このインプラントを長期間使用することを想定してそしゃくによる繰返し負荷に対する高サイクル疲労強度を検討した評価結果を図5.37に示す。インプラント軸直角方向に200 Nの負荷を与えても発生する応力は疲労限度以下である。チタン合金は体内の環境によっても顕著な疲労強度低下は生じないので，この程度の負荷であれば1 000万回のそしゃくによっても疲労破壊しないものと判断される。

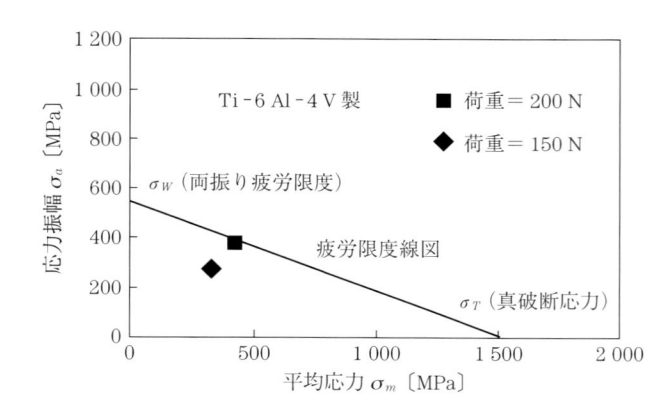

図5.37 歯科用インプラントの疲労強度評価[36]

生体内の人工部材は小型の部材の割に比較的大きな負荷が多数回繰り返される状況にあるため，長期使用に対して材料力学的な信頼性評価が重要である。

5.4.3 フレッティング疲労

〔1〕 **フレッティング疲労とは** たがいに押し付けられて接触した2物体間で，相対的に数十μm未満の微小振幅の往復の繰返しすべり運動が起こる現象をフレッティングと呼び，接触面に生ずる特殊な摩耗をフレッティング摩耗と呼ぶ。すべり範囲が0.1 mm以上の大きな相対すべりによる摩耗や，連続的な摺動すべりによる摩耗とは区別される。繰返し応力が作用している場合にはフレッティングによって発生した微小き裂を起点として疲労破壊することがあり，これをフレッティング疲労と呼ぶ。

鉄道車軸と車輪，ポンプ軸と羽根車などの産業機械においては，はめ合いによって力が伝達される部材でフレッティング疲労が主要損傷因子になることが従来から認識されてきた。フレッティング疲労は摩耗という現象によって「き裂の卵」が準備されるため，通常の疲労に比べ，著しく低い応力によっても疲労破壊に至る。生体内の人工部材も締結部を有し，比較的小型部材で大きな力を伝達する場合には，部材間の微小な相対すべりが繰り返されるので，フレッティング疲労に対する配慮も必要となる。

〔2〕 **フレッティング疲労損傷機構** フレッティング疲労破壊の状況を端的に示す機械

部品の例を図 5.38[37] に示す。ねじ締結された板材が疲労破壊した例で，ねじ穴の応力集中にもかかわらず，接触面の端近くを起点としてき裂が発生成長した例である。このような観察結果をもとに図 5.39 に示すような模式図によりフレッティング疲労発生機構が説明されている[38]。接触片の端部近傍のすべり領域で摩耗が発生する。この摩耗粉は大気中では茶褐色の微細粉となり，通称「ココア」と呼ばれる。き裂は図 5.40 に示すように摩耗した部分と摩耗していない部分との境界近傍に発生することが多い。この端部近傍の摩耗領域の中に微細なき裂が発生し，接触面内部方向へ 45° 程度の傾きをもってき裂成長するのが特徴である[39]。

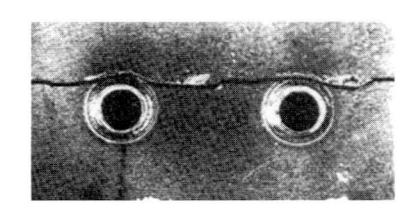

図 5.38 ねじ締結部の破壊例[37]

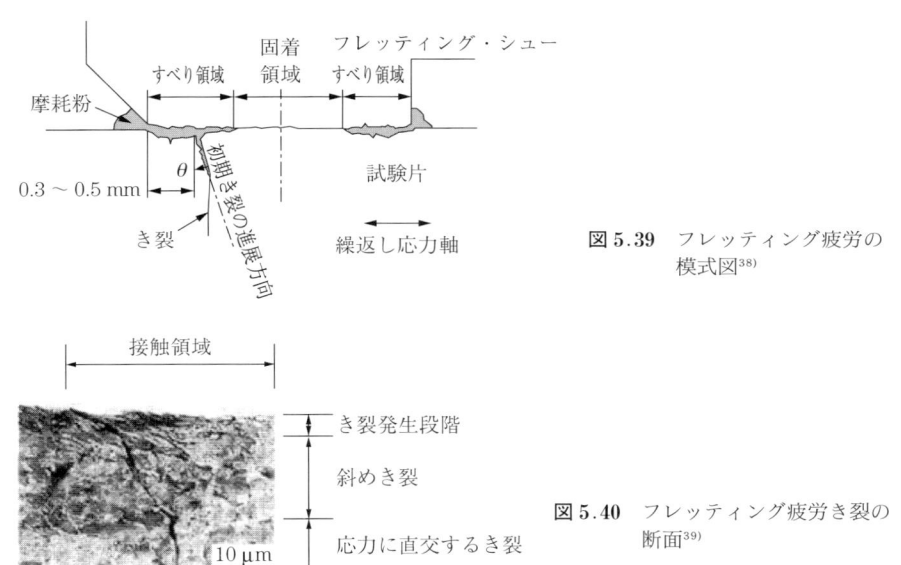

図 5.39 フレッティング疲労の模式図[38]

図 5.40 フレッティング疲労き裂の断面[39]

接触部の端部近傍に相対すべりが発生しやすいのはつぎのような理由による。図 5.41 のように接触させた 2 円筒に，押付け力 N と接線力 T を作用させた場合を考える。押付け力による面圧分布は図 (b) の圧力と表示された放物線分布となる。摩擦係数を μ とすると，面圧分布 p によって発生する局所の摩擦応力分布は μp で示される放物線分布となる。一方，接線力 T による接線応力 τ は図中せん断応力と表示される両端で立上った分布となる。ここで，$\tau > \mu p$ を満たす領域では接線応力が摩擦応力を超えるためすべりが発生する。一方，$\tau < \mu p$ である中央部ではすべりが発生せず，固着状態となるというもので，Mindlin

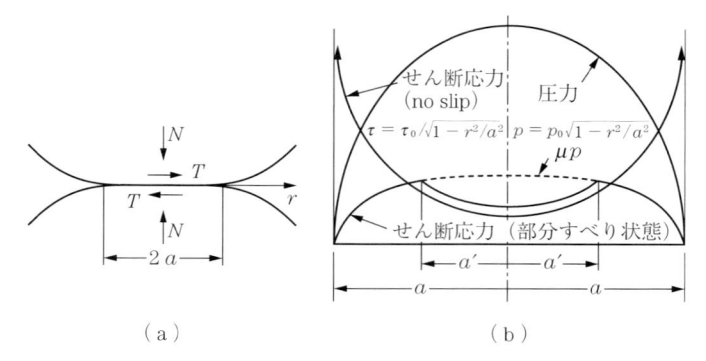

図5.41 すべりの原因を示す力学モデル[37]

のモデルと呼ばれる。

　金属材料の機械加工面の摩擦係数は大気中で通常0.2前後の値である。フレッティング疲労では繰返し相対すべりにより潤滑効果がなくなり，金属間の真実接触が生じ得るようになるため，図5.42[40]に示すように摩擦係数（厳密には接線力係数 T/N）は 0.5～0.8 程度の値に上昇する。フレッティング疲労の応力解析を行う際にはこのような摩擦係数の上昇を考慮に入れる必要がある。

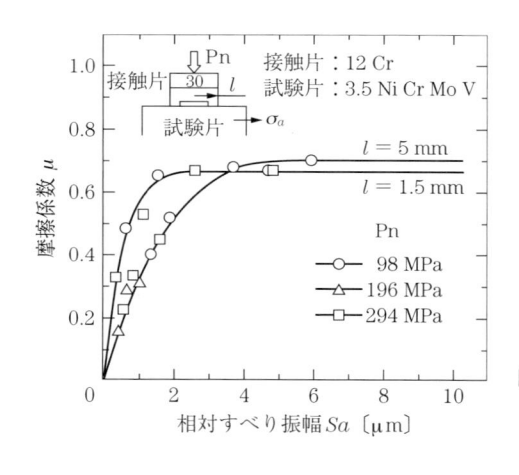

図5.42 フレッティング疲労における摩擦係数[40]

〔3〕 **フレッティング疲労強度に影響する因子**　　フレッティング疲労強度には多数の因子が影響する。以下に主要因子の影響について例を示す。

（a）面圧の効果　　図5.43に示すように接触面圧が増加すると強度低下が生じるようになり，数十MPa以上作用すれば面圧の影響はおおむね飽和する傾向を有する[41]。

（b）相対すべり量の影響　　繰返し応力と相対すべりの大きさの組合せにより図5.44[42]に示すように損傷状況が変化する。

（I）疲労き裂が発生しない領域。

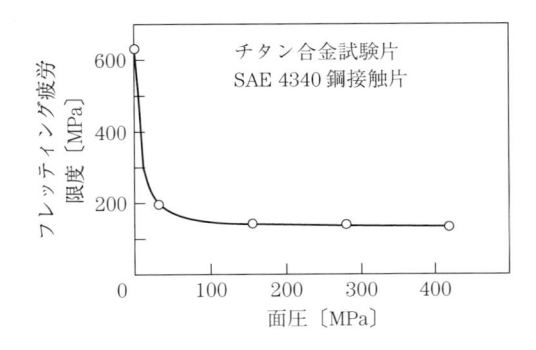

図 5.43 フレッティング疲労限度に及ぼす面圧の影響[41]

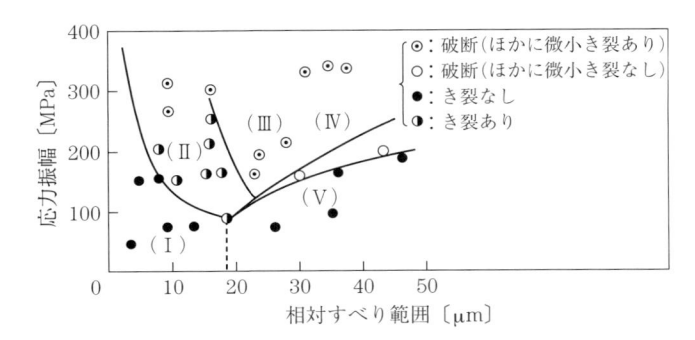

図 5.44 フレッティング疲労限度に及ぼす相対すべり量の影響[41]

（Ⅱ）　微細き裂が発生するが，内部へ進展しない領域。

（Ⅲ）（Ⅳ）　微細き裂が内部まで進展し，破断する領域。

（Ⅴ）　フレッティングによる摩耗が大となり，いったん生じたき裂が摩滅する領域。

一般的にいって相対すべりが大きくなるにつれて疲労限度も減少するので，相対すべりを低減することにより疲労強度を向上させられる。

（c）　表面処理の影響　　表面の高周波焼入れ，窒化，ショットピーニング，ローラー加工など，材料表面を硬化させるとともに，圧縮の残留応力を付与する表面処理は疲労限度向上に優れた効果がある。

（d）　フレッティング疲労の防止対策　　フレッティング疲労防止策として，機械部品について各種の防止策が提唱されているので，以下に列挙しておく。

①　段付き形状等の形状変更は有効である。図 5.45 は機械部品での例であるが，接触端部にわずかな段を設けるという配慮で，疲労強度が向上する[42]。

②　接触面圧を低下させる。

③　相対すべり量を小さくする。

④　摩擦係数を小さくする。

⑤　材料の硬さが高いほうが若干有利である。

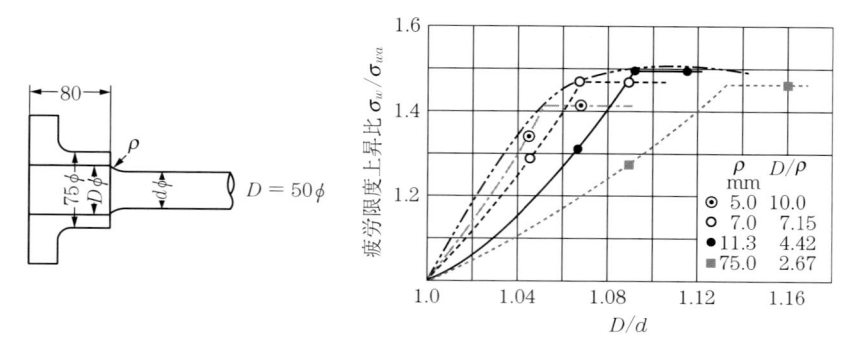

図5.45 段付き付与によるフレッティング疲労強度改善[42]

⑥ 表面に圧縮残留応力を残す。
⑦ 高周波焼入れ，浸炭，窒化，ショットピーニング，ロール加工等を施す。
⑧ フレッティング疲労が生じる場所と繰返し応力の高いところを分離する。
⑨ 接触面を持たない一体構造にする。

5.5 生体セラミックス材料

5.5.1 生体セラミックス材料の分類

　石器時代という言葉が表すようにセラミックスは最も古くから使われていた材料であり，また，きわめて多岐にわたる機能を発揮する材料でもある。代表的な機能性セラミックスとその機能を図5.46にまとめる。機能性セラミックスの一つが生体セラミックス材料（バイオセラミックス）であり，名前のとおり，生体内で用いられるセラミックス材料をいう。さ

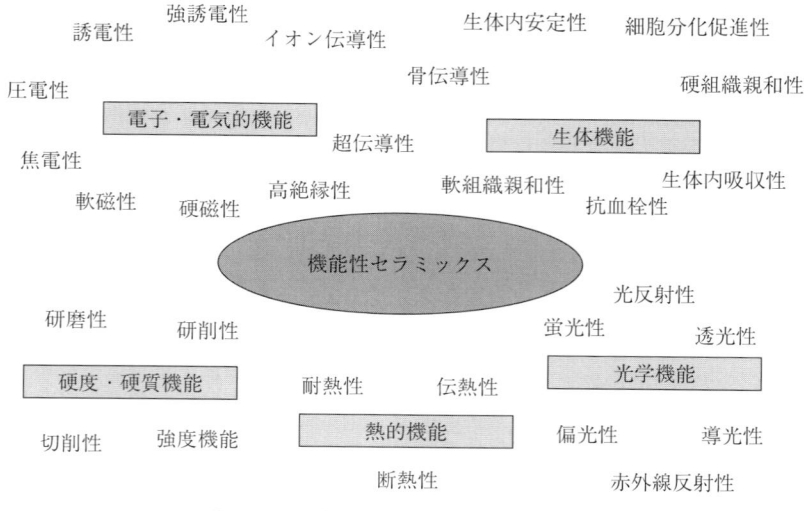

図5.46 機能性セラミックスとその機能

まざまな生体セラミックスの分類法があるが，生体内の挙動で分類すると生体不活性セラミックス（bioinert ceramics），生体活性セラミックス（bioactive ceramics）および生体吸収性セラミックス（bioresorbable ceramics）に区分される。ここでいう生体活性とは「母床骨と接してインプラントされた場合に骨と結合する性質」と定義され，骨伝導性（osteoconductivity）ともいわれる。生体活性セラミックスと対になるのが生体不活性セラミックスであり，生体内で安定なセラミックスである。生体吸収性セラミックスは別の範疇のセラミックスであり，名前のとおり，生体内で徐々に吸収されるセラミックスをいう。

生体セラミックスは医科医療および歯科医療に用いられるが両者に共通な生体セラミックスと個々に特有な生体セラミックスがある。しかし，一般的に厚生労働省の認可に関しては別個に審査される。

5.5.2 生体不活性セラミックス

セラミックスは一般的に高温で焼成製造されているため，金属材料や高分子材料と比較してはるかに優れた化学的安定性を示す。この性質を最大限に利用したのが生体不活性セラミックス（bioinert ceramics）であり，アルミナ（Al_2O_3）およびジルコニア（ZrO_2）が代表例である。アルミナは生体内で不活性であるだけでなく機械的強度，硬度や潤滑性にも優れるため図 5.47 に示すように人工股関節の骨頭代替材料などとして用いられる。ジルコニアの用途もアルミナとほぼ同じである。ジルコニアはセラミックスの中で機械的強度と靱性が最も大きい材料であるが，結晶相として単斜晶系（低温安定相），正方晶系（中温安定相），立方晶系（高温安定相）があり，焼結過程における冷却の際に正方晶系から単斜晶系に体積膨張をともなう相転移が起こる。この相転移は著しい強度低下を引き起こすためイットリア（Y_2O_3）などを添加し，正方晶を安定化させた部分安定化ジルコニアが用いられている。こ

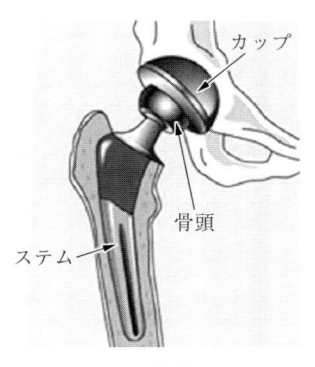

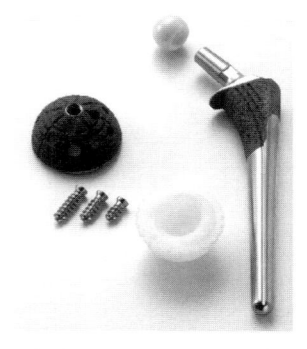

（a） 模式図　　　（b） ジルコニアボールを用いた人工股関節

図 5.47　人工股関節

の相転移反応は水分の存在下で加速されるため,生体セラミックスとして用いるためには信頼性の観点から用途を十分に吟味する必要がある。

5.5.3 生体活性セラミックス

生体活性セラミックス(bioactive ceramics)は,母床骨と接してインプラントされた場合に電子顕微鏡レベルでも骨と結合するセラミックスであり,ハイドロキシアパタイト($Ca_{10}(PO_4)_6(OH)_2$),バイオガラス(Bioglass®),アパタイト-ワラストナイトガラス(AW-glass®)が代表例である。生体活性という言葉は骨伝導性と同義語であるが,材料学者は生体活性を,臨床家は骨伝導性を多用する傾向がある。類似した用語に骨結合性(osteointegration)と骨誘導性(osteoinduction)がある。骨結合性は金属チタンに見られる性質で,母床骨と接してインプラントされた場合に骨と結合し,光学顕微鏡レベルで骨との間に結合性組織は認められないものの電子顕微鏡レベルでは結合性組織が介在する。骨誘導性は異所性(筋肉や脂肪など,母床骨がない部位)に骨を形成する性質であり,周囲に骨細胞が存在しないため,幹細胞を骨細胞に分化させるか,ほかの細胞を脱分化させてから骨細胞に分化させる必要がある。骨から注出される骨誘導タンパク(BMP, bone morphogenetic protein)が骨誘導性を示す典型的な物質である。ハイドロキシアパタイトも多孔体であれば骨誘導性を示すことが知られているが,異所性の骨形成には骨誘導タンパクに比べて相当の時間がかかる。

5.5.4 生体吸収性セラミックス

生体不活性セラミックスはもとより生体活性セラミックスも基本的には生体内で溶解されない。一方,生体吸収性セラミックス(bioresorbable ceramics)は生体内で徐々に吸収されるセラミックスであり,β型リン酸三カルシウム($Ca_3(PO_4)_2$),炭酸カルシウム($CaCO_3$),石膏($CaSO_4 \cdot 2H_2O$),炭酸アパタイト($Ca_{10-a}(PO_4)_{6-b}(CO_3)_c(OH)_{2-d}$)が代表例である。生体内における吸収形式には物理化学的な溶解(いわゆる溶けているだけ)と細胞による吸収があり,細胞による吸収は,さらに破骨細胞性の吸収と異物巨細胞性の吸収に分類される。生体吸収性と生体活性は相反するものではなく,炭酸アパタイトは生体活性と生体吸収性をあわせ持つ典型的な生体セラミックス材料である。β型リン酸三カルシウムを始め,ほかの生体吸収性セラミックスに関しても生体活性を示すという知見が得られているが,反論も多く,現時点では見解が確立していない。図5.48はβ型リン酸三カルシウムで腓骨の再生を行った症例である。β型リン酸三カルシウムが吸収されるにつれ,腓骨が再生する。生体吸収性セラミックスは骨組織再生にきわめて有用な材料であるが,症例の選択と吸収速度の制御がきわめて重要である。すなわち,骨再生速度に比べて生体吸収性セラミッ

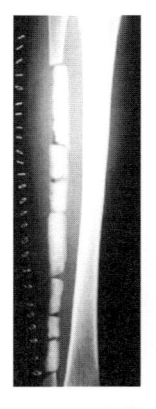

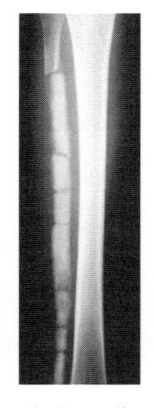

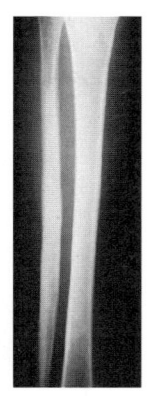

(a) 術直後　(b) 術後2か月　(c) 術後18か月

図 5.48　β 型リン酸三カルシウムを用いた腓骨の再生

クスの吸収速度が速い場合は，骨再生ではなく結合組織による修復が起こる。

5.5.5　生体硬組織

生体セラミックスのおもな用途は骨や歯などの生体硬組織の代替であるため，その応用には生体硬組織を十分に理解することが必要である。

生体（ヒト）は重量比で 60％の水分と 36％の有機成分，4％の無機成分から構成されている。無機成分で最も多い元素はナトリウムであり，これは体液の基本成分が塩化ナトリウムであることに起因する。**表 5.16** に示すようにヒトの構成元素の中で無機物に限ってみるとナトリウムのつぎに多いのがカルシウムであるが，生体内のカルシウムの 99％は骨や歯などの生体硬組織中に存在している。ヒトを含めてすべての脊椎動物における硬組織の主成分はアパタイトであるが，カニなどの甲殻類や無脊椎動物の骨格構造はアパタイトでなく炭酸カルシウムである。この差異は発生学的な理由から説明されている。

表は地表，海水およびヒトの十大元素を示したものであるが，地表は砂や岩石に覆われて

表 5.16　地球の表層，海水，生物体（ヒト）に含まれる十大元素の比較

順位	地球表層	海水	ヒト	ヒト元素の地表成分順位	ヒト元素の海中成分順位
1	酸素	水素	水素	3	1
2	ケイ素	酸素	酸素	1	2
3	水素	ナトリウム	炭素	—	9
4	アルミニウム	塩素	窒素	—	10
5	ナトリウム	マグネシウム	ナトリウム	5	3
6	カルシウム	硫黄	カルシウム	6	8
7	鉄	カリウム	リン	—	—
8	マグネシウム	カルシウム	硫黄	—	6
9	カリウム	炭素	カリウム	9	7
10	チタン	窒素	塩素	—	4

＊　マグネシウムはヒトの第 11 位元素　　＊＊　海水中のリン酸濃度 1.3 μM

おり，砂や岩石の主成分がシリカ（SiO_2）であるため第一位および第二位元素は酸素とケイ素である。そして地表成分の十大元素とヒト成分の十大元素では5個の元素が一致する。一方，海水の主成分は水（H_2O）であるので第一位および第二位元素はヒトと同じ水素と酸素である。海水の十大元素とヒト成分の十大元素を比較した場合にじつに9個が一致する。すなわち，ヒトは進化論的に海で発生し，周囲の海水成分を使って自己組織を形成したとされている。海水の十大元素のうちヒトの十大元素にないものはマグネシウムであり，これはヒトの第11位成分である。一方，ヒトの第7位成分であるリンの海水中濃度はきわめて薄く1.3 μMである。リンはエネルギー代謝やリン酸代謝など生命活動の維持に必要不可欠な成分であるが，甲殻類や無脊椎動物などの生体が海にいる限り，必要なときに必要なだけのリンを海水から取り込み生命活動を維持することが可能であった。そのため，甲殻類や無脊椎動物などの生体は構成元素が周囲に多量に存在し，結晶構造がより単純な炭酸カルシウムを骨格成分として選択したと考えられる。しかし，海から陸に移動し，また動きが活発になった脊椎動物はリンを体内に貯蔵する必要が生じ，リンを含むアパタイトを骨格として選択したと考えられている。

5.5.6 リモデリング

骨は成長してからもつねに一定のサイクルで骨を形成する「骨形成」と，骨を吸収する「骨吸収」をたえず繰り返している。これをリモデリングといい，その結果，骨は形成された後でも，つねにその一部がつくりかえられており弾力性を失うことがない。骨を形成する役割は骨芽細胞（osteoblast），骨を吸収する役割は破骨細胞（osteoclast）が担っている。図5.49に破骨細胞の模式図を示す。破骨細胞は骨に接着するとイオンポンプを用いてプロ

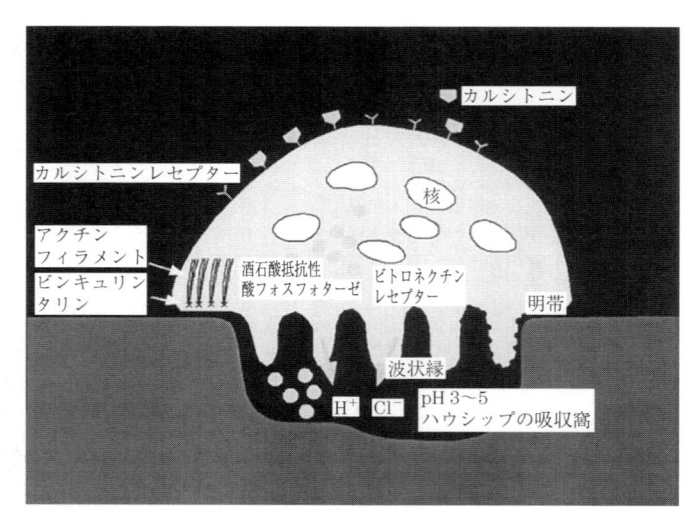

図5.49 破骨細胞の機能の模式図

トンと塩素イオンを骨に移動させる。その結果，塩酸がハウシップ窩内部に供給され，骨の無機主成分であるアパタイトは溶解する。

5.5.7 アルミナ

アルミナはファインセラミックスの中で最も応用が進んでいるセラミックスの一つであり生体セラミックスとしても最も歴史が古い。アルミナには 10 以上の変態（modification）が知られているが，生体セラミックスとして用いられているアルミナは純品中で最安定相である a アルミナである。生体中において用いられるアルミナはコストよりはるかに機能が優先されるために，小粒径で粒径分布がきわめて小さく，かつ，超高純度のアルミナ粉末を用いて増粒を防いで焼結製造される。アルミナは生体内においてきわめて安定であり，強度が大きい。さらに大きな特徴は潤滑性であるが，この潤滑性はアルミナ表面がきわめて水を吸着しやすいことに起因している。このメカニズムは必ずしも十分に解明されていないが，アルミナ結晶表面の酸素が水分子と接触することにより分極し，その結果，アルミナ表面は水酸基に覆われ，この水酸基に水が強固に結合すると説明されている。

5.5.8 アパタイト

アパタイト（apatite）は骨や歯など生体硬組織の無機主成分として知られているが，広義のアパタイトは $A_{10}(BO_4)_6X_2$ として表される広範囲の化合物をいう。ここで A は Ca^{2+}，Cd^{2+}，Sr^{2+}，Ba^{2+}，Pb^{2+}，Zn^{2+}，Mg^{2+}，Mn^{2+}，Fe^{2+}，Ra^{2+}，H^+，H_3O^+，Na^+，K^+，Al^{3+}，Y^{3+}，Ce^{3+}，Nd^{3+}，La^{3+}，C^{4+} あるいは空隙であり，BO_4 は PO_4^{3-}，CO_3^{2-}，CrO_4^{3-}，AsO_4^{3-}，VO_4^{3-}，UO_4^{3-}，SO_4^{2-}，SiO_4^{4-}，GeO_4^{4-} あるいは空隙，X は OH^-，OD^-，F^-，Br^-，BO^{2-}，CO_3^{2-}，O^{2-} あるいは空隙である。このようにきわめて多くの化合物が存在し，歴史的には分析がきわめて困難であったためギリシャ語で「惑わす」を意味する "$απαταω$"（アパトー）がアパタイト（apatite）の語源となっている。

生体セラミックスに関係あるアパタイトは正確にはリン酸カルシウム系アパタイト（$Ca_{10}(PO_4)_6X_2$）と呼称すべきであるが，簡単のために単にアパタイトと呼称している。アパタイトの組成としてハイドロキシアパタイト（$Ca_{10}(PO_4)_6(OH)_2$）の組成がよく用いられるが，$Ca_{10}(PO_4)_6(OH)_2$ の組成を示すアパタイトは生体中には存在しない。$Ca_{10}(PO_4)_6(OH)_2$ の組成を示すアパタイトは，量論アパタイトと呼ばれ乾式法（焼成によるセラミックス調整法）により合成される。一方，ヒトの硬組織の組成は**表 5.17** に示されているようにカルシウムとリン酸以外にも種々の元素を含有していることがわかる。カルシウムとリン酸以外に多量に含まれているのが炭酸基であり，この炭酸基は骨のリモデリングにおいて重要な役割を担っている。これはアパタイトの結晶構造の中に炭酸基が取り込まれることによってアパタイ

表 5.17 成人の硬組織組成

	エナメル	象牙質	骨
Ca^{2+}	36.5	35.1	34.8
PO_4 as P	17.7	16.9	15.2
Ca/P モル比	1.63	1.61	1.71
Na^+	0.5	0.6	0.9
Mg^{2+}	0.44	1.23	0.72
K^+	0.08	0.05	0.03
CO_3^{2-}	3.5	5.6	7.4
F^-	0.01	0.06	0.03
Cl^-	0.30	0.01	0.13
$P_2O_7^{4-}$	0.022	0.10	0.07
無機成分	97.0	70.0	65.0
吸着 H_2O	1.5	10.0	10.0

トの溶解度が大きく増大することに起因している。骨は骨芽細胞による骨形成と破骨細胞による骨形成が相互に繰り返し再構築（リモデリング）を行っており，破骨細胞の機能の一部はハウシップ窩と呼ばれる酸性環境を形成し，骨の無機主成分であるアパタイトを溶解することである。破骨細胞は炭酸基を含有しないハイドロキシアパタイトを吸収できないため，量論アパタイトを骨欠損部にインプラントした場合は骨伝導するが，破骨細胞によって吸収されないため，リモデリングが進行せず，継続的に形態が維持される。一方，骨に含有されるアパタイトのように炭酸アパタイト（炭酸基を含有するアパタイト）は破骨細胞によって吸収されるため，リモデリングのような骨との置換が起こる。なお，炭酸イオンは陰イオンであるため，ハイドロキシアパタイト構造のリン酸イオンおよび水酸イオンと置換することができる。ハイドロキシアパタイト構造において水酸基がしめる部位をAサイト，リン酸基がしめる部位をBサイトと呼称するため，炭酸基が水酸基と置換したアパタイトをAタイプ炭酸アパタイト，炭酸基がリン酸基と置換したアパタイトをBタイプ炭酸アパタイトと定義している。一般にAタイプ炭酸アパタイトは高温で，Bタイプ炭酸アパタイトは低温で形成される。生体骨のアパタイトはリン酸基の部位に炭酸基が置換したBタイプ炭酸アパタイトである。

　生体セラミックスとして重要なもう一つのアパタイトはフルオロアパタイト（$Ca_{10}(PO_4)_6(OH)_{2-x}F_x$）である。フルオロアパタイトはハイドロキシアパタイトに比較して耐酸性が著しく高く，歯垢成分であるミュータンス菌が形成する酸性環境においても脱灰されない。そのためエナメル質表面へのフルオロアパタイト形成が歯質強化（齲蝕予防法の一つ）の決め手であり，歯科医療機関におけるフッ素化合物塗布および一般家庭におけるフッ素洗口，フッ素化合物含有歯磨材を用いた歯磨きなどによって行われている。エナメル質にフッ素化合物を作用させた場合にはフッ化カルシウム（CaF_2）がエナメル質表面に形成され，そのフッ化カルシウムが低濃度のフッ素を徐放し，ハイドロキシアパタイトが徐々にフ

ルオロアパタイトに相変換する。

　ハイドロキシアパタイトは湿式法あるいは乾式法で合成される。湿式法はハイドロキシアパタイトが中性および塩基性領域において熱力学的に最安定相であることを利用した合成法であり，塩基性領域においてカルシウム塩とリン酸塩を反応させて合成する。この際に不活性ガスなどを導入して炭酸ガスを反応系から排除しない場合は，炭酸アパタイトが形成される。なお，湿式法では，量論アパタイトは合成できず，カルシウム欠損アパタイトしか合成できない。乾式法の場合は湿式法で合成したアパタイトあるいはカルシウムとリン酸のモル比がハイドロキシアパタイトのモル比である1.67となるように適切な化合物を混合し，900℃から1 300℃程度で焼成を行う。

5.5.9　リン酸三カルシウム

　リン酸三カルシウムにはα型（高温安定相）とβ型（低温安定相）があり，骨置換材としてバルク材料で用いられているのはβ型リン酸三カルシウムであり，α型リン酸三カルシウムは生体活性セメントの原料として用いられている。この理由はβ型リン酸三カルシウムが比較的骨の形成速度に類似した溶解挙動を示すのに対して，α型リン酸三カルシウムの溶解速度が大きいからである。リン酸三カルシウムが骨伝導性を示すという報告もあるが，否定的な見解もあり，リン酸三カルシウムの骨伝導性の有無に関しては混沌とした現状にある。骨形成の活発な若年者の骨再建にβ型リン酸三カルシウムを用いた症例ではおおむね良好な臨床成績が得られているが，骨形成能が低下した高齢者の骨再建においてはβ型リン酸三カルシウムの吸収に骨形成速度が追いつかない症例が報告されており，β型リン酸三カルシウムの溶解速度制御および適用症例の厳選が重要である。

　α型β型いずれのリン酸三カルシウムも乾式法で合成されるが，β型リン酸三カルシウムはβ相安定化剤としてマグネシウムを添加している場合が多い。また，炭酸カルシウムとリン酸水素カルシウムなどを原料にメカノケミカル（混合物をすりつぶす）的応力を負荷することにより中間体を形成し，加熱すると純粋なβ型リン酸三カルシウムが合成される。

5.5.10　生体活性ガラスと生体活性結晶化ガラス

　ガラスや結晶化ガラス（ガラス形成の後に熱処理を行いガラス成分を結晶化させて機械的物性を向上させたもの）の一部には，図5.50[44]に示すように骨欠損部にインプラントするとその表面に骨様アパタイト（骨の無機主成分である結晶性の低い炭酸アパタイト）を形成し，形成された骨様アパタイトを介して骨と結合するものがある。さまざまな組成の生体活性ガラスや生体活性結晶化ガラスが報告されているが，基本的にケイ素，カルシウム，リン酸とナトリウムやカリウムなどを組成としている。生体内にインプラントした場合，ガラス

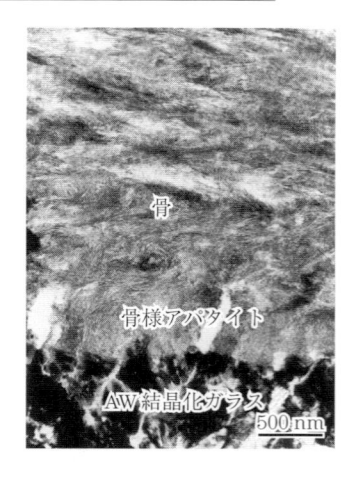

図 5.50 アパタイト-ワラストナイト結晶化ガラスを骨内にインプラントした場合の挙動[44]

表面からカルシウムイオンやアルカリイオンが溶出して体液のアパタイトに対する過飽和度を増大させるとともに，ガラス表面にシラノール基が形成され，このシラノール基がアパタイト形成の結晶核となり骨類似アパタイトが形成される。

5.5.11 炭酸カルシウム

炭酸カルシウム（calcium carbonate）の組成は $CaCO_3$ でカルサイト，アラゴナイト，バテライトという三種類の変態が知られている。バテライト，アラゴナイト，カルサイトの順に溶解速度が速いが，バテライトは不安定相であることもあり，臨床応用されていない。歴史的に骨補てん材として用いられてきたサンゴの組成はアラゴナイトである。

5.5.12 石　　　膏

石膏（gypsum）は硬化性材料であるため歴史的にも古くから医療に用いられてきた。石膏の組成は硫酸カルシウム半水和物（$CaSO_4 \cdot 0.5H_2O$）であり，溶解度が20℃で0.82である。水で練和するとカルシウムイオンと硫酸イオンが反応系中に供給されるが，水中のカルシウムイオンと硫酸イオンは硫酸カルシウム半水和物だけでなく溶解度が20℃で0.20である硫酸カルシウム二水和物（$CaSO_4 \cdot 2H_2O$）に対しても平衡であるため，より溶解度が小さい硫酸カルシウム二水和物として析出する。その結果，反応系は硫酸カルシウム半水和物に対して不飽和となり，硫酸カルシウム半水和物が溶解する。この反応が連続して起こり，生成し，硫酸カルシウム二水和物結晶が絡まりあって硬化する。

石膏の硬化反応は形態賦与にきわめて有効であるが，硬化反応が発熱反応であるため骨欠損部に充てんする場合には留意が必要である。発熱による周囲組織の損傷を防ぐために硬化体を骨置換材として臨床応用する場合も多い。

5.5.13 炭　　　素

熱分解炭素は高強度，高弾性率を示すだけでなく抗血栓性に優れるため，心臓弁として独占的に用いられている。炭化水素と有機ケイ素化合物の混合ガスを不活性ガスで5〜12％程度に希釈し，1 000℃から1 200℃で分解させ，あらかじめ必要な形態に成形されたグラファイト基材表面にコーティングして製造されている。

5.5.14 歯科用陶材

セラミックスは，天然歯に近似した色調，光沢，熱的性質などを示すため，歯科用陶材（dental porcelain）としても古くから用いられている。用途としては，審美修復材である全部陶材冠，金属焼付陶材，セラミックスクラウン，セラミックスインレー，ラミネートベニア（図5.51）や義歯（入れ歯）の人工歯の材料などがある。エナメル質には透明性があるため歯科用セラミックスにも透明性が要求される。歯科用陶材の成分は長石（$K_2O \cdot Al_2O_3 \cdot 6SiO_2$），石英（$SiO_2$）および陶土（$Al_2O_3 \cdot 2SiO_2 \cdot 2H_2O$）であり，透明性に寄与する長石を80〜90％含有させている。

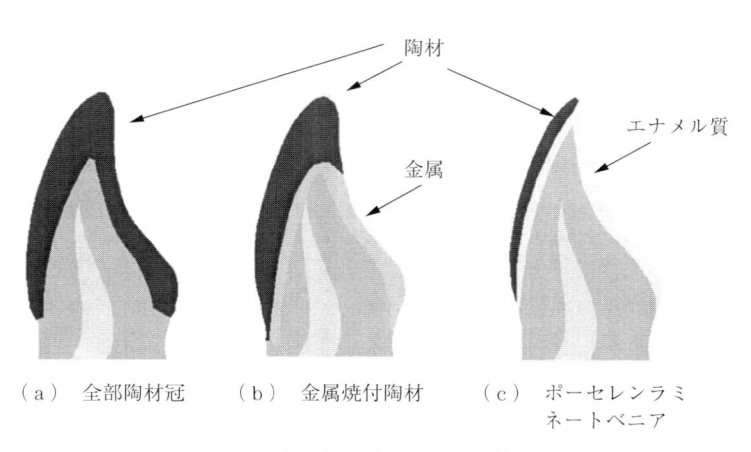

図5.51　代表的な歯科用陶材

5.5.15 セメント

セメントの定義は「水で練和した場合に硬化性を示す無機物質」であるが，医療領域においては硬化性を示す材料一般をセメントと呼称している。歯科医療におけるセメントの歴史はきわめて古く，歯の欠損部を補う修復物や治療用の装置などを歯に接合させるときの合着（接着）や裏装，覆髄（歯髄を保護する），根管充てん（抜髄後の歯髄腔を充てんする），暫間充てん（修復物が完成するまでの暫定的な充てん）などに広く用いられている。さまざまな歯科用セメントが開発されたが，現在，臨床応用されているのはリン酸亜鉛セメント，ポ

リカルボキシレートセメント，グラスアイオノマーセメント，酸化亜鉛ユージノールセメント，レジン系セメントである。リン酸亜鉛セメントは100年以上の臨床実績があるセメントで粉末部および練和液の主成分はそれぞれ酸化亜鉛とリン酸であり，練和によりリン酸亜鉛を形成する酸塩基反応である。リン酸亜鉛セメントはおもに修復物と歯質との合着である。ポリカルボキシレートセメントの粉末部および練和液の主成分はそれぞれ酸化亜鉛とポリアクリル酸であり，2価金属（Zn^{2+}）とポリアクリル酸のカルボキシル基とのキレート結合である。ポリカルボキシレートセメントは歯質および修復物と接着性を示すため，おもに修復物と歯質との合着に用いられている。グラスアイオノマーセメントは機械的物性，審美性に優れ歯質および金属と接着する性質を示し，合着，裏装材，成形歯冠修復材（金属などで修復物をつくることなく直接充てんしてセメントを修復物として用いる）やフィッシャーシーラント（齲蝕に罹患しやすい臼歯咬合面にあらかじめ充てんする材料）として用いられている。このセメントの粉末部はアルミナ，シリカ，フッ化カルシウムなどを溶融急冷粉砕したガラスであり，練和液はポリアクリル酸を主成分とする。粉末部を練和液で練和すると粉末部のアルミノケイ酸ガラスが溶解してカルシウムイオンやアルミニウムイオンを遊離し，これらの金属イオンがポリアクリル酸のカルボキシル基とイオン架橋し硬化する。グラスアイオノマーセメントにレジン成分を添加し，光重合性を獲得し，機械的強度に優れたレジン強化型グラスアイオノマーセメントも臨床応用されている。

　酸化亜鉛ユージノールセメントは歯質への安全性や薬理作用が認められていることから裏装，覆髄，根管充てん，暫間充てんなどに幅広い用途があるが，機械的物性に劣り，接着性を示さないことから合着目的には使用できない。粉末部の主成分は酸化亜鉛と水素添加ロジンであり，練和液の主成分はユージノールであり，キレート反応で硬化する。

　レジンセメントの粉末部の主成分はポリメタクリル酸メチルとシリカフィラー，練和液は多官能性メタクリレートモノマーであり，ラジカル重合で硬化する。レジンセメントはほかの歯科用セメントと比較して機械的物性，接着性が高く，特に合着用途に用いられる。

　医科領域において最も頻繁に用いられているセメントは骨セメントと呼称されるレジンセメントである。骨セメントの粉末部および練和液の主成分はそれぞれポリメチルメタクリル酸とメチルメタクリル酸であり，両者を混合すると重合硬化する。

　最近，アパタイトセメントと呼ばれる生体活性セメントが臨床応用され，骨補てん術式を大きく変えた。アパタイトセメントは石膏のように賦形性があり硬化体がアパタイトとなる生体活性セメントである。歴史的には門間[43]による$α$型リン酸三カルシウムのアパタイトへの相変換硬化反応の発見が生体活性セメントの始まりである。硬化メカニズムは石膏ときわめて類似しており$α$型リン酸三カルシウムが溶解してカルシウムイオンとリン酸イオンを系中に供給し，溶解度の小さいアパタイトとして再析出，析出したアパタイトが絡み合っ

て硬化するという溶解析出型である。α型リン酸三カルシウム単独では硬化時間が長すぎるため，ほかのリン酸カルシウムを複合化したり，有機酸を練和液としてキレート反応で初期硬化させたアパタイトセメントが臨床応用されている。

6 人工臓器・インプラントと再生医工学

6.1 組織工学と材料工学

6.1.1 組織工学における材料工学の視点

　生体外細胞操作と細胞外環境設計によって，細胞と人工骨格基材と人工細胞外マトリックスから *ex vivo* あるいは *in situ* で組織を作製し，これを病変組織の代替として機能・構造を再生する分野は組織工学と呼ばれており，このようにして再構築された組織・臓器は人工臓器と移植臓器の中間の"第3の臓器"と位置付けられ，再生医工学・再生医療として近未来の医療に大きく貢献することが期待されている。

　組織工学による組織の再生は，（1）適切なる細胞ソースの確保と選別，純化あるいは遺伝子改変等の生体外細胞操作と，（2）これらの細胞の外的環境設計・整備が必要であり，そのためには，材料工学，細胞生物学やマトリックス工学，幹細胞工学等の多面的な複合化・アッセンブル化が必要である。また，対象とする組織の生体力学場を十分理解して，これらのストレス場を再現して細胞に機械的刺激として十分に感応させることが必要である。例えば，血管は流体力学的せん断応力，圧力および伸縮応力の生体力学場に常時さらされており，この力学的ストレスが血管壁の恒常性を保つように機能と構造を誘導することが指摘されている。このような機能組織の生体外構築のためには，主役となる細胞のクローナル選別技術とその高速増殖技術に加えて，細胞外環境設計が必須である。これには

　（1）　細胞の接着・伸展・増殖・移動・分化あるいは脱分化・再分化を担当する細胞外マトリックス（extracellular matrix，ECM）および生理活性タンパク質（サイトカイン等）の複合体による細胞直近の環境設計

　　および

　（2）　高次の生体組織体を形成させ，かつ力学的構造を付与し，望むマクロな形状を与える骨格基材（scaffold）とその成型・加工技術

が必要である。

　（2）は，（1）のミクロ環境を最大限に機能化させるのに加えて，マクロな組織体を形成

させ，欠失あるいは病変した組織の形状に fitting するマクロな形状および生体組織のマクロ構造および力学的性質を模倣し，かつ生体組織が常時さらされている，内在する，あるいは外的な力学的ストレス場に感応する構造体（mechano-active scaffold）であることが望ましい。

図 6.1 に機能組織体形成の典型的な工程を示した。ポリマープロセッシングは，骨格基材およびその成型加工技術，およびアクティブ・バイオマテリアルを組み込む表面加工技術を担い，化学工学的および機械工学的知識と技術を組み込んで，機能的組織が形成できる。材料加工は組織作製の初期の工程を担い，形成される組織の質を決定する重要な因子である。バイオマテリアルの成型・加工における骨格基材として，その形態は液状，フィルム状，糸状，メッシュ状，ロッド状，筒状，塊状等多岐にわたる。これらは汎用の工業技術でできるものも多いが，その目的に合わせて"tailor-made"の加工技術を工夫して開発することも必要とされる。本節では，実験室で自作できる成型・加工装置による骨格基材の成型・加工技術（fabrication technology）を紹介する。

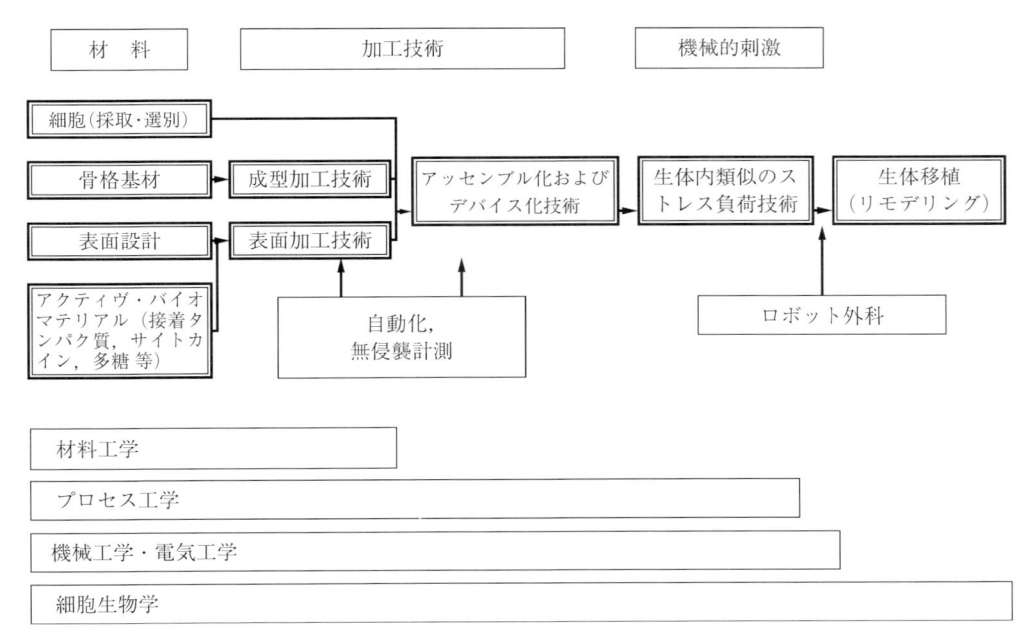

精密加工した骨格基材設計およびアッセンブル化技術には自動化が高品位かつ
高信頼性のある機能組織体形成の要素技術と考えられる。

図 6.1 再生医工学の工程と行程

6.1.2 多孔質体形成

ポリマーフィルム膜は，溶液を塗布して溶媒を蒸発させ，造膜して作製できる。微細孔を形成した多孔質体（フォーム）の場合には，食塩の微細粉をポリマーが溶けている有機溶媒

に分散し、この不均一溶媒から造膜し、ついで水（または熱湯）に浸漬して食塩を溶出させると、連通した微細孔を有するフォームができる（salt impregnation 法）。微細孔の平均サイズや密度は用いる食塩の微細粉のサイズや量によって操作できる。また発泡剤を用いることによっても、同様なフォームが形成される。あるいは造膜時に急速冷却して、相分離を起こさせてゲル状態にし、低温下で真空乾燥すると、溶媒が揮散し、急速冷却時の冷却速度に応じて、表面に対して方向性のある連通孔や樹状連通孔が形成される（thermally induced phase separation 法）。軟骨組織の骨格基材として、生分解性でかつ耐圧縮能力性と変形に対する迅速なる反発特性が必要とされる。salt impregnation 法によって作製した生分解性かつ弾性のある高分子、[poly（L-lacide-ε-caprolactone）]の走査電顕像を図6.2に示した。この材料は比較的大きい孔を有し、繰り返し圧縮応力により弾性変形し、かつ反発特性を有しており、軟骨細胞を播種し、間欠的に圧縮応力を負荷すると、ハイブリッド軟骨組織体が形成された。

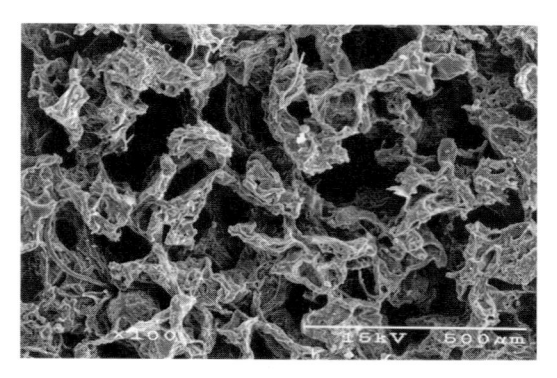

図 6.2　生分解性多孔質の骨格基材の走査電顕像
（salt impregnation 法により作製）

6.1.3　レーザー加工した微細孔形成体

紫外エキシマレーザーは単波長のパルス光であり、その尖頭出力はきわめて高く、高分子表面に照射すると、表面分解が起こり、2～3原子のガスとなって蒸散する（laser ablation, 図6.3）。これを用いると、比較的薄い高分子フィルムに連通の微細孔が精密形成される。図に高い耐久性のある合成エラストマー（セグメント化ポリウレタン）にレーザー照射（KrF：248 nm）して作製した微細孔を有する筒を示した（膜厚：100 μm, 内径 1.5 mm, 孔サイズ 100 μm）。孔サイズ、密度および孔配置は CAD（computer-assisted design）および CAM（computer-assisted manufacturing）により自動化される。このようにして作製した小口径人工血管は、動脈の生理的圧力範囲で、圧-径相関が正常動脈壁のそれに近似した特性が得られた（compliance matching）。また、動物移植実験で微細孔を通して外側から内腔に

(a) 精密微細孔作製

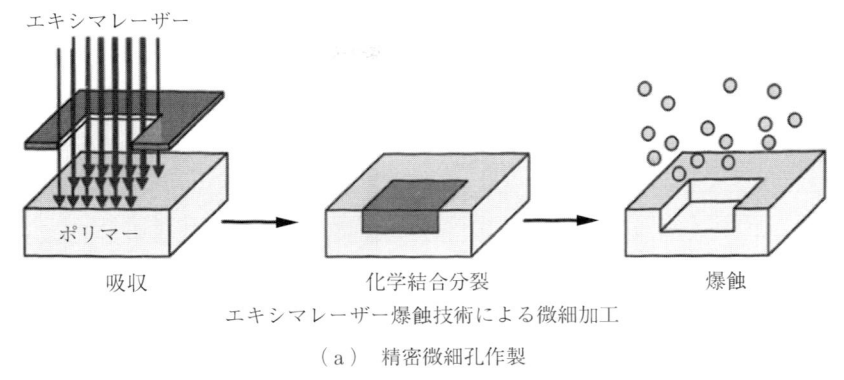

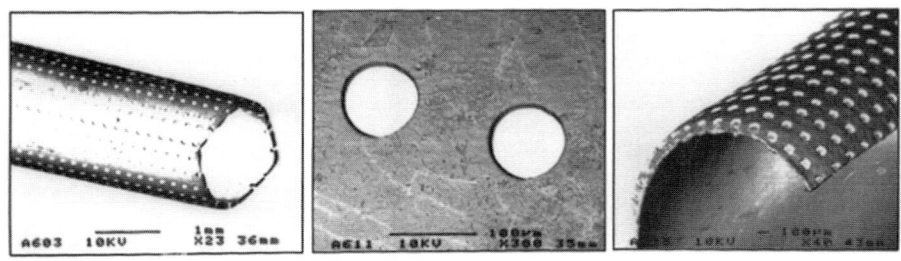

(b) 小口径人工血管

図 6.3　エキシマレーザー（KrF：248 nm）照射（laser ablation）

組織が侵入し，これによって経壁的内皮化（transmural endothelialization）が促進された。

6.1.4　高電圧紡糸によるナノメッシュ

直流高電圧を金属コレクター基板（負極）と金属紡糸ノズル（正極）間にかけ，高揮発性の極性溶媒にポリマーを溶解した溶液をノズルから押し出すと，糸状のジェット流が負極に飛散する（図 6.4）。

溶液表面は正に大きく帯電し，負極に接近するにつれて，その荷電密度は大きくなり，ついには電荷反発によりジェット流は不安定になり（instable jet），数十 nm から数 μm 径のファイバーに分散して金属コレクターに集積し，nonwoven のメッシュ構造体を形成する。ファイバー径は操作条件（電圧，コレクターとノズル間距離等）や紡糸溶液（粘度，濃度，蒸発速度，誘電率，表面張力等）によって変化し，また蒸発速度が小さい高沸点溶媒を低沸点溶媒に少し添加すると，ファイバー間の接触部位で融合（fusion あるいは welding）し，より強固なメッシュが形成される。筒状メッシュ構造体は金属コレクターを高速回転でかつ軸方向に反復して移動できるマンドレルを用いると，筒状のメッシュが自動的に作製できる（図 6.5）。

高速度の高電圧紡糸（electro-spinning，ELSP）では円周方向に配向しやすく，軸方向

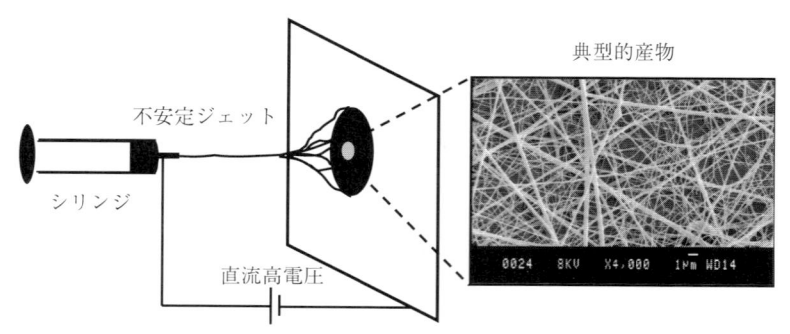

196   6. 人工臓器・インプラントと再生医工学

典型的産物

シリンジ　不安定ジェット

直流高電圧

高電圧紡糸産物の特徴：
（1） ほかの紡糸法では得られないナノファイバー
（2） 高い細孔性
（3） 高い表面積-体積比
（4） 細胞外マトリックスによく類似した超分子構造

不安定ジェットの形成によるナノ・マイクロサイズのファイバーメッシュ形成

図6.4　高電圧紡糸（electrospinning）

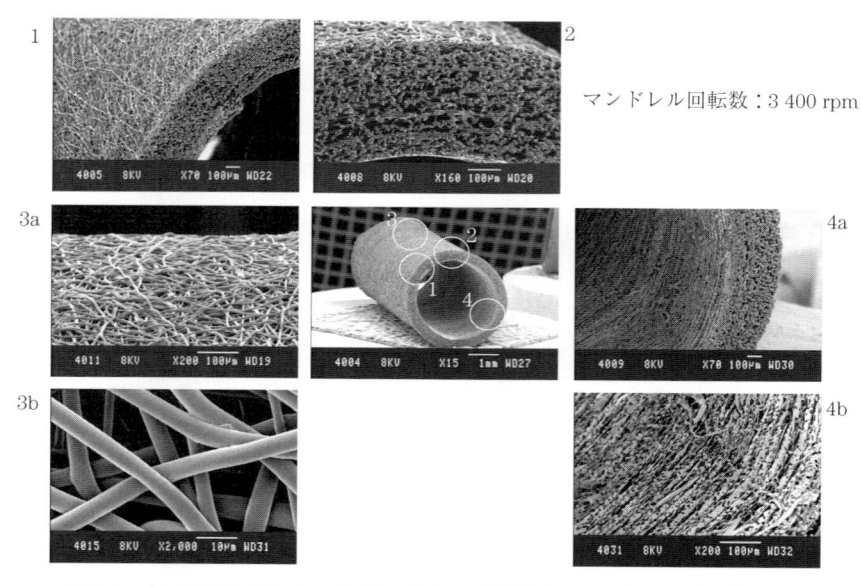

マンドレル回転数：3 400 rpm

図6.5　高電圧直流負荷による高速回転および移動するマンドレル（金属）上に形成したセグメント化ポリウレタン（SPU）のマイクロサイズの筒状メッシュ構造体（高速回転では，円周方向にファイバーが配向）

と円周方向の単軸伸展度あるいはヤング率は，ほぼ同じになる（等方性）。低速のときは軸方向への異方性が高い。このようにして作製した人工血管はきわめて柔軟であり，動静脈用の小口径人工血管として期待できる。一方，あらかじめコラーゲンのナノメッシュを内腔面に形成してから合成高分子メッシュを積層した複合構造体にすることも可能である。また，生分解性ポリマーとコラーゲンやヘパリンとの混合溶媒より形成させたメッシュはおのおのの生体高分子の生理活性を発現するメッシュとなる。

6.1.5 マイクロ光造形技術

光照射によって光反応性液体プレポリマーを重合・硬化させて任意の形状のマイクロ立体構造を作製する技術は光造形（rapid prototyping あるいは stereolithography）と呼ばれている。照射面積をフォトマスクで小さくして xy 軸で微動する光ペン（driving pen）および液状プレポリマーの浴槽に z 軸方向への可動プレートを浸漬してCADおよびCAMで操作すると図6.6のように突起をもった数十～数百μmのサイズの立体構造が形成できる。より複雑な構造体が生分解性の液状プレポリマーから作製でき，鋭い突起をもった構造体から動脈硬化の血管壁の中膜層へ薬剤を直接注入するデバイスに応用されつつある。

図6.6 マイクロ光造形技術によるマイクロ針状アレイ（生分解性かつ生体代謝産物により合成された光反応性液状プレポリマーからCAD/CAMによって作動するマイクロ光造形機によって作製）

また，細胞非接着性と接着性の液状プレポリマーを用いることにより，容易に細胞・組織チップを形成することも可能である（図6.7）。

細胞非接着 光硬化材料

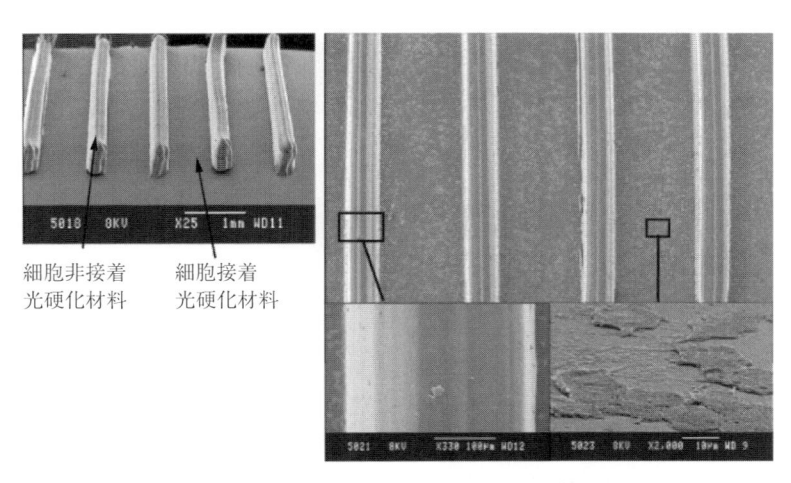

細胞接着 光硬化材料

図6.7 マイクロ光造形による細胞・組織アレイの作製〔細胞接着部位（基板）と細胞非接着部位（バンク）による微小領域での組織形成〕

6.1.6 細胞播種およびマトリックス形成の自動作製装置

人工組織体あるいは骨格基材の任意の空間あるいは平面に細胞を播種注入したり，あるい

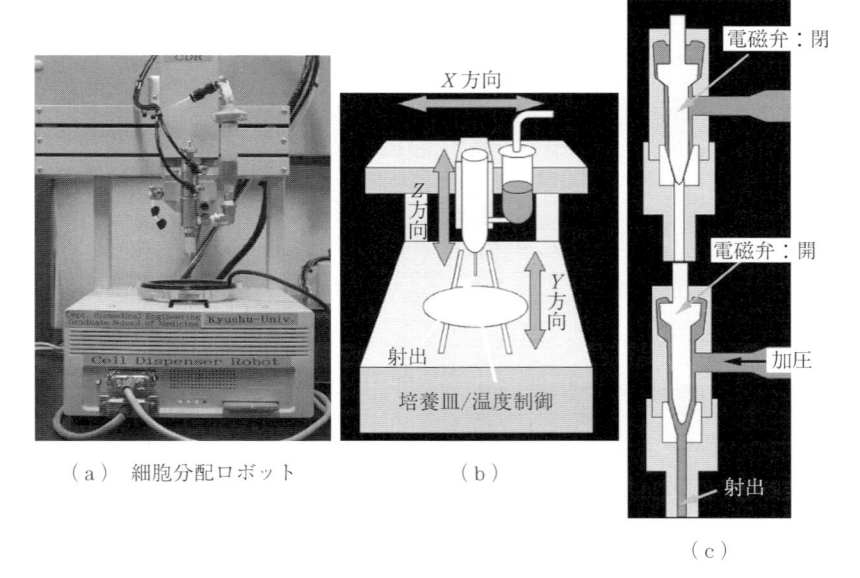

198   6. 人工臓器・インプラントと再生医工学

（a）　細胞分配ロボット
（b）
（c）

図 6.8　ディスペンスロボット〔CAD/CAM によって作動する（a）（b）射出ペンと（c）射出口の機構：ガス圧によって排出する〕

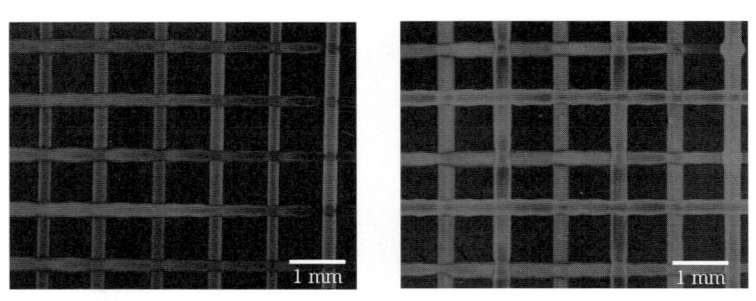

（a）　格子状ディスペンス（緑色：FITC 染色ゼラチン水溶液
　　　　　　　　　　　　赤色：ローダミン染色ゼラチン水溶液）

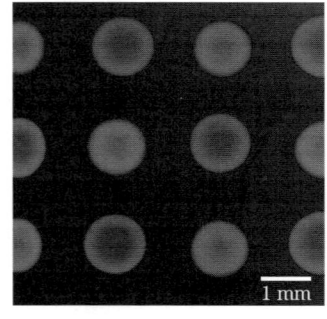

（b）　点状ディスペンス（20倍）

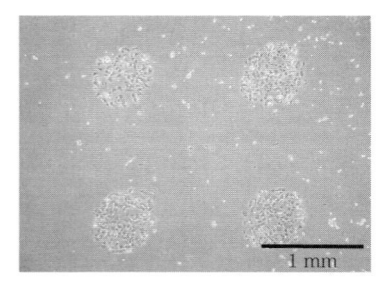

（c）　細胞非接着性感温性ポリマーの上にゼラチンをディスペンスし，さらに平滑筋細胞を播種したもの（位相差顕微鏡写真）

図 6.9　ディスペンスロボットにより作製した2種類の光反応性ゼラチンのマトリックスの（a）格子状および（b）円状パターン並びに（c）細胞コロニー（口絵 15 参照）

6.1 組織工学と材料工学

は細胞のパターンを形成する自動装置（cell dispense robot）や細胞の替わりに光反応性の人工細胞外マトリックスを平面コーティングあるいは三次元構造体内に注入する自動作製装置（dispense robot）を紹介する。この装置は接着剤を塗布するために開発されたものを細胞やマトリックス用に細胞障害を起こさないように排出口（ニードル）や排出動力を改良したもので，窒素ガスで目的とする溶液をニードルから排出する（図6.8）。排出量および塗布面積あるいは塗布体積は操作パラメータ（電磁弁の開閉時間，ガス圧およびニードル径）や排出液パラメータ（粘度）によってCADおよびCAMによってかなりの精度で制御される。

図6.9に光反応性ゼラチンの格子状マトリックスおよび細胞コロニーパターン（内皮細胞および平滑筋細胞）を一例として示した。このようなxy平面におけるマイクロレベルの制御と同様に，深さ方向のz軸に関しても排出制御ができる。この自動作製装置は，現在，軟骨細胞の三次元多孔質体への三次元分配播種および内皮細胞の三次元フラクタル状播種による毛細血管網の作製に応用されている（図6.10）。

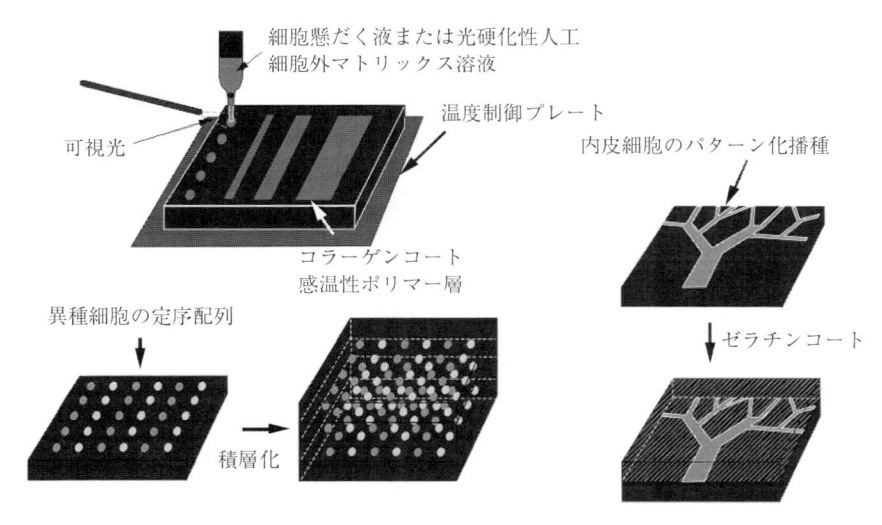

図6.10 セルディスペンスロボットによる異種細胞の配列，階層化およびパターン形成による樹状毛細血管網の模式図

6.1.7 管状血管組織の製作工場

細胞シート工学が岡野（東京女子医科大学先端医工学センター教授）らによって提唱され，その概念と技術は再生医療の中核の一つとして近年多くの機能組織の再構築に用いられ，従来にない高品位の機能を実現している。感温性ポリマー［poly（N‐isopropyl-acrylamide）］を電子線グラフト重合した基材で生成した組織を常温に静置すると，細胞シートが酵素を用いずに採取できるもので，このintactなシートを積層すると機能的心筋組織や角膜組織が生成する。一部臨床応用されている。一方，細胞接着タンパク質ゼラチンのリジ

ン残基のアミノ基から光リビング重合でPNIPAMをグラフト重合したもの(PNIPAM-ゼラチン)はコーティング可能であり，PNIPAMと同様に温度に応答して析出・溶解を起こす。これを用いて，PNIPAM-ゼラチンを塗布した基板に平滑筋細胞（SMC）を播種し，二次元細胞化を形成させ，ついでこの基板を押して先端の一部分の下部に冷却水を通して冷却すると，細胞シートは巻き取られる。この仕組みを考案してデバイス化した（図6.11，図6.12）。

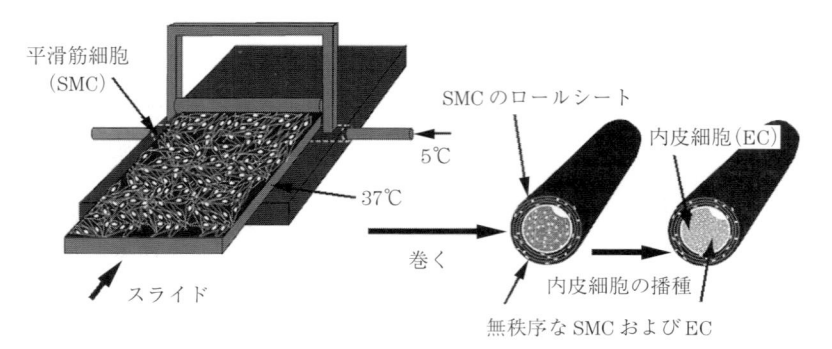

図6.11 自動細胞シート巻上げによる筒状血管壁組織（温度応答性PNIPAM-ゼラチン塗布表面での平滑筋細胞の組織形成後，基板を押して冷却水で低温化された領域での細胞シートのはく離と巻き上げ）

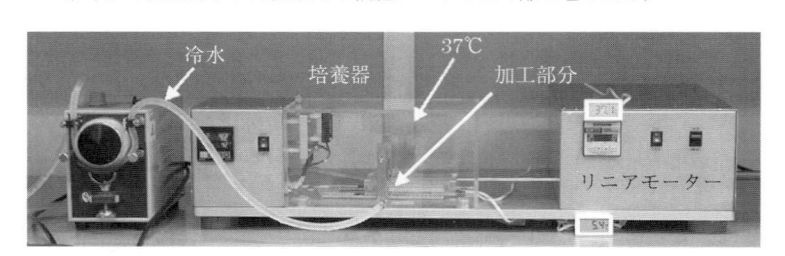

図6.12 筒状血管壁組織体形成の工場（rolled cell sheet factory）

細胞シートは自動的にマンドレルに巻き取られて血管壁中膜層を形成する。これをマンドレルから抜去し，筒状組織体内面に内皮細胞を播種して単層充てん組織を形成させると内膜と中膜から構成される管状ハイブリッド血管組織体が形成することになる。一方，動脈血管では内皮細胞は流れの方向に紡錘状に延伸・配向しており，一方，平滑筋細胞は円周状に配向して血管壁のホメオスタシスとしての恒常性を発現している。この配向構造化を実現する

ためには，前者の組織にある一定期間流体力学的せん断応力と拍動圧を負荷させるか，以下に述べるように，あらかじめ平滑筋細胞は巻取り方向に配向させておき，一方，先端部分には内皮細胞単層をマンドレルに平行して配向すれば，これらを巻き取った場合には，生体組織の各細胞の配向と同じになることになる。図6.13に例を示した。これはハーバード大学のWhitesides教授考案のmicrosoft stamp法を使い，非接着性高分子をプリントして実現したものである。

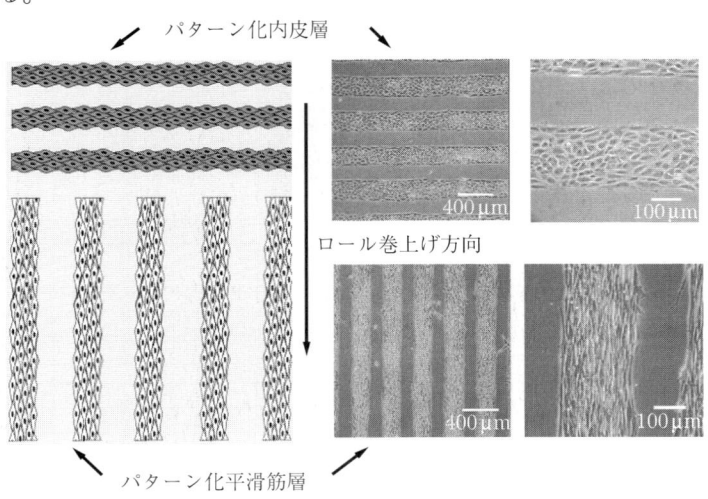

配向組織体を巻き上げることにより，内腔のECは長軸方向に，SMCは円周方向に配向した筒状組織体がrolled cell sheet factoryでただちに作製できる。

図6.13 microsoft stamp法による平滑筋細胞（SMC）と内皮細胞（EC）の配向組織体の形成

6.1.8 実用化技術

　細胞を組み込んだ組織（engineered tissue）を実験室レベルから臨床応用および産業化へ確実に技術移転し，高品位でかつ高信頼性の医療技術を提供するためには，各工程で自動化する必要がある。本節では，研究に限局してテーラメードのengineered tissueの骨格基材（scaffold）の加工技術について概説した。これ以外にも軟および硬組織の形成加工技術は多く，研究者，技術者の考案と工夫が実る分野といえる。

6.2 人工臓器工学

6.2.1 人工臓器

　人工臓器とは，「臓器の機能不全を代行するために，人体に適用される人工的機器」のことであり，1914年にAbelら[4]が，膜を用いた血液透析装置すなわち膜型人工腎臓の開発を

行ったころにこの概念が生まれてきたものと考えられる。人工臓器の具体的な例としては，心臓，血管，肺，腎臓，肝臓，膵臓，骨・関節，皮膚などが挙げられる。すでにポンプの役割を持つ人工心臓や補助人工心臓，また膜を介した物質交換を行う人工肺・人工腎臓などは臨床現場において実用化がなされている。一方，肝臓や膵臓のように複雑多岐にわたる代謝機能の代替は，単に機械的・物理化学的操作のみでは非常に困難である。

20世紀後半における初代細胞の単離，培養技術の目覚ましい進歩により，臓器固有の機能の生体外での利用が可能となってきた。さらに近年では種々の細胞外マトリックスの利用や培養担体の開発による培養環境の最適化の結果，生体組織類似の構造体を生体外で再構築することも可能になりつつある。このような背景のもと，人工臓器の開発においても細胞の生存を支持する人工物と機能細胞とを組み合わせたハイブリッド型人工臓器の開発が注目され，盛んに研究が行われている。ここではおもに代謝系の臓器として肝臓・膵臓を取り上げ，その内容を紹介する。

6.2.2 人 工 肝 臓

肝臓はヒトの臓器のうち最も大きな臓器であり，成人では重量にして体重の約50分の1に相当する。肝臓の機能は代謝・解毒・排泄・その他に大別されるが，その諸機能は500種類以上あるといわれており，そのため，肝臓が一度不全状態となれば，重大な生命の危機に陥る。現在のところ，末期肝不全患者の根本的な治療法は肝移植のみである。これに対し，肝移植を取り巻く現状であるが，移植治療先進国である米国においては，移植実施患者数に対し移植待機患者数あるいは待機中に死亡した患者数は年々増加傾向にあり，今後もこの傾向をたどることは確実であると考えられる（**図6.14**）。また，1997年に臓器移植法案が施行されたわが国においても今後，生体肝移植を含めた移植治療は増加するものと予想される

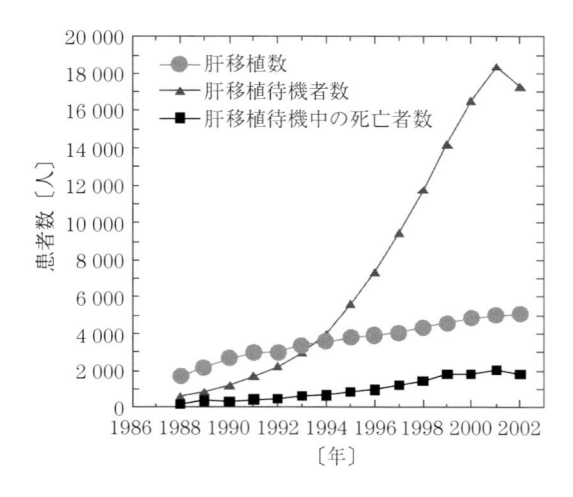

図6.14 米国における肝移植，移植待機患者および待機中の死亡者数の推移（米国移植ネットワーク2003 OPTN/SRTR Annual Report）

が，日本臓器移植ネットワークおよび日本肝移植研究会の報告によれば2002年の生体肝移植実施例は433例であり，脳死肝移植は法案施行後2005年4月までの実施例は28例である。このように慢性的なドナー不足は世界的に見ても深刻な問題であり，肝移植までの橋渡しとして，あるいは肝移植に代わる新たな治療法として人工肝臓の開発が強く望まれている。

人工肝臓には，透析ろ過や吸着除去，血漿交換などによる非生物学的人工肝臓と，肝臓あるいは肝細胞の機能そのものを利用する生物学的人工肝臓に大別される。

〔1〕 **非生物学的人工肝臓（血液浄化療法）**　非生物学的人工肝臓は，血液浄化，特に昏睡の原因と考えられた毒性物質の除去を目的に考案されたものであり，肝不全時に発生する高アンモニア血症に対して，1956年にKileyら[5]が人工腎臓用のセルロース膜を用いて透析を行ったのが始まりである。同時期に急性薬物中毒や尿毒症の治療に活性炭を用いる血液吸着療法の研究も開始された。しかし，これらの方法では，肝性昏睡からの覚醒には効果が見られたものの，救命率の改善には至らなかった。

つぎに血漿分離器の開発によって血漿交換療法が確立された。本法は血漿分離器により患者血漿を分離・廃棄し，健常人の新鮮血漿に入れ換える方法であり，毒性物質の除去と同時に各種タンパク質，血液凝固因子などの補充を目的としている。本法は，現在，わが国で最も頻繁に行われている肝不全治療法の一つであり，さらに毒性物質の効率的な除去と使用血漿量の少量化を目的に，前述の血液ろ過透析や吸着療法との併用が行われている。劇症肝炎患者に対し，これらの血漿交換をはじめとする血液浄化療法を適用した結果，昏睡からの覚醒や症状の改善にはその有効性が示されており[6),7)]，覚醒率は60％程度であると報告した例もある。しかし救命率となると報告によりばらつきが大きく，血漿交換と血液ろ過透析などの併用において50％を超える報告例[8)]もあるが，全体としては30％程度との報告が多く，十分な治療法とはいい難いのが現状である。

〔2〕 **生物学的人工肝臓（ハイブリッド型人工肝臓）**　肝臓の機能そのものを利用する生物学的人工肝臓として，摘出肝を用いた肝灌流，肝スライス，肝組織片の利用，抽出肝酵素の利用などについて研究が行われてきた。しかし，これらのタイプの人工肝臓では十分な機能の発現とその維持が困難であり，近年では，培養肝細胞を利用するハイブリッド型人工肝臓の開発が注目されている。ハイブリッド型人工肝臓とは，肝機能をつかさどる肝細胞と，その生存と機能発現を支持する培養担体とを組み合わせた人工肝臓モジュールを用いることにより，患者の体外から強力なサポートを行う体外設置型の治療概念である（図6.15）。肝細胞そのものを利用するために，本来肝臓が有する血中有害物質の選択的除去や種々の因子の供給による体内恒常性の維持，肝再生の誘発等といった従来の血液浄化法にはない利点を有している。このため患者肝臓の再生を誘発するに十分高性能な人工肝臓を開発することは，肝移植に替わる新たな根本的治療法の提供につながり，医療現場に及ぼす波及

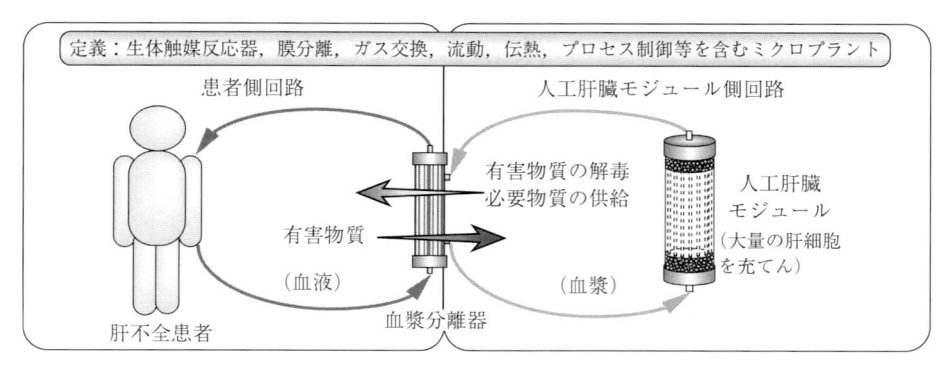

```
┌─────────────────────────────────────────────────────────────────┐
│ 定義：生体触媒反応器，膜分離，ガス交換，流動，伝熱，プロセス制御等を含むミクロプラント │
│                                                                 │
│        患者側回路              人工肝臓モジュール側回路             │
│                                                                 │
│                         有害物質の解毒                            │
│                         必要物質の供給          人工肝臓           │
│                                                モジュール          │
│              有害物質                          （大量の肝細胞       │
│                                                 を充てん）         │
│                  （血液）          （血漿）                       │
│        肝不全患者        血漿分離器                               │
└─────────────────────────────────────────────────────────────────┘

**図 6.15** ハイブリッド型人工肝臓の基本概念

効果はきわめて大きい。

ハイブリッド型人工肝臓開発に必要な要素をつぎに示す。

（1） 肝細胞の大量確保
（2） 生体外培養下での肝細胞の高機能発現と長期機能維持の実現
（3） コンパクトな人工肝臓モジュールの設計
（4） 体外循環システムの構築

これらの項目のうち，（2）に示す肝細胞の培養法の開発と（3）に示す肝細胞培養法を利用した高性能な人工肝臓モジュールを開発することが，人工肝臓の性能を決定する重要な要素である。ここでは種々の肝細胞培養法に基づくハイブリッド型人工肝臓の代表例を示す。

〔3〕 ハイブリッド型人工肝臓の代表例

（a） 浮遊，単層培養を利用したハイブリッド型人工肝臓　単層培養法は，細胞外マトリックスであるコラーゲンなどの塗布により細胞の付着を高める加工が施された培養基材上で細胞を単層状態で培養する方法である。Sussmanら[9]はヒト肝芽腫由来の細胞株であるC3Aを中空糸外腔に播種し，細胞量が200〜400g程度になるまで増殖させた段階で，中空糸内腔に患者血液を循環させるタイプのモジュールを開発した〔図6.16（a）〕。C3Aは，酵素処理によって肝臓から単離した初代肝細胞と比較して旺盛な増殖能を有することが特徴であり，この結果，培養初期には中空糸膜上で単層状態であっても最終的には細胞どうしが重層し，高密度培養を達成する。すでに肝移植までの橋渡しとして臨床試験も行われている[10]が，株化細胞を用いているため，肝特異的機能の低下あるいは消失が生じていることが考えられ，また肝芽腫由来であるため，安全性にも十分留意する必要がある。一方，Rozgaら[11]は，コラーゲンコートしたマイクロキャリア上に50gのブタ肝細胞を付着させ単層培養を行い，これを中空糸膜外腔に充てんし，中空糸内腔を流れる血漿と物質交換させることで治療を行うモジュールを開発した〔図（b）〕。おもに肝移植までの橋渡しとして85例の肝不全患者に適用され，71％の救命率が報告されている[12]。現在，肝移植までの橋
```

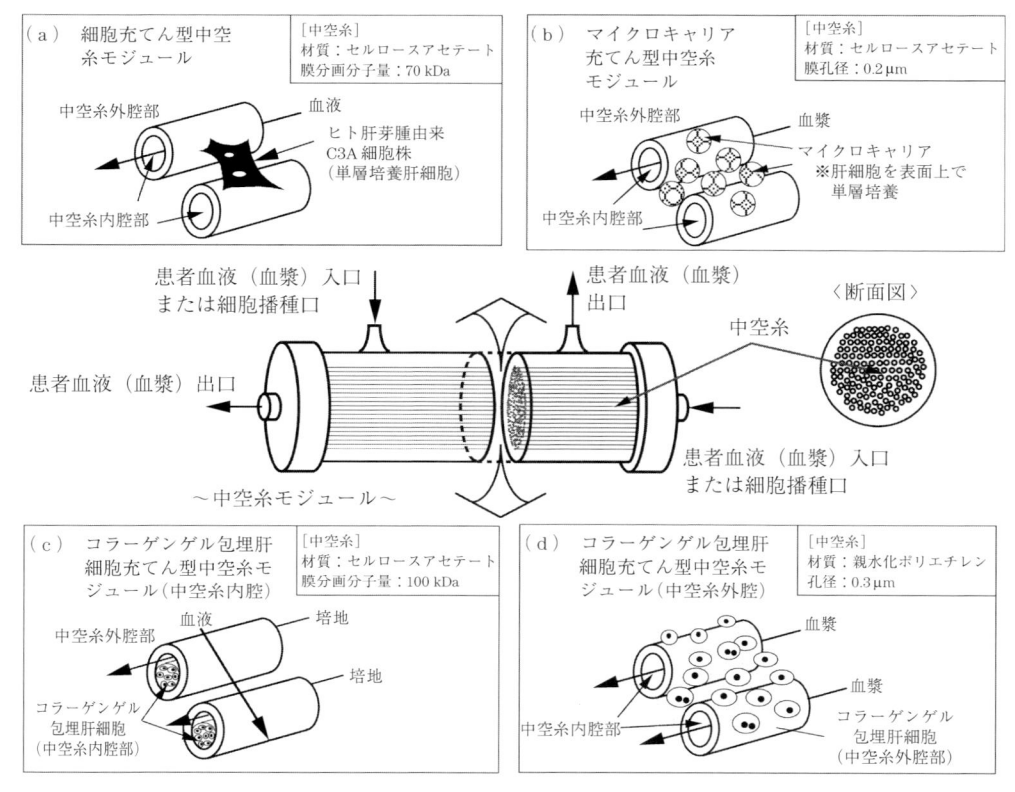

図 6.16 種々の人工肝臓モジュール

渡しとして最も多くの臨床試験を経験しているモジュールである。

単層培養肝細胞は機能維持期間が短い点が問題であり，通常2日程度で機能が消失してしまう。また，二次元平面での培養であることから大量高密度培養が困難であり，コンパクトなモジュールを開発する上では不利な培養形態である。そこで，近年ではつぎに示す三次元培養肝細胞を利用したハイブリッド型人工肝臓の開発が主流となっている。

（b）三次元培養を利用したハイブリッド型人工肝臓　近年，培養肝細胞が生体内と同様の細胞形態をとることにより高機能発現と長期機能維持が達成されることが明らかとなり，ハイブリッド型人工肝臓の開発にも応用されている。Nybergら[13]は，中空糸膜内にコラーゲンゲル包埋肝細胞を封入し，かつゲルの収縮により形成された空間に細胞生存用の培地を流すとともに，中空糸外腔に血液を流す人工肝臓モジュールを開発した〔図（c）〕。仲ら[14]は中空糸外腔にコラーゲンゲル包埋肝細胞を充てんした人工肝臓モジュール〔図（d）〕を開発し，肝不全ブタを用いた体外循環実験によってその性能評価を行っている。またIwataら[15]は透析用の分画分子量の小さな中空糸の内部に肝細胞を充てんし，外部に血液を灌流する人工肝臓モジュールを開発し，in vitroにおいて10日程度の機能維持が可能

であることを示している。

　Gerlachら[16)]は血漿流入用，血漿排出用，酸素供給用，さらに非実質細胞（類洞内皮細胞）培養用の役割を持つ4種類の中空糸を編み込んだ人工肝臓モジュールを開発した（図6.17）。モジュール内で編み込まれた中空糸はたがいに三次元的に接しており，またその構造が装置全体にわたり均一に実現されている。肝細胞はこれらの中空糸膜の間隙に導入され，三次元培養がなされた結果，肝特異的機能は in vitro において7週間程度維持することが可能であり，試験的な臨床例[17)]が報告されている。

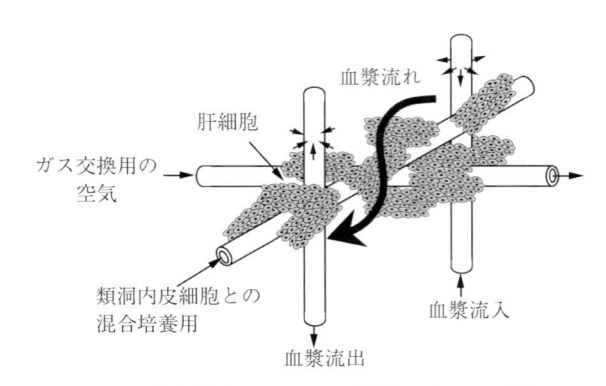

図6.17 中空糸編み込み型人工肝臓モジュール内部の肝細胞と中空糸配置様式の模式図

　一方，Frendligら[18)]は肝細胞を固定化する不織布と培地流通用の流路，また酸素供給用の中空糸を規則的に配置したモジュールを報告している（図6.18）。このモジュールは不織布のシート上に中空糸を一定間隔で並べ，心棒を軸にしてロール状にモジュール内に収めた結果，中空糸の間隙が流路となり，不織布内に固定化された肝細胞への良好な物質供給の環境を提供する仕組みとなっている。

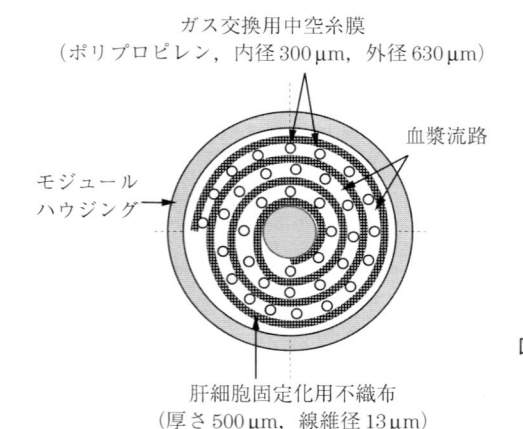

図6.18 ガス交換用中空糸膜と細胞固定化用不織布を組み合わせた人工肝臓モジュールの断面図

（c）肝細胞オルガノイドを利用したハイブリッド型人工肝臓　著者らは肝細胞の三次元培養の開発において，培養肝細胞が生体組織類似の器官様細胞組織体（オルガノイド）を形成する培養法を基に2種類のハイブリッド型人工肝臓の開発に取り組んできた．以下，その内容について簡単に紹介する．まず著者らは多孔質材料であるポリウレタン発泡体（PUF）を用いることによりPUF孔内において200個ほどの肝細胞が直径100μm程度の球状オルガノイド（スフェロイド）を形成する培養法を開発した[19]．スフェロイドを形成した肝細胞は，高レベルでの肝特異的機能を2週間程度維持可能であった．つぎにこの培養法を利用したハイブリッド型人工肝臓として，円筒状のPUFブロックに培地流動用の細管を規則的に配置した多細管型PUF充てん層型モジュールを開発した（図6.19）．さらに，独自のスケールアップ基準に基づき，人工肝臓モジュールのスケールアップを行い，九州大学医学部第二外科との共同研究により大型動物である肝不全イヌ，ブタを用いた前臨床試験において人工肝臓の有効性を実証した[20),21)]．1999年7月には九州大学倫理委員会に臨床応用の申請を行い，装置的な検討はほぼ完了した．本人工肝臓は2週間程度の機能維持が可能であり，急性肝不全や術後肝不全等の短期的治療用として期待されるものである．

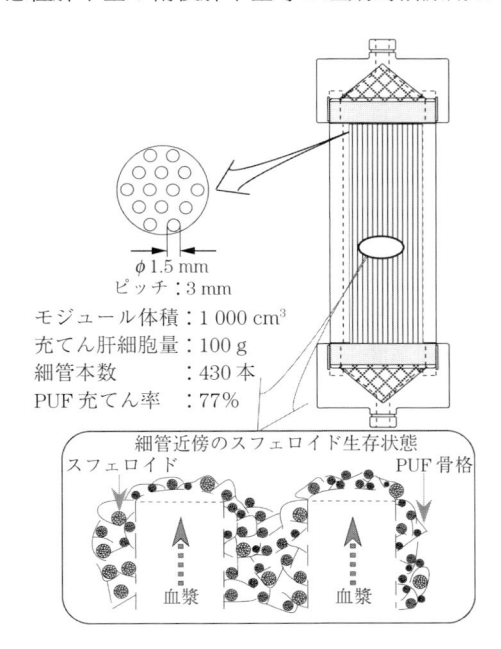

図6.19　多細管型PUF充てん層型モジュール

$\phi 1.5$ mm
ピッチ：3 mm
モジュール体積：1 000 cm^3
充てん肝細胞量：100 g
細管本数　　　：430 本
PUF充てん率　：77%

細管近傍のスフェロイド生存状態
スフェロイド　　PUF骨格
血漿　血漿

一方，より高機能発現，高密度培養が可能な人工肝臓モジュールとして，図6.20に示すモジュールを開発した．本モジュールは，遠心力によって肝細胞を高密度に充てんし，細胞どうしの接触頻度を飛躍的に向上させることによりオルガノイド形成を誘導する新しい手法[22)]を利用したものである．まず，肝細胞がオルガノイドを形成した場合，オルガノイド内部での酸素消費量と拡散で浸透する酸素量の関係から生存可能なオルガノイド厚みが100

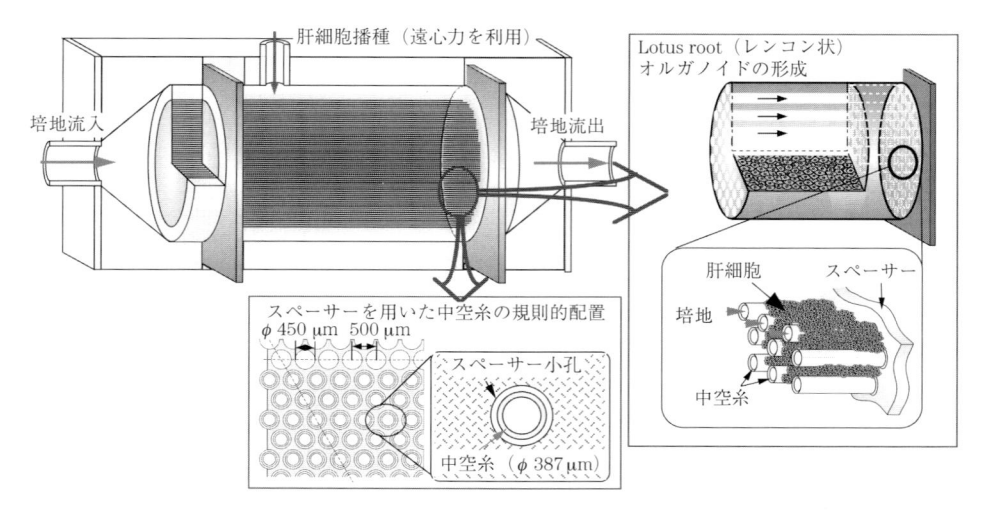

図 6.20 肝小葉類似構造型人工肝臓モジュール（liver lobule-like structure module, LLS モジュール）（口絵 16 参照）

～160 μm 程度であることを実験的および理論的解析より見いだした。そこで本モジュールでは毛細血管に見立てた中空糸を 100 μm の微小間隔で規則的に配置し，中空糸外部に遠心力によって肝細胞を高密度に充てんし，オルガノイド形成を誘導した[23]。中空糸の規則的配置により構成されるこの構造体をわれわれは肝小葉類似構造体（liver lobule-like structure，LLS）と呼んでいる。LLS モジュールは従来われわれが開発してきた PUF 型モジュールと比較して 3～4 倍程度の高密度培養が達成可能であった。かりにヒト用人工肝臓として 500 g の肝細胞を充てんしたモジュールのスケールを予測すると約 1.3 l 程度と非常にコンパクトになることが期待される。またその機能は少なくとも 3 か月以上維持されることを確認しており[24), 25)]，長期的に利用可能な新しい人工肝臓モジュールとして期待される。

6.2.3 人 工 膵 臓

膵臓は胃の背下部に位置する臓器であり，外分泌系と内分泌系の二つの組織から構成されている。外分泌系では腺房細胞が体内に必要な養分を吸収するために食物を取り込みやすい状態に分解する消化酵素を分泌する。一方，内分泌系ではおもに血糖値を調節するホルモン（インスリン，グルカゴンなど）を生産，分泌する。内分泌能をつかさどる組織はランゲルハンス島，あるいはラ島と呼ばれる 50～500 μm の細胞集合体であり，おもにインスリンを分泌する β 細胞，グルカゴンを分泌する α 細胞から構成される。膵内分泌系に関する機能不全は糖尿病を引き起こす原因となる。現在，糖尿病患者数は 690 万人といわれている。糖尿病にはインスリン依存型とインスリン非依存型の二つに大別される。インスリン非依存型は，糖尿病患者の 90 ％ を占めるとされており，おもに 40 歳以上の中高年者に多い。インス

リン非依存糖尿病は，適正な食事治療や運動治療を実行すれば，70％以上の人は良好な状態に回復する。これに対し，インスリン依存型の糖尿病は，インスリンを分泌する膵臓のβ細胞の選択的破壊をもたらす病変が発症原因となり，患者はインスリン注射を続けないと生命を維持することができない。インスリン注射療法では血糖値の十分な制御は困難であり，根本的治療となり得る膵臓移植に関しても，前述の肝移植と同様，ドナー不足が問題である。そこで，糖尿病患者の失われた膵内分泌能を人工的に置き換えるものが人工膵臓である。

〔1〕 **ハイブリッド型人工膵臓**　人工膵臓はグルコースセンサーによって検出された血糖値に応じてホルモンをポンプで注入する完全機械型人工膵臓とラ島あるいは膵β細胞を用いるハイブリッド型人工膵臓に大別される。ここではハイブリッド型人工膵臓の例を紹介する。

ハイブリッド型人工膵臓はラ島あるいは膵β細胞を免疫隔離膜によって保護された状態で生体に移植するインプラント型人工臓器である。利用する担体は異物反応を受けない素材であることはいうまでもないが，生体の免疫機構から移植細胞を保護する免疫隔離が必要である。すなわち，血糖値制御のためのグルコースやインスリン（分子量 6 kD），移植細胞の生存のための酸素や栄養素は通過するが，免疫担当細胞，抗体，補体等の免疫因子（分子量が最も小さい抗体 IgG：160 kD）は通さない免疫隔離性が要求される。さらに大量の細胞を移植させるための高密度化（装置のコンパクト化），移植した細胞の生存と良好な機能発現のために移植部位や方法を考慮した装置形状の工夫等も重要である。

現在開発されているおもなハイブリッド型人工膵臓を紹介する（**図 6.21**）。ディフュージョンチャンバー[26]あるいはホローファイバー型[27]は高分子製半透膜内にラ島を封入するタイプである。このタイプは移植ラ島の固定化や取り扱いやすさの面で優れており，生体適合性や選択透過性，物質移動能の向上が今後の改良点と考えられる。マイクロカプセル型[28]は個々のラ島を薄いゲル被膜で被うタイプである。上述のタイプに比べ物質移動抵抗が小さいという利点を有するが，ゲルの力学的強度，移植後の回収に課題が残っている。キャピラリーユニット型[29]はホローファイバー膜の外腔部分にラ島を付着させ，内腔に患者血液を流すタイプである。移植ラ島と患者血液間の応答性には優れるが，膜の生体適合性，細胞の固定化や移植時の取扱い等に問題がある。

ハイブリッド型人工膵臓の研究は，マウスやラット等の小動物により有効性は実証されているが，イヌやブタ等の大動物を用いた研究では十分な成果が得られていないのが現状である。今後，実用化に向けてヒト臨床応用を想定した大動物実験のデータ蓄積とそこから得られる問題点を明確にすることが必要である。

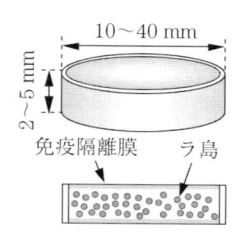

(a) ディフュージョンチャンバー型
（高分子製の免疫隔離膜内にラ島を封入するタイプ）

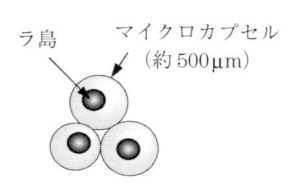

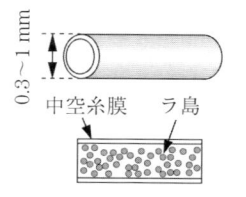

(b) ホローファイバー型
（中空糸内にラ島を封入するタイプ）

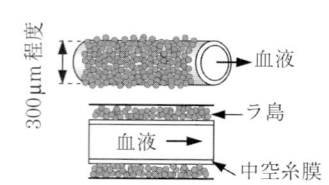

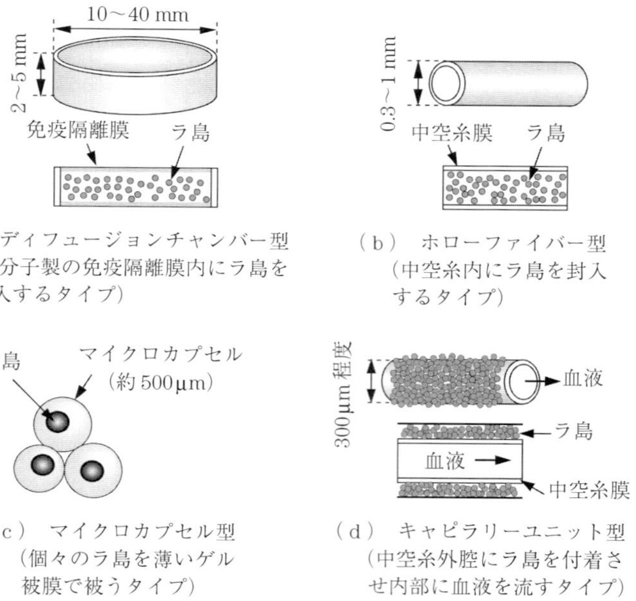

(c) マイクロカプセル型
（個々のラ島を薄いゲル被膜で被うタイプ）

(d) キャピラリーユニット型
（中空糸外腔にラ島を付着させ内部に血液を流すタイプ）

図6.21 ハイブリッド型人工膵臓の種類

6.2.4 ハイブリッド型人工臓器の実用化

肝臓・膵臓に限らず，細胞を用いたハイブリッド型人工臓器を開発する上で最大の問題点は，臨床における細胞源の確保である。従来，ハイブリッド型人工肝臓や人工膵臓では大量調製や機能発現レベルの面から，ブタから調製した初代ブタ細胞が臨床用細胞源の候補であった。しかし，ブタ内因性レトロウイルスが培養系でヒト由来細胞へ感染する報告[30]がなされて以来，異種細胞を用いた際のウイルスのヒトへの感染による新たな疾病の可能性が懸念されている。近年では，ヒト由来細胞源として，ヒト正常細胞への遺伝子導入に関する研究や，胚性幹細胞（ES細胞）に代表される幹細胞の分化誘導法の研究が注目され，こうした研究の発展がハイブリッド型人工臓器の実用化に大いに貢献すると思われる。

6.3 再生医工学

6.3.1 再生医工学と生体組織工学

バイオテクノロジーの産業化は，まず医療および製薬等医療関連分野において生体組織再生，ゲノム創薬として開花しつつあり，今後はさらに，個人ゲノム情報に基づき適切な患者に適切な治療を施す「テーラーメード医療」，個人の体質をゲノム情報レベルで把握し，未然に発病を防ぐ「予防医療」へと移行すると考えられる。図6.22はゲノム（遺伝子解析），プロテオーム（タンパク解析）からフィジオーム（細胞より上位の解析）に至る生命現象解明

6.3 再生医工学

図 6.22 ゲノム，プロテオームからフィジオームに至る生命現象解明の階層構造

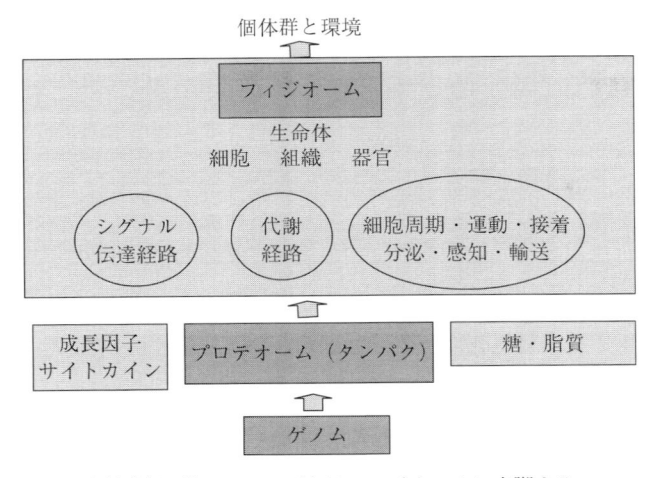

再生医療工学のコンセプトはフィジオームに立脚する。

の階層構造を示しており，再生医工学のコンセプトはフィジオームに立脚する。

1988 年，米国 NSF 主催の生体組織工学（tissue engineering，TE）に関するワークショップが行われ，TE 関連の潜在的世界市場規模 48 兆円と予測し，産官学の研究開発体制整備を開始したのをかわきりに，1996 年，世界バイオマテリアル会議（トロント）において FDA 主導の TE 製品認可統一基準作成準備のためのワークショップが開催されるなど，米国は当分野に対する並々ならぬ意欲を示してきた。現在，米国の TE ベンチャー企業は 50 数社，株式総額 2 000 億円，従業員数 3 000 人以上であり，年間総開発費約 10 億ドルの中に NIH，NIST 等の政府資金も 10 ％以上含まれている。

わが国においても 2000 年に開始された，いわゆるミレニアムプロジェクトによる再生医療に関する研究開発が関西を中心に活発に行われており，理研の発生再生科学総合研究センターがその中核をなしている。また，名古屋大学，株式会社ニデック等によるベンチャー企業 JTEC に当時の厚生省が融資を行い，わが国も TE 時代に突入した。

産業技術総合研究所ティッシュエンジニアリング研究センター（尼崎）は大阪大学，京都大学，東京大学および多くの民間企業とともにミレニアムプロジェクトや新エネルギー・産業技術開発機構（NEDO）プロジェクトに参加し，細胞・組織工学技術の基盤技術として幹細胞の分離解析技術，細胞培養技術，細胞担体技術の開発を行い，さらにそれらの技術を用いて骨，軟骨，心筋，血管，神経，皮膚の再生技術の開発に従事してきた。これらは現在行われている再生医療技術の中心的なものであり，2010 年までに大規模な実用化が期待されている。一方，物質・材料研究機構生体材料研究センターにおいてはナノテクノロジーを活用した人工臓器人工感覚器の開発プロジェクトや DDS（drug delivery system）プロジェ

クトにより材料工学に足場を置いた医工連携の再生医療に関する研究開発が行われている。以下にプロジェクトを通して明確になった産業化への見通しを基盤技術ごとに展望する[31]～[35]。

6.3.2 体性幹細胞・前駆細胞の分離・増殖技術の開発

〔1〕 **分離・解析技術の開発**　幹細胞分離技術に必要な要素技術の実用化について述べると、間葉系幹細胞の無血清培養法は実用化にきわめて近い開発段階にあるといえる。無血清培養技術の確立により、新規成体多能性幹細胞の分離に関する研究は急速に進展することが考えられ、株化の達成も期待できる。これらの状況から、数年中には成体多能性幹細胞の大量培養法の確立も可能という状況にあり、それ以降、成体多能性幹細胞から誘導された組織特異的幹細胞の前臨床試験の実施に移行できるものと考えられる（図 6.23）。

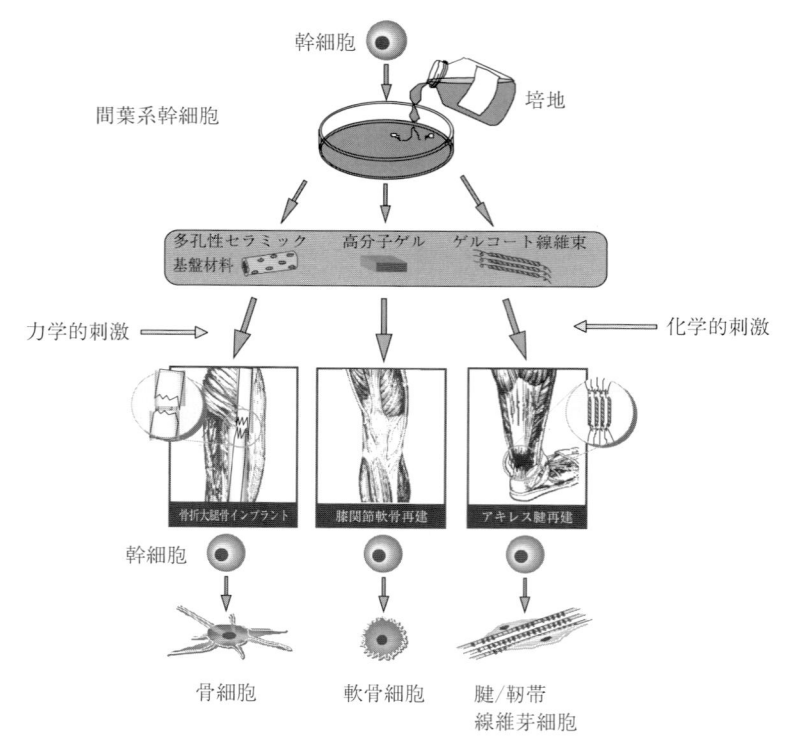

図 6.23　幹細胞，刺激因子および足場材料から生体組織を再生する典型的な組織工学

さらに、先駆的な分離法として遺伝子マーカーを用いた技術が期待されるが、現状ではマーカーの種類に限界があり、細胞の性質の多様性に対応しておらず、さらなる技術開発が必要な段階といえる。しかし、DNAマイクロアレイやそれに代わる新規技術を用いた研究等の進展により、多くのマーカー遺伝子が発見される可能性は高く、このようなゲノム、プロ

テオーム基盤技術と再生医療の相互発展が巨大な生体医工学関連産業を形成することになろう。

〔2〕 **分化誘導・幹細胞増殖技術の開発**　神経系再生に関する実用化の見通しを述べると，神経幹細胞の培養はヒト胎児由来神経幹細胞については，大量培養技術の開発が産官学共同研究で行われており，すでに技術的な問題は解決されていると考えられるが，社会的な配慮から，ヒト胎児由来神経幹細胞の実用化には時間がかかるものと思われる。最近の研究開発により，医療廃棄物として処理されている胎盤や臍帯血から神経細胞に分化する幹細胞が分離される可能性はきわめて高く，実用化可能な細胞ソースとして期待されている。他方，末梢神経再生デバイスに関しては，動物による神経再生効果の確認，ヒトでの臨床試験を経た後，数年内には承認，実用化を達成できる可能性はきわめて高い。

骨格組織系の幹細胞およびマーカー分子に関する実用化の見通しについて述べると，特に歯槽骨再生にかかわる幹細胞デバイスの実用化に期待が持てる。ヒト胎盤に含まれている羊膜細胞もまた多機能幹細胞としてその発展性が期待されている（図 6.24）。すでに，骨形成材料の開発はほぼ確立されている段階にあり，大型動物を用いた前臨床試験，臨床試験，製造承認を経て，産業化を達成できる可能性は高い。

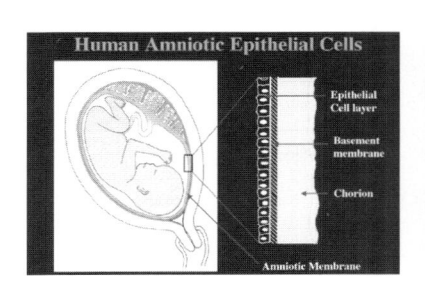

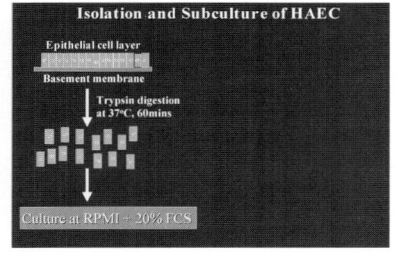

（a）ヒト羊膜細胞　　（b）ヒト羊膜細胞の分離と継体培養

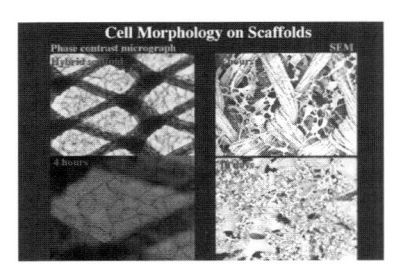

（c）足場材料上の細胞形態

図 6.24　多機能幹細胞としてその発展性が期待されている羊膜細胞

6.3.3　細胞組織化技術の開発

〔1〕 **人工細胞外マトリックス**　神経分化用細胞外マトリックスに含まれる生理活性物

質の分子実体の探求が行われており，これが明らかになれば，まずは研究用試薬，つぎに組織細胞工学デバイス開発用マトリックス，さらに，神経再生用の医薬品へと発展する可能性がある。生分解性ポリマー（PLGA等）やバイオビーズを用いた三次元細胞担体の開発も急ピッチで進められている（**図6.25**）。

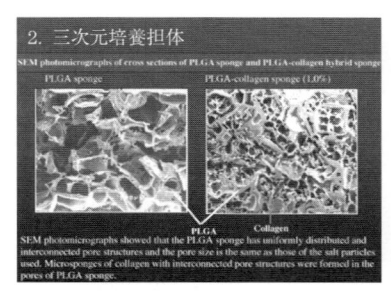

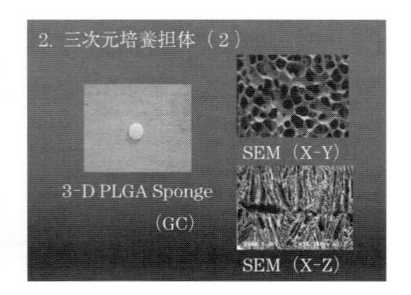

図6.25　生分解性三次元細胞担体

コラーゲンスポンジに線維芽細胞増殖因子をイオン間相互作用で固定化した人工細胞外マトリックスは，マウスで効率よく脂肪組織を誘導できることが明らかになった。また，得られた基礎的知見は，脂肪組織のみにとどまらず，多くの生体組織の再生にも適用でき，再生医療を実現していくためには必要不可欠な支援技術であると考えられている。

未分化肝細胞を成熟させる環境については，将来的には手術検体からのヒト肝幹細胞分離も可能であると考えられ，人工肝臓や細胞移植治療などへの応用が可能になると思われる。

〔2〕 **細胞外マトリックス高速スクリーニング機器**

① イメージング表面プラズモン共鳴測定装置が試作されており，この機器の汎用性は比較的高いため，理化学研究機器として市販できると考える。

② 走査型近接場光学顕微鏡用に開発された表面分光分析装置には汎用性があり，生体関連物質の表面分析の実績を積み重ね，その有用性を実証することにより，今後の細胞工学，材料表面化学，バイオマテリアル全般の研究に活用される。

〔3〕 **骨，軟骨**　培養骨については多孔質セラミックを担体とするハイブリッド人工骨および人工関節表面の培養骨細胞による表面修飾が実用化段階に入り，十数例の臨床応用に成功した（**図6.26，図6.27**）。採取した患者の骨髄細胞をセルプロセッシングセンター内

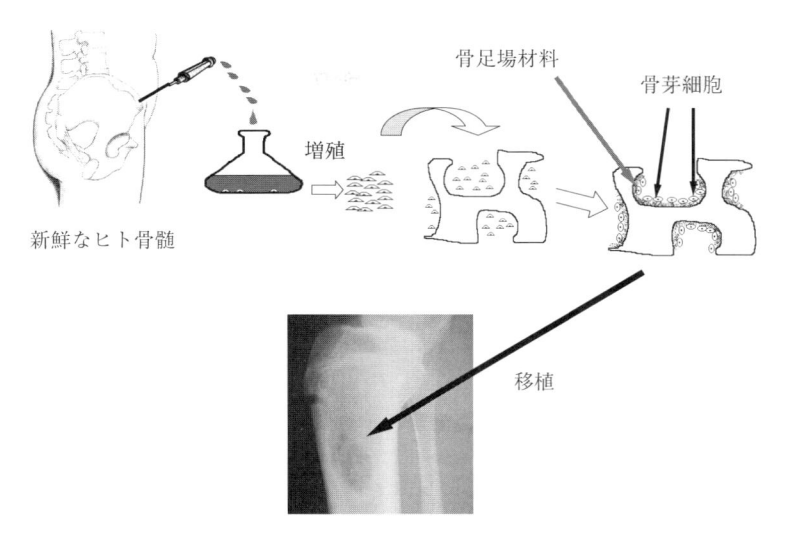

図 6.26 骨髄幹細胞より分化した骨芽細胞と多孔質セラミック担体による培養骨（大串始博士）

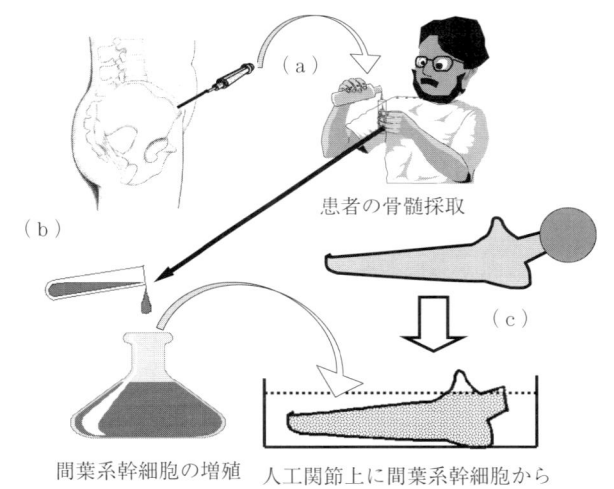

図 6.27 骨髄幹細胞より分化した骨芽細胞を人工股関節システム上に播種，骨形成する技術（大串始博士）

で上記担体を用いて増殖させ，骨形成を行う技術は確立しており，患者，医療機関および許認可機関等を含む環境が整備されれば企業化は十分に可能である。

一方，培養軟骨については第一世代の軟骨細胞移植に関する細胞増殖技術はすでに企業化されている。コラーゲンゲルを担体とする軟骨細胞複合体は第二世代に属し，一部臨床応用されているがこれらの培養軟骨は必ずしも硝子軟骨になっておらず，関節軟骨としての性能を維持するに至っていない。現在，ミレニアムプロジェクトで推進している培養軟骨は第三

216　6. 人工臓器・インプラントと再生医工学

世代に属するもので，セルソースとして体性軟骨細胞のほかに骨髄細胞中に存在する間葉系幹細胞から分化誘導した軟骨細胞も対象とし，PLGA〔ポリ乳酸グリコール酸，poly (lactic-co-glycolic acid)〕などの生分解性合成高分子と生体由来高分子物質とのハイブリッド材料を細胞担体として，生体外で軟骨組織形成を達成することを目標としている（図 6.28）。

現在，軟骨細胞が脱分化することを防止する技術が確立しつつあり，また大動物（ヤギ）に対する実験モデルも完成しつつあり，第一，第二世代に比較し，より完成度の高い関節軟

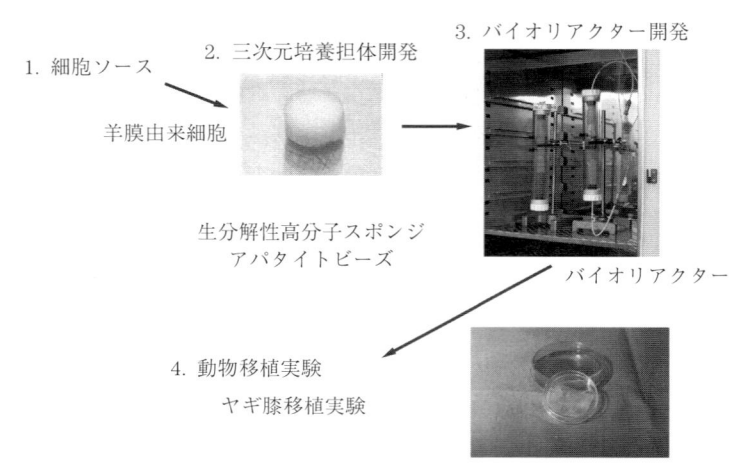

図 6.28　軟骨再生に必要な要素技術

（a）移植実験用ヤギ
　　（ヤギ，ザーネン種，メス）

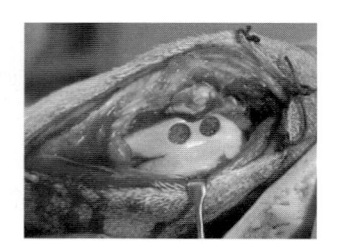

（b）ヤギ膝関節実験モデル
　　（大腿骨側の欠損部）

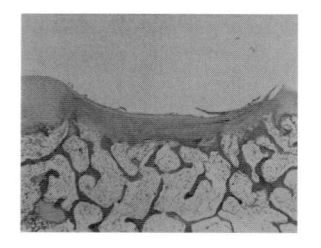

（c）手術 42 日後の欠損部

図 6.29　ヤギを用いた培養軟骨の動物モデル

骨が得られているので臨床実験に入れる段階に到達している（図6.29）。また，培養骨・軟骨複合体をつくる試みも行われており，より生体内移植が確実なデバイスの実現を目指している。

〔4〕**循環器**　細胞機能化技術の開発に関してはフィブロネクチンの自己会合ドメイン（フィブロネクチンが細胞表面で重合して，線維を形成するために必要なドメイン）とEGF（epidermal growth factor）のような増殖因子を組み合わせたキメラタンパク質を作製し，これが本来の増殖因子の活性を保持しつつ，フィブロネクチンと同じように細胞外マトリックスに不溶化されることが明らかになった。このようなマトリックス組込型の増殖因子は，拡散性の増殖因子単独に用いた場合と比較して，一種のDDSとして機能し，創傷治癒を促進する活性が有意に亢進する。

近年，マスコミ等で盛んに取り上げられている再生医療や細胞組織工学においては，さまざまな細胞や組織に分化しうる胚性幹細胞（embryo stem cell，ES細胞）を生体外や生体内で増殖・分化させ，機能不全に陥っている組織・器官を再生させるという基本コンセプトが提唱されている。しかしながら，ES細胞を望みどおりの細胞に分化させるためには，まだまだ多くの技術的な問題を解決する必要がある。また，各組織にも自己再生能と分化能を保持した幹細胞（組織幹細胞）が存在しており，これらを生体組織から取り出し，生体外で自由に増殖・分化させることも，ES細胞の操作技術と同様，重要な課題である。ヒト骨髄性間葉系幹細胞から分化誘導された筋細胞を機能喪失した心筋に細胞移植し，再生する試みも数例行われている。疾患組織・臓器の代用となるインプラント型デバイスの開発に関しては，脱細胞化により作成された組織骨格（scaffold）のみの弁に，自己の平滑筋細胞や血管内皮細胞の前駆細胞をハイブリッド化（複合化）することにより，移植直後の血栓形成を抑制しながら，血管構成組織の再生を誘導して，生体弁と同等の機能構造を獲得し，従来の材料では得られない半永久的使用可能な組織工学弁の開発に必要な技術も開発されている。

6.3.4　今後の展開

〔1〕**体性幹細胞・前駆細胞の分離，増殖技術**　ITとバイオの最大の違いは，商品開発までに要する時間であり，競争力のない標的を目標とした研究・開発では投資を回収することは難しい。再生医療もほかの医薬品同様に10年近い開発期間がかかると一般に考えられている。現時点で必要なのは，再生医療の標準化戦略であり，新薬黄金時代が到来すると予想される2010年をめどに産業化を検討している企業が多い。再生医療の標準化とは，再生医療がターゲットにするすべての組織を限定された幹細胞を用いて治療することであり，これにより再生医療のコスト・ダウンが可能となる。成体多能性幹細胞の効率的な分離・培養技術に関するプラットホーム技術を世界に先駆けて確立することが現時点での研究開発成

功の鍵をにぎっている。これにより臓器移植，組織移植等にともなう医療費高騰にブレーキをかけることが可能となろう。細胞組織工学を基礎としたヒト組織の再生技術と関連基盤技術を早急に確立させ，再生医工学製品生産にかかわる新産業の創製が急務である。

〔2〕 骨，軟骨の構築技術

（a） 培 養 骨

① ヒト骨髄細胞中の間葉系幹細胞から骨芽細胞を分化・誘導し，リン酸カルシウムまたは水酸アパタイト多孔質体を細胞担体として生体外で培養して骨類似体を作製した後，体内に移植する動物モデルは産業技術総合研究所ティッシュエンジニアリング研究センターおよび物質・材料研究機構生体材料研究センターと複数の企業で実施ずみであり，臨床応用は近い。

② コラーゲン・水酸アパタイト・リン酸カルシウムマイクロビーズを担体とし，培養骨芽細胞とともに骨中にインジェクションしたり，マイクロビーズを含む骨芽細胞マトリックスシートを積層して三次元化するタイプの骨再生は，東京大学工学部，物質・材料研究機構生体材料研究センターと企業間で動物実験が行われ，2～3年中に臨床応用可能である。

③ セラミック人工関節や多孔質表面を有する金属またはセラミック内固定器具の表面に骨芽細胞を増殖させ，体内にインプラントする骨再生技術は産業技術総合研究所ティッシュエンジニアリング研究センターによって実用化され，今後，独立したCPC（cell processing center）による企業経営が行われるであろう。

（b） 軟　　　骨　　軟骨細胞移植はすでに企業化している。コラーゲンゲルに埋入した軟骨細胞移植は臨床実験が実施ずみであるが，両者ともにネガティブな結果も報告されており，しっかりした動物モデルの裏付けが必要である。関節軟骨移植に適した培養骨・軟骨複合体の完成が待たれる。

〔3〕 循環器構築技術　　分離された心筋細胞の発生，分化，増殖，生存維持にかかわる遺伝子および抗原抑制遺伝子をヒト幹細胞に低侵襲・高効率に遺伝子導入できるベクターを確立し，心筋細胞への分化誘導を促進するとともに，免疫寛容を獲得した心筋細胞の開発が実現する。さらに，細胞機能化技術の開発に関してはラミニンやフィブロネクチンをモデルとして，細胞外マトリックスの接着タンパク質の構造と機能を確立し，人工的な細胞外マトリックスを利用して細胞の増殖・分化を人為的に制御する新しい技術を開発し，組織再生が行われる。これは，構造・性質のまったく異なる2種類の成長因子をコラーゲン結合性に改良でき，ほとんどの成長因子に適用可能な技術として将来の商業化が有望な技術である。

引用・参考文献

[1章]

1) 村上輝夫，ほか12名：小特集 21世紀におけるバイオエンジニアリング戦略，機誌，104，996（2001）
2) 日本機械学会編：生体機械工学，日本機械学会（1997）
3) J. Wolff：The Law of Bone Remodeling, Trans. by P. Maquet and R. Furlong, Springer-Verlag（1986）
4) 林　紘三郎：バイオメカニクス，コロナ社（2000）
5) http://www.becon2.nih.gov/bioengineering-definition.htm（2005年12月9日現在）
6) 鈴木良次：手のなかの脳，東京大学出版会（1994）
7) NHK取材班：NHKサイエンススペシャル，驚異の宇宙　人体　なめらかな連携プレー　骨筋肉，日本放送出版協会（1989）
8) 村上輝夫：人工関節のトライボロジー，トライボロジスト，**45**，2，pp.112〜118（2000）

[2章]

1) A. Morecki 著（廣川俊二訳）：バイオメカニクス工学，養賢堂，pp.57〜90（1991）
2) G. A. Ateshian：A B-Spline least-squares surface-fitting method for articular surfaces of diarthrodial joints, Journal of Biomedical Engineering, 115, pp.366〜373（1993）
3) L. J. van Ruijven, M. Beek and T. M. G. J. van Eijden：Fitting parametrized polynomials with scattered surface data, Journal of Biomechanics, 32, pp.715〜720（1999）
4) S. Hirokawa, T. Ueki and A. Ohtsuki：A new approach for surface fitting of articular joint surfaces, Journal of Biomechanics, 37, pp.1551〜1559（2004）
5) K. N. An, F. C. Hui, B. F. Morrey, R. L. Linscheid and E. Y. Chao：Muscles across the elbow joint-A biomechanical analysis, Journal of Biomechanics., 14, pp.659〜669（1981）
6) D. D Penrod, D. T. Davy and D. P. Singh：An optimization approach to tendon force analysis, Journal of Biomechanics., 7, pp.123〜129（1974）
7) B. P. Yeo：Investigations concerning the principle of minimal total muscular force, Journal of Biomechanics., 9, pp.413〜416（1976）
8) R. D. Crowninshield：Use of optimization techniques to predict muscle forces, Journal of Biomechanical Engineering, 100, pp.88〜92（1978）
9) A. Pedotti, V. V. Krishnan and L. Stark：Optimization of muscle force sequencing in human locomotion, Mathematical Bioscience, 38（1-2），pp.57〜76（1978）
10) A. G. Patriarco, R. W. Mann, S. R. Simon and J. M. Mansour：An evaluation of the approaches of optimization models in the prediction of muscle forces during human gait,

Journal of Biomechanics., 14, pp.513〜525 (1981)
11) R. D. Crowninshield and R. A. Brand：A physiologically based criterion of muscle force prediction in locomotion, Journal of Biomechanics., 14, pp.793〜801 (1981)
12) K. H. An, B. M. Kwak, E. Y. Chao and B. F. Morrey：Determination of muscle and joint forces：A new technique to solve the inderminate problem, Journal of Biomedical Engineering, 106, pp.364〜367 (1984)
13) E. Y. Chao and K. N. An：Determination of internal forces in human hand, Proceedings of American Society of Civil Engineering, 104, pp.255〜272 (1978)
14) 日本エム・イー学会編，石田明允，廣川俊二，宮崎信次，阿江通良，林　豊彦：身体運動のバイオメカニクス，コロナ社　pp.16〜18, pp.20〜24, pp.54〜58 (2001)
15) B. Roth：Finite-position theory applied to mechanism synthesis, Journal of Applied Mechanics, pp.599〜605 (1967)
16) E. S. Grood and W. J. Suntay：A joint coordinate system for the clinical description of three-dimensional motions：Application to the knee, Journal of Biomedical Engineering, 105, pp.136〜144 (1983)
17) E. Y. Chao：Justification of triaxial goniometer for the measurement of joint rotation, Journal of Biomechanics, 13, pp.989〜1006 (1980)
18) 中川照彦：肩関節の三次元運動における回旋運動の分析，日本整形外科学会誌，64, pp.1181〜1191 (1990)
19) S. Miyazaki and A. Ishida：New mathematical definition and calculation of axial rotation of anatomical joints, Journal of Biomedical Engineering, 113, pp.270〜275 (1991)
20) 牧野　洋：自動機械機構学，日刊工業新聞社，pp.308〜309 (1984)
21) Codman, E. A.：The shoulder, Private Publication (1934)
22) 山田幸生，棚澤一郎，谷下一夫，横山真太郎：からだと熱と流れの科学，p.3, オーム社 (1998)
23) T. F. Weiss：Cellular Biophysics volume 1：Transport, p.54, The MIT Press (1996)
24) 佐藤靖史：よくわかる血管のバイオロジー，羊土社 (2001)
25) 児玉龍彦，高橋　潔，渋谷正史：血管生物学，講談社サイエンティフィク (1997)
26) 大橋秀雄：流体力学 (1)，コロナ社 (1982)
27) 日本エム・イー学会編，菅原基晃，前田信治：血液のレオロジーと血流，コロナ社 (2003)
28) 村上敬宜：材料力学，p.38, 森北出版 (1994)
29) 増田善昭：動脈波の臨床，メディカルビュー社 (2003)
30) 増田善昭，金井　寛：動脈脈波の基礎と臨床，p.79, 共立出版 (2000)
31) 貝原　眞，坂西明郎：バイオレオロジー，米田出版 (1999)
32) 深野　徹：わかりたい人の流体工学 (I)，p.6, 裳華房 (1994)
33) 上原譽志夫，斉藤郁夫，久代登志男，中村文隆：一目でわかる血管障害，メディカル・サイエンス・インターナショナル (1995)
34) 武藤真祐，鈴木　亨，永井良三：動脈硬化と平滑筋細胞，血管研究の最前線に迫る，pp.107〜115, 羊土社 (2000)
35) 庄司裕子，竹森利和，松波晴人，中島　健：人体着衣モデルの開発（衣服内気候の数値計算モデル），機論 B 編，**63**, pp.3085〜3091 (1997)

36) 原田潤太, 最上拓児, 土肥美智子：MRIによる凍結治療の新しい展開, 月刊インナービジョン, 5月号, pp.12〜14 (2003)
37) H. H. Pennes：Analysis of tissue and arterial blood temperatures in the resting forearm, J. Appl. Physiol., 1, pp.93〜122 (1948)
38) M. M. Chen and K. R. Holmes：Microvascular contributions in tissue heat transfer, Ann. N. Y. Acad. Sci., 335, pp.137〜150 (1980)
39) J. C. Chato：Heat transfer to blood vessels, ASME J. Biomech. Eng, 102, pp.110〜118 (1980)
40) C. K. Charny：Mathematical models of bioheat transfer, Advances in Heat Transfer, **22**, Academic Press, pp.19〜155 (1992)
41) A. Shitzer and R. C. Eberhart：Heat Transfer in Medicine and Biology, **2**, Prenum Press, pp.413〜418 (1985)
42) P. Mazur：Cryobiology：the freezing of biological systems, Science, 168, pp.939〜949 (1970)
43) 上野照剛：生体と磁気, BME, **2**, pp.643〜650 (1988)
44) 上野照剛：生体磁気研究の最近の展開, 電学論, **116**-C, pp.141〜144 (1996)
45) A. T. Barker, et al：Noninvasive magnetic stimulation of the human motor cortex, Lancet 1, pp.1106〜1107 (1985)
46) S. Ueno, et al：Localized stimulation of neural tissues in the brain by means of a paired configuration of time-varying magnetic fields, J. Appl. Phys., 64, pp.5862〜5864 (1988)
47) S. Ueno, et al：Functional mapping of the human motor cortex obtained by focal and vectorial magnetic stimulation of the brain, IEEE Trans. Magn., 26, pp.1539〜1544 (1990)
48) S. Iwaki, et al：Dynamic cortical activation in mental image processing revealed by biomagnetic Measurement, NeuroReport, 10(8), pp.1793〜1797 (1999)
49) S. Ueno and K. Iramina：Modeling and source localization of MEG activities, Brain Topography, 3, pp.151〜165 (1991)
50) P. C. Lauterbur：Image formation by induced local interactions：examples employing nuclear magnetic resonancel, Nature, 242, pp.190〜192 (1973)
51) S. Ogawa, et al：Intrinsic signal changes accompanying stimulation：Functional brain mapping with magnetic resonance imaging, Proc. Natl. Acad. Sci. USA, 89, pp.5951〜5955 (1992)
52) H. Kamei, et al：Neuronal Current Distribution Imaging Using Magnetic Resonance, IEEE Trans. Magn., 35(5), pp.4109〜4111 (1999)
53) S. Ueno and N. Iriguchi：Impedance Magnetic Resonance Imaging：A Method for Imaging of Impedance Distribution Based on Magnetic Resonance Imaging, J. Appl. Phys., 83(11), pp.6450〜6452 (1998)
54) S. Ueno and M. Iwasaka：Properties of Diamagnetic Fluid in High Gradient Magnetic Fields, J. Appl. Phys., 75(10), pp.7177〜7179 (1994)
55) S. Ueno and M. Iwasaka：Parting of water by magnetic fields, IEEE Trans. Magn., 30(6), pp.4698〜4700 (1994)
56) J. Torbet, M. Fryssinet and G. Hudry-Clergeon：Oriented fibrin gels formed by polymer-

ization in strong magnetic fields, Nature, 289, pp.91～93（1981）
57) H. Kotani, et al：Magnetic orientation of collagen and bone mixture. J. Appl. Phys., 87(9), pp.6191～6193（2000）

[3 章]

1) 例えば，http://www.honda.co.jp/ASIMO/（2005 年 12 月 9 日現在）
2) 坂井伸朗，村上輝夫，澤江義則：生体肩関節を規範にしたロボットアームの開発，バイオメカニズム，17，慶應義塾大学出版会，pp.143～155（2004）
3) 富田直秀：生体材料と生体内環境設計，材料，53-1，pp.91～94（2004）
4) E. Ingham and J. Fisher：Wear of Ultra High Molecular Polyethylene in Total Hip Joints Biological and Mechanical Micro Mechanism, le polyethylene en orthopedie, pp.29～42（1995）
5) 中村隆一，斎藤　宏：基礎運動学，p.214　医歯薬出版（1992）
6) 笹田　直，塚本行男，馬渕清資：バイオトライボロジー，産業図書（1988）
7) T. Murakami：The Lubrication in Natural Synovial Joints and Joint Prostheses, JSME Intern. Journal, Ser. III, 33, 4, pp.465～475（1990）
8) V. C. Mow, S. C. Kuei, W. M. Lai and C. G. Armstrong：Biphasic creep and stress relaxation of articular cartilage：theory and experiment, J. Biomech. Eng., 102, pp.73～84（1980）
9) D. Dowson：Modes of Lubrication in Human Joints, Proc. IME, Pt 3 J, 181, pp.45～54（1966～67）
10) 笹田　直：関節における摩擦と潤滑，潤滑，23，2，pp.79～84（1978）
11) 池内　健，岡　正典，森　美郎：股関節におけるスクイーズ膜効果のシミュレーション，機論，55-510，C，pp.508～515（1989）
12) T. Murakami, H. Higaki, Y. Sawae, N. Ohtsuki, S. Moriyama & Y. Nakanishi：The Adaptive Multimode Lubrication in Natural Synovial Joints and Artificial Joints, Proc. IME, Part H, 212, pp.23～35（1998）
13) T. Murakami, Y. Hayakawa, H. Higaki and Y. Sawae：Tribological Behavior of Sliding Pairs of Articular Cartilage and Bioceramics, Proc. Intern. Conf. on New Frontiers in Biomechanical Engineering, JSME, pp.233～236（1997）
14) D. Dowson and Z. M. Jin：Micro-elatohydrodynamic lubrication in synovial joints, Engng. Med., 15, pp.63～65（1986）
15) T. Murakami, Y. Sawae, M. Horimoto and M. Noda：Role of Surface Layers of Natural and Artificial Cartilage in Thin Film Lubrication, Lubrication at the Frontier, Ed. by D. Dowson, et al, pp.737～747, Elsevier（1999）
16) 笹田　直：関節の潤滑機構　－絞り膜 EHL と表面ゲル水和潤滑－，日本臨床バイオメカニクス学会誌，21，pp.17～22（2000）
17) 村上輝夫：人工関節のトライボロジー，トライボロジスト，45，2，pp.112～118（2000）
18) J. Charnley：Low Friction Arthroplasty of the Hip, Springer-Verlag（1979）
19) 大西啓靖，ほか 6 名：crosslink polyethylene の基礎，関節外科，22，5，pp.45～53（2003）
20) 前澤伯彦，上里尚美，片山國昭，笹田　直：ポリエチレン骨頭摺動面の観察－ THA 20 年後

の10症例について一，日本人工関節学会誌，28，pp.151〜152（1998）
21) M. Oka, T. Noguchi, P. Kumar, K. Ikeuchi, T. Yamamuro, S. H. Hyon & Y. Ikada：Development of an Artificial Articular Cartilage, Clin. Mater., 6, pp.361〜381（1990）
22) T. Murakami, Y. Sawae, H. Higaki, N. Ohtsuki and S. Moriyama：The Adaptive Multimode Lubrication in Knee Prostheses with Artificial Cartilage during Walking, Elastohydrodynamics-'96, ed. by D. Dowson et al., Elsevier, pp.371〜382（1997）
23) 舟久保熙康，初山泰弘：福祉工学，産業図書（1995）
24) 福祉養成講座編集委員会：介護福祉士養成講座，老人福祉論，中央法規（1997）
25) 福祉養成講座編集委員会：介護福祉士養成講座，障害者福祉論，中央法規（1997）
26) 内閣府：平成15年版障害者白書，国立印刷局（2003）
27) 吉川恒夫：ロボット制御基礎論，コロナ社（1998）
28) 日本機械学会編：バイオメカニクス数値シミュレーション，コロナ社（1999）
29) C. H. Turner, M. R. Forwood, J. Y. Rho and T. Yoshikawa：Mechanical loading thresholds for lamellar and woven bone formation, J. Bone Miner. Res. 9, pp.87〜97（1994）
30) V. H. Frankel and M. Nordin：Basic biomechanics of the skeletal system, Lea & Febiger, Philadelphia（1980）
31) 川井忠彦，竹内則雄：離散化極限解析プログラミング，培風館（1990）
32) A. C. Swann and B. B. Seedhom：The stiffness of normal articular cartilage and the predominant acting stress levels：implications for the aetiology of osteoarthrosis, Br. J. Rheum. 32, pp.16〜25（1993）
33) F. R. Noyes：Functional properties of knee ligaments and alterations induced by immobilization, Clin. Orthop. 123, pp.210〜242（1977）
34) K. J. Koval（Ed.）：Orthopaedic Knowledge Update 7, AAOS（2002）
35) 三浦裕正，福岡真二，窪田秀明，杉岡洋一，津村　弘：キーンベック病に対する橈骨楔状骨切り術についての生体力学的再考，日本手の外科学会雑誌13，5，pp.1011〜1015（1997）
36) T. Moro-oka, H. Miura, T. Mawatari, T. Kawano, Y. Nakanishi, H. Higaki and Y. Iwamoto：Mixture of hyaluronic acid and phospholipid prevents adhesion formation on the injured flexor tendon in rabbits, J. Orthop. Res. 18, 5, pp.835〜840（2000）
37) H. Miura, H. Higaki, Y. Nakanishi, T. Mawatari, T. Moro-oka, T. Murakami and Y. Iwamoto：Prediction of total knee polyethylene wear using the wear index, J. Arthroplasty 17, 6, pp.760〜766（2002）
38) S. A. Banks and W. A. Hodge：Accurate measurement of three-dimensional knee replacement kinematics using single-plane fluoroscopy, IEEE Trans. Biomed. Eng, 43, pp.638〜649（1996）
39) D. A. Dennis, R. D. Komistek, C. E. Colwell Jr, C. S. Ranawat, R. D. Scott, T. S. Thornhill and M. A. Lapp：In vivo anteroposterior femorotibial translation of total knee arthroplasty：a multicenter analysis, Clin. Orthop. 356, pp.47〜57（1998）
40) T. Albrektsson and G. A. Zarb：The Branemark Osseointegrated Implant, Quintessence Publishing（1989）
41) 保志美砂子，松下恭之，木原優文，古谷野　潔：インプラント破折に関する生体力学的検討，日本口腔インプラント誌，15(2)，pp.8〜14（2002）

42) M. Tokuhisa, Y. Matsushita and K. Koyano：In Vitro Study of a Mandibular Implant Overdenture Retained with Ball, Magnet, or Bar Attachments：Comparison of Load Transfer and Denture Stability, Int J Prosthodont, 16(2), pp.128〜134 (2003)

[4 章]

1) 都甲　潔：味覚を科学する，角川書店（2002）
2) 都甲　潔：旨いメシには理由がある，角川書店（2001）
3) 都甲　潔編著：感性バイオセンサ，朝倉書店（2001）
4) K. Toko：Biomimetic Sensor Technology, Cambridge University Press (2000)
5) 都甲　潔：感性の起源，中央公論新社（2005）
6) K. Hayashi, T. Yamanaka, K. Toko and K. Yamafuji：Multichannel taste sensor using lipid membranes, Sens. Actuators, B 2, pp.205〜213 (1990)
7) K. Toko：A taste sensor, Meas. Sci. and Tech., 9, pp.1919〜1936 (1998)
8) K. Toko and T. Nagamori：Quantitative expression of mixed taste of amino acids using multichannel taste sensor, Trans. IEE Japan, 119-E, pp.528〜531 (1999)
9) 駒井　寛，谷口　晃，都甲　潔：味センサによるブドウ果汁の劣化評価の検討，電気学会資料，CS-98-62，pp.81〜86（1998）
10) 都甲　潔：味と匂いセンサからみた関西・日本文化，信学誌，86, pp.752〜759（2003）
11) K. Toko：Measurement of taste and smell using biomimetic sensor, Tech. Digest 17 th IEEE Int. Conf. MEMS, pp.201〜207 (Jan. 2004)
12) 前田瑞夫：バイオ材料の基礎，岩波講座現代工学の基礎，岩波書店（2000）
13) 石原一彦，畑中研一，山岡哲二，大矢裕一：バイオマテリアルサイエンス，東京化学同人（2003）
14) 堀池靖浩，片岡一則編：バイオナノテクノロジー，ナノテクノロジー基礎シリーズ，オーム社（2003）
15) 日本化学会編：糖鎖，バイオマテリアル，分子認識，バイオインフォマティクス，先端化学シリーズ，丸善（2003）
16) K. Suzuki, Y. Okumura, T. Sato and J. Sunamoto：Membrane protein transfer from human erythrocyte ghosts to liposomes containing an artificial boundary lipid, Proc. Jpn. Acad. Ser. B, 71 B, 93 (1995)
17) J. Moellerfeld, W. Prass, H. Ringsdorf, H. Hamasaki and J. Sunamoto, Improved stability of black lipid membranes by coating with polysaccharide derivatives bearing hydrophobic anchor group, Biochim. Biophys. Acta, 857, 265 (1986)
18) K. Kataoka, H. Togawa, A. Harada, K. Yasugi, T. Matsumoto and S. Katayose：Spontaneous formation of polyion complex micelles with narrow distribution from antisense oligonucleotide and cationic block copolymer in physiological saline, Macromolecules 29, pp.8556〜8557 (1996)
19) S. V. Vinogradov, T. K. Bronich and A. V. Kabanov：Self-assembly of polyamine-poly (ethylene glycol) copolymers with phosphorothioate oligonucleotides, Bioconjug. Chem. 9, pp.805〜812 (1998)
20) X. Qiu and C. Wu：Study of the core-shell nanoparticle formed through the "coil-to-

globule" transition of poly（N-isopropylacrylamide）grafted with poly（ethylene oxide），Macromolecules 30, pp.7921〜7926（1997）

21) 原田敦史，片岡一則：ウイルス構造に啓発されたドラッグターゲティング用デバイスの創製，蛋白質核酸酵素，45，pp.1265〜1272，共立出版（2000）

22) H. Maeda and Y. Matsumura：Tumoritropic and lymphotropic principles of macromolecular drug, Criti. Rev. Ther. Drug. Carr. Syst., 6, pp.193〜210（1989）

23) T. Uwatoku, H. Shimokawa, K. Abe, Y. Matsumoto, T. Hattori, K. Oi, T. Matsuda, K. Kataoka and A. Takeshita：Application of nanoparticle technology for the prevention of restenosis after balloon injury in rats, Circ. Res. 92, pp.e 62〜e 69（2003）

24) M. H. Falk and R. D. Issels：Hyperthermia in oncology, Int. J. Hypertherm. 17, pp.1〜18（2001）

25) M. Heskins：Solution properties of poly（N-isopropylacrylamide）, J. Macromol. Sci. Chem. A 2, pp.1441〜1455（1968）

26) S. H. Pun and M. E. Davis：Development of the nonviral gene delivery vehicle for systemic application, Bioconjugate Chem. 13, pp.630〜639（2002）

27) H. E. Hofland, C. Mason, S. Iginla, I. Osentinsky, J. A. Reddy, C. P. Leamon, D. Scherman, M. Bessodes and P Wils：Folate-targeted gene transfer in vivo, Mol. Ther. 5, pp.739〜744（2002）

28) J. Gagnebin, M. Brunori, M. Otter, L. Juillerat-Jeanneret, P. Monnier and R. Iggo：A photosensitizing adenovirus for photodynamic therapy, Gene Ther. 6, pp.1742〜1750（1999）

29) Y. Katayama, T. Sonoda and M. Maeda：A Polymer Micelle responding to the Protein Kinase A Signal, Macromolecules, 34, pp.8569〜8573（2001）

30) X. Lin：Construction of new retroviral producer cells from adenoviral an retroviral vector, Gene Ther., 5, pp.1251〜1258（1998）

31) H. Miyoshi, M. Takahashi, F. H. Gage and I. M. Verma：Stable and efficient gene transfer into the retina using an HIV-based lentiviral vector, Proc. Natl. Acad. Sci. USA, 94, pp. 10319〜10323（1997）

32) J. D. Harris and N. R. Lemoine：Strategies for targeted gene therapy, Trends Genet, 12, pp.400〜404（1996）

33) S. F. Alio：Long term expression of the human alfa 1 antitrypson gene in mice employing anionic and cationic liposome vector, Biochem. Pharmacol. 54, pp.9〜13（1997）

34) O. Boussif, F. Lezoualc'h, M. A. Zanta, M. D. Mergny, D. Sherman, B. Demeneix and J. P. Behr：A versatile vector for gene and oligonucleotide transfer into cells in culture and in vivo：polyethyleneimine, Proc. Natl. Acad. Sci. USA, 92, pp.7297〜7301（1995）

35) M. Yokoyama：Gene delivery using temperature-responsive polymeric carriers, Drug Discovery Today, 7, pp.426〜432（2002）

36) Y. Katayama, K. Fujii, E. Ito, S. Sakakihara, T. Sonoda, M. Murata and M. Maeda：Intracellular signal-responsive artificial gene regulation for novel gene delivery, Biomacromolecules 3, pp.905〜909（2002）

[5章]

1) 高原　淳：高分子材料，岩波現代工学の基礎 6，2，3，4，7章，岩波書店（2000）
2) 前田瑞夫：バイオ材料の基礎，岩波現代工学の基礎 3，4，5，6章，岩波書店（2000）
3) 日本エム・イー学会編，中林宣男，石原一彦，岩﨑泰彦：バイオマテリアル，ME 教科書シリーズ E-1，コロナ社（1999）
4) 石原一彦，山岡哲二，畑中研一，大矢裕一：バイオマテリアルサイエンス，東京化学同人（2003）
5) B. D. Ratner, A. S. Hoffman, F. J. Schoen, J. E. Lemons and B. Ratner：Biomaterials Science：An Introduction to Materials in Medicine, 2nd. Ed., Academic, (2004)
6) 近澤正敏，田嶋和夫：界面化学，丸善（2001）
7) 高原　淳，梶山千里：材料表面・界面の構造解析及び分子運動解析，新高分子実験学第 10 巻，高分子の物性（3），高分子学会編，共立出版，p.3（1995）
8) J. D. Andrade, N. King, D. E. Gregonis, J. Polym. Sci., Polym. Symp., 66, 313, 488 (1979)
9) 日本接着学会編：表面解析・改質の化学，日刊工業新聞（2003）
10) 表面科学会編：表面分析図鑑，共立出版（1994）
11) B. D. Ratner, A. S. Hoffman, F. J. Schoen, J. E. Lemons：Biomaterials Science：An Introduction to Materials in Medicine, 2nd. Ed., Academic Press (2004)
12) A. Takahara, K. Takahashi, T. Kajiyama, J. Biomater. Sci., Polym. Ed., 5, 183 (1993)
13) 岡野光夫，松方美樹：高分子ゲルの機能化，3，VI，p.77，シーエムシー（1999）
14) 日本生体医工学会編：バイオマテリアル，p.78，コロナ社（1999）
15) 角田方衛，筏　義人，立石哲也：金属系バイオマテリアルの基礎と応用，アイピーシー（2000）
16) 長谷川二郎，福井壽男：歯科用貴金属の現状と期待，まてりあ，37，10，pp.827〜833（1998）
17) 宮崎修一，佐久間俊雄，渋谷壽一：形状記憶合金の特性と応用展開，シーエムシー（2001）
18) 塙　隆夫：金属系バイオマテリアルの表面，表面，39，12，pp.504〜511（2001）
19) F. B. Pickering：The Metallurgical Evolution of Stainless Steels, American Society for Metals and The Metals Society (1979)
20) H. Schneider：Investment Casting of High-hot-strength 12-per-cent Chromium Steel, Foundry Trade Journal, 108, pp.562〜563 (1960)
21) T. Tsuchiyama, H. Ito, K. Kataoka and S. Takaki：Fabrication of Ultrahigh Nitrogen Austenitic Steels by Nitrogen Absorption into Solid Solution, Metallurgical and Materials Transactions A, 34 A, pp.2591〜2599 (Nov. 2003)
22) D. T. Llewellyn and R. C. Hudd：STEELS, Third Edition, Butterworth-Heinemann (1998)
23) セイコーインスツルメンツ株式会社技術資料（1996）
24) 千葉昌彦：Ni フリーコバルトクロム合金-腐食と摩耗に強い材料，日本鉄鋼協会異業種交流セミナー「材料と機能シリーズ」人体に優しい金属材料　配布資料（2003）
25) 新家光雄：最近の生体用チタン合金の研究・開発動向，電気製鋼，73，2，pp.113〜120（2002）

26) 森永正彦，湯川夏夫，足立裕彦：チタン合金の電子構造と相安定性，鉄と鋼，72，6，pp.555～562（1986）
27) 黒田大介，新家光雄，福井壽男，森永正彦，鈴木昭弘，長谷川二郎：新しい生体用β型チタン合金の設計とその機械的性質，鉄と鋼，86，9，pp.602～609（2000）
28) 塙　隆夫，浅岡憲三：イオン工学技術による生体用金属材料の表面改質，生体材料，15，5，pp.249～258（1997）
29) 野良　享，長沼勝義，亀山哲也：超塑性を利用した生体用アパタイトとTi合金の接合：まてりあ，37，10，pp.856～862（1998）
30) 日根文男：腐食工学の概要，化学同人（1977）
31) 日本材料学会編：疲労設計便覧，養賢堂（1995）
32) K. Komai：Comprehensive Structural Integrity，**4**，p.350，Elsevier，（2003）
33) 日本材料学会：材料強度学，p.196（2000）
34) 江原隆一郎：タービン動翼材13Crステンレス鋼の腐食疲れ挙動，三菱重工技報，15～3，p.310（1978）
35) 日本機械学会編：生体材料学，p.200，オーム社（1993）
36) 池田ほか：歯科用インプラントの強度に及ぼすアバットメント結合様式の影響，日本機械学会九州支部講演論文集，No.048-1，pp.23～24（2004）
37) R. B. Waterhouse：Fretting fatigue，p.107，Applied Science Publishers（1981）
38) 文献37のp.24
39) Y. Mutoh：Mechanisms of fretting fatigue，JSME International Journal, Ser. A，38，pp.405～415（1995）
40) 永田晃則ほか：フレッティング疲労に及ぼす相対すべりの影響，日本機械学会講演論文集，No.930-71，pp.131～132（1993）
41) 西岡邦夫，平川賢爾：フレッチング疲労，材料，18，pp.669～678（1969）
42) 西岡邦夫，小松英雄：軸圧入部の疲れ強さ向上に関する研究，機論第1部，33，pp.503～511（1967）
43) H. Monma and T. Kanazawa：The hydration of α-tricalcium phosphate, Yogyo-Kyokai-Shi, 84(4), pp.209～312（1976）
44) M. Neo, T. Nakamura, C. Ohtsuki, T. Kokubo and T. Yamamuro：Apatite formation on three kinds of bioactive material at an early stage in vivo：a comparative study by transmission electron microscopy. J. Biomed Mater Res, 27(8), pp.999～1006（1993）

［6章］

1) JR Morgan, ML Yarmush：Tissue Engineering Method and Protocols, Humana Press（1998）
2) BD. Ratner, AS. Hoffman, FJ. Schoen, JE. Lemons：Biomaterials Science, An Introduction to Materials in Medicine Academic Press（1996）
3) 生体力学場に感応する骨格基材の加工技術と再生医療，日本再生医療学会雑誌，Vol.4，No.1：15～25（2005）
4) J. J. Abel, L. G. Rowntree and B. B. Turner：On the removal of diffusible substances from the circulating blood of living animals by dialysis, J. Pharmacol. Exp. Ther. 5, pp.275～

316 (1914)

5) J. E. Kiley, H. F. Welch, J. C. Pender and C. S. Welch：Removal of blood ammonia by hemodialysis, Proc. Soc. Exp. Biol. Med., 91, pp.489～490 (1956)

6) 平澤博之，菅井桂雄，大竹善雄，織田成人，中西和寿也，北村伸哉，松田兼一，渡邊統一，上野博一，疋田　聡：持続的血漿交換（CPE）および持続的血液濾過透析（CHDF）併用による人工肝補助療法（ALS）の検討，人工臓器，23，S-8 (1994)

7) 川村明夫：肝性昏睡も血液浄化で覚醒，Clin. Eng. 3, pp.170～177 (1992)

8) M. Yoshiba, K. Inoue, K. Sekiyama and I. Koh：Favorable Effect of new artificial liver support on survival of Patients with fulminant hepatic failure, Artif. Organs, 20, 11, pp. 1169～1172 (1996)

9) N. L. Sussman, G. T. Gislason, C. A. Conlin and J. H. Kelly：The hepatix extracorporeal liver assist device；Initial clinical experience, Artif. Organs 18, pp.390～396 (1994)

10) W. Schonfeld, P. Maguire, E. Scott, K. Libby and M. Brod,：The cost effectiveness of an extra-corporeal liver assist device as a bridge to transplant for patients with fulminant hepatic failure, Hepatology, 34, 190 A (2001)

11) S. C. Chen, C. Mullon, E. Kahaku, F. Watanabe, W. Hewitt, S. Eguchi, Y. Middleton, N. Arkadopoulos, J. Rozga, B. Solomon and A. A. Demetriou：Treatment of severe liver failure with a bioartificial liver, Ann. NY Acad. Sci. 831, pp.350～360 (1997)

12) A. C. Stevens, A. A. Demetoriou et al.,：An interim analysis of a phase II/III prospective randomized, multicenter, controlled trial of the HepatAssist bioartificial liver support system for the treatment of fulminant hepatic failure, Hepatology, 34, 299 A (2001)

13) S. L. Nyberg, R. A. Shatford, M. V. Peshwa, J. G. White, F. B. Cerra and W. S. Hu：Evaluation of a hepatocyte-entrapment hollow fiber bioreactor：a potential bioartificial liver, Biotechnol. Bioeng. 41, pp.194～203 (1992)

14) 仲　成幸，竹下和良，柿原直樹，山本拓実，鈴木雅之，谷　徹，石橋治昭，小玉正智：コラーゲンゲル包埋ブタ肝細胞を用いた人工肝補助システムの検討，人工臓器，28，pp.68～73 (1999)

15) H. Iwata, T. Sajiki, H. Maeda, Y. C. Park, B. Zhu, S. Satoh, T. Uesugi, Y. Ikai, Y. Yamaoka and Y. Ikada：In vitro evaluation of metabolic functions of a bioartificial liver, ASAIO J. 45, pp.299～306 (1999)

16) J. C. Gerlach, J. Encke, O. Hole, C. Muller, J. M. Courtney and P. Neuhaus：Hepatocyte culture between three dimensionally arranged biomatrix-coated independent artificial capillary systems and sinusoidal endothelial cell co-culture compartments, Int. J. Artif. Organs, 17, pp.301～306 (1994)

17) I. M. Sauer, K. Zeilinger, N. Obermayer, et al.：Primary human liver cells as source for modular extracorporeal liver support-a preliminary report, Int. J. Artif. Organs 25, pp. 1001～1005 (2002)

18) L. M. Flendrig, F. Calise, E. D. Florio, A. Mancini, A. Ceriello, W. Santaniello, E. Mezza, F Sicoli, G. Belleza, A. Bracco, S. Cozzolino, D. Scala, M. Mazzone and M. Fattore：Significantly improved survival time in pigs with complete liver ischemia treated with a novel bioartificial liver, Int. J. Artif. Organs, 22, pp.701～708 (1999)

19) T. Matsushita, H. Ijima, N. Koide, K. Funatsu : High albumin production by multicellular spheroid of adult rat hepatocytes formed in the pores of polyurethane foam, Appl. Microbiol. Biotechnol. 36, pp.324〜326 (1991)
20) H. Ijima, K. Nakazawa, S. Koyama, et al. : Conditions required for a hybrid artificial liver support system using a PUF/hepatocyte-spheroid packed-bed module and it's use in dogs with liver failure, Int. J. Artif. Organs 23, pp.446〜453 (2000)
21) K. Nakazawa, H. Ijima, J. Fukuda, et al. : Development of a hybrid artificial liver using polyurethane foam/hepatocyte spheroid culture in a preclinical pig experiment, Int. J. Artif. Organs ; 25, pp.51〜60 (2002)
22) K. Funatsu, H. Ijima, K. Nakazawa, Y. Yamashita, M. Shimada and K. Sugimachi : Hybrid artificial liver using hepatocyte organoid culture, Artif. Organs 25, pp.194〜200 (2001)
23) 日本人工臓器学会 HP : http://jsao.bcasj.or.jp/main_about 05.htm
24) K. Funatsu and K. Nakazawa : Novel hybrid artificial liver using hepatocyte organoids, Int. J. Artif. Organs 25, pp.77〜82 (2002)
25) H. Mizumoto and K. Funatsu : Liver Regeneration Using a Hybrid Artificial Liver Support System, Artif. Organs 28, pp.53〜58 (2004)
26) N. A. Theodorou, H. Vrbova, M. Tyhurst and S. L. Howell : Problems in the use of polycarbonate diffusion chambers for syngeneic pancreatic islet transplantation in rats, Diabetologia 18, pp.313〜317 (1980)
27) J. Archer, R. Kaye and G. Mutter : Control of streptozotocin diabetes in Chinese hamsters by cultured mouse islet cells without immunosuppression : a preliminary report, J. Surg. Res. 28, pp.77〜85 (1980)
28) F. Lim and A. M. Sun : Microencapsulated islets as bioartificial endocrine pancreas, Science 210, pp.908〜910 (1980)
29) 荒木義正，梶山静夫，北川良裕，中野幸治，金綱隆弘，近藤元治，W. L. CHICK : Biohybrid Endocrine Pancreas の長期使用の可能性，日本臨床 43, pp.2653〜2659 (1985)
30) C. Patience, Y. Takeuchi and R. A. Weiss : Infection of human cells by an endogenous retrovirus of pigs, Nature Med. 3, pp.282〜286 (1997)
31) 立花　隆：人体再生，中央公論新社 (2003)
32) 筏　義人編：再生医工学，化学同人 (2001)
33) 立石哲也編著：メディカルエンジニアリング，米田出版 (2000)
34) 立石哲也：再生医工学をめぐる最近の動向，人工臓器，31-1, pp.17〜22 (2002)
35) 立石哲也，田中順三編著：図解　再生医療工学，工業調査会 (2004)

索　　　引

【あ】

悪性腫瘍　53
アクティブターゲティング　128
アクリルアミド　142
味応答　105
味・におい認識チップ　113
味を測る　112
アタッチメント　99
圧迫骨折　83
アデニン　117
アデノウイルス　130
アデノ随伴ウイルス　130
アパタイトセメント　190
アパタイト-ワラストナイト
　ガラス　182
アバットメント　95, 99
アバットメントスクリュー　175
アパトー　185
アポトーシス　53
アミノ酸　107, 115
アライメント　89
アルカリ性ホスファターゼ　121
アルミナ　181

【い】

イオンポンプ　184
異所性（筋肉や脂肪など，母床骨
　がない部位）　182
一塩基多型　121
遺伝コード　117
遺伝子　116
遺伝子診断法　121
遺伝子送達　129
遺伝子マーカー　212
異物巨細胞性の吸収　182
イメージマッチング法　93
医用高分子材料　134, 137
インスリン依存型　208
インスリン非依存型　208
インピーダンスMRI　48
インプラント材料　157
インプラント支持オーバー
　デンチャー　95
インプラント破折　97

【う】

ウイルス粒子　129
ウラシル　117
運動学　77

【え】

エコープラナーイメージング
　EPI　47
エプスタインバーウイルス感染　57
エライザ法　121
エラストマー　139
塩基対　117
遠心性収縮　87
延性　162

【お】

オイラー角　17, 75
オイラーの運動方程式　26
応力緩和　85
応力-ひずみ曲線　87
応力腐食割れ　171
オキシヘモグロビン　47
押上げ潤滑　66
オステオン　83
オーステナイト安定化元素　161
オーステナイト系　159
オッセオインティグレーション　96
オフセットローディング　98
オルガノイド　207
温点と冷点　34
温度　33
温度応答　39
温度受容器　34
温度ストレス　41
温熱療法　35

【か】

海水の十大元素　184
回転順序依存性　18
回転順序独立性　19
解平面　12
解剖学的デザイン　71
海綿骨　83
香り水　112
化学センサ　103
架橋　141
架橋処理UHMWPE　71
核　51
核酸　115
加工硬化　165
加工誘起マルテンサイト変態　165
過酷度　92
下肢運動療法機器　81
荷重-変形曲線　86
仮想仕事の原理　77
肩関節　20
カチオン性高分子　131
滑車　87
滑膜関節　64
加熱凝固療法　35
カプセル型内視鏡　123
粥状動脈硬化　32
ガラス状態　136, 137
ガラス転移温度　137
ガラス軟骨　65
カルシウム　183
がん　58
肝移植　202
感温性ポリマー　199
管状ハイブリッド血管組織体　200
肝小葉類似構造体　208
感性　104
感性バイオセンサ　106
関節　8
関節液　64
関節拘縮　91
関節座標系　19
関節軟骨　64, 84
関節反力　85
関節リウマチ　87
完全機械型人工膵臓　209
感熱性高分子　127

感熱性高分子ゲル	142	血液検査	114	骨形成	184
緩慢冷却	41	血液浄化療法	203	骨結合性	182
		血液適合性	137, 153	骨細胞	5, 83
【き】		血液透析装置	201	骨セメント	190
機械的ストレス	41	血液レオロジー	28	骨体積密度	89
規格化パターン	108	血管	24	骨置換材	187
器官様細胞組織体	207	血管内皮細胞	31	骨伝導性	181
擬似回旋	20	血管壁	27	骨融解	64
拮抗筋	87	結合性組織	182	骨誘導性	182
機能的MRI	47	血漿	30	骨誘導タンパク	182
逆問題	47	結晶化ガラス	187	骨様アパタイト	187
客観的量	103	血漿交換療法	203	骨リモデリング	84
嗅覚	103	結晶構造	158	骨梁間隙	89
球状オルガノイド	207	結晶状態	136	骨梁構造	5
求心性収縮	87	結晶性高分子材料	136	骨梁数	89
急速冷却	41	血漿分離器	203	骨梁幅	89
吸着膜	66	血栓	31, 154	コドン	117
境界潤滑性	92	血流	24	コバルトクロム合金	163
境界潤滑説	66	血流によるせん断応力	31	ゴム状態	137
橋義歯	94	ゲノム	210	固溶強化	164
凝固性	31	ゲル	141	コラーゲン線維	65, 83, 84
共収縮	87	ゲル膜	68	コレステロール	30
強度	162	腱	87	根管充てん	189
局所的磁気刺激法	44			混合潤滑	68
筋	87	**【こ】**		コントロールドリリースシステム	128
筋・骨格系	4	恒温動物	33		
筋骨格系	8	光学異性体	115	**【さ】**	
金コロイド	122	抗凝固性	31		
金属疲労	98	合金設計	157	再構築	1
筋電図	8	高サイクル疲労強度	176	再生医工学	63, 192
金ナノ粒子	122	恒常性	1	再生医療	7, 145, 192
筋肉	86	孔食指数	163	最大応力限界値	15
キーンベック病	90	酵素加水分解	143	最適化問題	13
		酵素センサ	103	最適設計法	2
【く】		酵素免疫測定法	120	サイトカイン	192
グアニン	117	剛体ばねモデル	85	細胞	3
屈伸	19	合着	189	細胞外環境設計	192
グラスアイオノマーセメント	190	高電圧紡糸	195	細胞外基質	84
グラフト型コポリマー	126	高分子	134	細胞外マトリックス	192
クリープ	85	高分子材料	134	細胞外マトリックス高速スクリーニング機器	214
クロム	161	高分子繊維	139	細胞死	52
		高分子ミセル	126	細胞質	51
【け】		五感	103	細胞シート工学	199
経頭蓋的磁気刺激TMS	43	五感情報通信	114	細胞診	51
経壁的内皮化	195	呼吸器系	24	細胞増殖	52
外科病理	50	ココア	177	細胞内シグナル応答型材料	128
血圧	27	骨	185	細胞内凍結	41
血圧による垂直応力	31	骨格基材	192	細胞の生存率	42
血液吸着療法	203	骨芽細胞	5, 83, 184	細胞の微細構造	51
血液凝固	153	骨・関節の10年	93	細胞膜	155
		骨吸収	184		

索引		
最密六方構造	158	
材料工学	192	
作業療法士	73	
酸化亜鉛ユージノールセメント	190	
暫間充てん	189	
三次元培養肝細胞	205	

【し】

シェフラーの組織図	161	
磁界配向	48	
歯科インプラント	94, 174	
視覚	103	
歯科用陶材	189	
磁気共鳴イメージング MRI	43	
刺激応答性高分子型キャリヤー	131	
時効処理	165	
歯根膜	96	
脂質/高分子ブレンド膜	104	
脂質沈着	32	
脂質二分子膜	125	
ジスマン	147	
磁性ナノ粒子	123	
実験病理学	50	
質量保存の法則	26	
シトシン	117	
歯肉貫通部	99	
磁場配向技術	43	
ジパルミトイルフォスファチジルコリン	68	
車輪型移動ロボット	79	
主観的量	103	
種子骨	83	
主働筋	87	
腫瘍	53	
ジュール・トムソン効果	36	
潤滑	64	
潤滑性	185	
循環器系	24	
障害	74	
障害反応仮説	32	
消化器系	24	
焼結	185	
上部構造	95	
静脈	26	
食事支援アーム	81	
食譜	114	
触覚	103	
徐放	126	
シリコーン	154	

自律性体温調節	34	
ジルコニア	181	
真応力-真歪み曲線	163	
心筋細胞	218	
神経幹細胞	213	
人工遺伝子キャリヤー	130	
人工関節	6	
人工関節置換	64	
人工関節の緩み	6	
人工肝臓	202	
人工股関節	64, 181	
人工骨頭	64	
人工細胞外マトリックス	213	
人工歯根	94	
人工脂質膜	104	
人工心臓	6, 202	
人工膵臓	208	
人工臓器	138, 201	
人工軟骨	72	
人工膝関節	64, 87, 88	
心磁図	46	
滲出潤滑	66	
親水性	147	
靭性	162	
心臓弁	189	
靭帯	86	
身体運動	8	
靭帯バランス	89	
人体病理学	50	
心的回転課題	46	
浸透圧	41	
浸透圧ストレス	41	
ジンバル機構	20	
ジンバルロック	21	

【す】

ステルス性	126	
ステンレス鋼	159	
ストライベック曲線	67	
スフェロイド	207	

【せ】

生化学検査	115	
制御放出システム	143	
成型・加工技術	193	
整形外科バイオメカニクス	82	
成形歯冠修復材	190	
生検	50	
生体医工学	1	
生体外細胞操作	192	
生体活性材料	170	

生体活性セラミックス	181	
生体機能設計	62	
生体規範設計	63	
生体吸収性セラミックス	181	
生体工学	1	
生体高分子	115	
生体材料	157	
生体情報学	43	
生体セラミックス材料	180	
生体組織工学	211	
成体多能性幹細胞	212	
生体適合性	2, 62, 157	
生体内環境設計	63	
生体不活性セラミックス	181	
生体模倣技術	63	
生体模倣的	2	
生体力学場	192	
生物学的人工肝臓	203	
生分解性高分子	143	
正方晶系	181	
生命の根本原理	116	
生理学的断面積	11	
生理活性タンパク質	192	
セグメント化ポリウレタン	141	
赤血球	30	
石膏	182, 188	
接触角	146	
接着	189	
セメント	189	
セメントタイプ	69	
セメントレスタイプ	69	
セラミックス	70	
せん断粘稠化	30	
せん断流動化	30	
セントラルドグマ	116	
腺房細胞	208	

【そ】

相互作用	107	
相転移	181	
相平衡	40	
相変態	159	
相補性	117	
組織幹細胞	217	
組織工学	192	
組織制御	157	
疎水性	147	
速筋	87	

【た】

体温調節	33	

対向流熱交換系	35	テーラメード	201	熱分解炭素	189
耐酸化性	163	テーラメード医療	121, 210	粘性	28
代謝率	34	電気泳動型チップ	122	粘弾性	136
体循環	24	転写	116		
耐食性	159, 163	電流分布 MRI	47	【の】	
体心立方	158			脳磁気科学	43
ダイナミックミキシング	171	【と】		脳磁図計測 MEG	43
耐摩耗性	163	凍害防御剤	40	脳低温療法	36
ダイラタンシー	30	凍結手術	36	伸び	162
ターゲッティングシステム	143	橈骨楔状骨切り術	90		
多モード適応潤滑	69	等尺性収縮	87	【は】	
単位胞	158	動態解析	93	歯	185
短骨	83	糖タンパク複合体	68	バーアタッチメント	99
炭酸アパタイト	182	等張性収縮	87	バイオエンジニアリング	1
炭酸アパタイト（炭酸基を		糖尿病	208	バイオガラス	182
含有するアパタイト）	186	動脈	25	バイオセラミックス	180
炭酸カルシウム	182	動脈硬化症	28	バイオセンサ	103
炭酸基	185	トライボロジー	71	バイオテクノロジー	1
単斜晶系	181	ドラッグターゲティング	124	バイオマグネティクス	43
弾性	26	ドラッグデリバリーシステム		バイオミメティクス	63
弾性流体潤滑	66		124, 142	バイオミメティック	2
炭素	161	貪食細胞	125	バイオメカニクス	1, 8, 82
単層培養法	204			肺磁図	46
担体	7	【な】		肺循環	25
タンパク質	115	内外旋	19	胚性幹細胞	7, 210, 217
タンパク質の一次構造	116	内外反	19	ハイドロキシアパタイト	83, 182
		内皮細胞	26	ハイパーサーミア	35
【ち】		内部恒常性	33	ハイブリダイゼーション	119
遅筋	87	ナトリウム	183	ハイブリッド型人工肝臓	203
チクソトロピー	30	ナノ診断	114	ハイブリッド型人工膵臓	209
チタン	166	ナノテクノロジー	115	ハイブリッド人工骨	214
チタン合金	166	ナノ分子複合体	124	培養肝細胞	203
窒素	163	ナノ粒子	124	培養軟骨	215
チミン	117	ナノ粒子診断	122	ハウシップ窩	186
聴覚	103	軟骨再生	72	破骨細胞	5, 83, 184
長管骨	83	軟骨細胞	65, 84	破骨細胞性の吸収	182
超合金	165			白血球	31
超高分子量ポリエチレン	64	【に】		発現効率	131
超高齢化社会	2	二次関節液	70	パッシブターゲティング	127
超弾性	168	二重らせんの形成	119	波動方程式	27
貯蔵弾性率	136	二相性理論	65	パラメータ多項式	10
直交座標系	9	ニッケル	161	パワーアシスト型電動車椅子	80
		ニッケルアレルギー	163	半導体ナノ粒子	123
【て】		ニッケルフリーステンレス鋼			
低温保存	40		160	【ひ】	
テイストマップ	110	ニュートン・オイラー法	78	肥厚	32
低体温法	36	ニュートンの粘性法則	29	光造形	197
低密度リポタンパク質	30			非酵素加水分解	143
デオキシヘモグロビン	47	【ね】		膝関節	19, 86
テフロン	154	熱処理	159	肘関節	8, 10
デラミネーション	64	熱物性値	39	皮質骨	83

非晶性高分子材料	136, 137	ヘマトキシリン・エオジン		ミクロ相分離構造	141
ひずみゲージ	100	染色標本	55	ミクロの決死圏	123
非生物学的人工肝臓	203	ヘマトクリット値	30	ミクロブラウン運動	139
引張強さ	162	ヘモレオロジー	28	味質	104
ヒトゲノム解析	3	変形性関節症	87	水透過率	41
ヒト成分の十大元素	184	変態	185	脈波	26
ヒドロキシエチルメタクリレート		扁平骨	83	脈波速度	26
	142	【ほ】		ミュータンス菌	186
非ニュートン流体	29	剖検	51	【め】	
標的細胞	131	ポストゲノム研究	133	免疫	118
表面・界面	146	補綴	94	免疫グロブリン	118
表面ゲル水和層	69	骨	185	免疫染色	56
表面自由エネルギー	146	ホメオスタシス	1, 33	面心立方	158
表面ゼータ電位	131	ポリイソプロピルアクリルアミド		【も】	
表面張力	146		142	毛細血管	26
病理解剖	51	ポリウレタン発泡体	207	モーゼ効果	43
病理学	49	ポリエチレングリコールユニット		モノクローナル抗体	118
疲労骨折	84		126	モバイル型人工膝関節	89
【ふ】		ポリカルボキシレートセメント		モバイルデザイン	72
フィクスチャー	95		189	モーメントアーム	79
フィジオーム	210	ポリクローナル抗体	118	【や】	
フィッシャーシーラント	190	ポリジメチルシロキサン	154	薬物カプセル	124
フィブリノーゲン	154	ポリテトラフルオロエチレン		薬物徐放システム	142
フェライト安定化元素	161		154	薬物送達システム	124
福祉工学	73	ポリ乳酸	145	ヤング-デュプレ	147
覆髄	189	ポリビニルアルコール		【ゆ】	
腐食環境	171	ハイドロゲル	72	融液	136
腐食疲労	171	ポリマー	134	有顔ベクトル	21
腐食疲労き裂	172	ボールアタッチメント	100	誘起回転	20
不静定問題	8, 10	翻訳	116	有限要素法	85, 97
フッ化カルシウム	186	【ま】		床義歯	94
浮動軸	19	マイクロCT	89	癒着	91
不動態皮膜	159	マイクロEHL	66	ユニマーミセル	126
不動態被膜	163	マイルドハイパーサーミア	36	緩み	64
部分安定化ジルコニア	181	膜型人工腎臓	201	ゆるみ	87
フルオロアパタイト	186	マグネットアタッチメント	100	【よ】	
フレッティング疲労	176	マクロファージ	30	溶液	136
フレッティング摩耗	176	摩耗	69, 87	溶存酸素濃度	173
ブロック型コポリマー	126	摩耗粉	64, 170, 177	羊膜細胞	213
プロテオグリカン	65, 84	マルチチャネル味覚センサ	104	予防医療	210
プロテオーム	210	マルテンサイト系	159	【ら】	
プロトンスポンジ効果	131	マルテンサイト変態	161	ラグランジュ関数による方法	78
分子生物学的解析	56	満足解	1	ラグランジュ未定乗数法	15
【へ】		【み】		ラテックス凝集反応	119
平滑筋細胞	31	味覚	103	ラ島	208
米国国立衛生研究所	3	見かけの (apparent) あるいは			
ベクター	129	有効な (effective) 熱物性値			
ペプチド	108		40		
ペプチド結合	115				

索引　235

ランゲルハンス島 208	硫酸カルシウム半水和物 188	レジン系セメント 190
乱流 31	流体 24	レトロウイルス 130
【り】	流体潤滑説 66	連結装置 99
理学療法士 73	良性腫瘍 53	連続の式 26
力学的ストレス場に感応する	量論アパタイト 185	【ろ】
構造体 193	臨界表面張力 147	ロボットアーム 75
力学的損失正接 136	リン酸亜鉛セメント 189	ロボットアーム付電動車椅子 81
力学モデル 8	リン脂質 92	ロボティクス 74
裏装 189	リン脂質 Lα-DPPC 68	【わ】
立方晶系 181	臨床バイオメカニクス 62	和周波発生 153
リテイニングスクリュー 99	リンパ球浸潤髄様胃がん 57	
リハビリテーション 73	【れ】	
リポソーム 125, 130	冷間加工 165	
リモデリング 1, 184	レオロジー 28	

【A】

AAm	142
activity of daily living	73
adaptive multimode lubrication	69
adenosine triphosphate	33
ADL	73
Al_2O_3	181
alloy design	157
articular cartilage	64
ATP	33
AW-glass®	182
A タイプ炭酸アパタイト	186

【B】

BCC	158
BECON	3
bioactive ceramics	181
bioactive materials	170
biocompatibility	157
bioengineering	1
bioengineering consortium	3
Bioglass®	182
bioheat equation	37
bioinert ceramics	181
biomagnetics	43
biomaterial	157
biomedical polymer	137
bioresorbable ceramics	181
biphasic theory	65
blood compatibility	137
blood oxygenation level dependent	47

BMP	182
BMU	84
body-centered cubic	158
BOLD 効果	47
Bone and Joint Decade	93
bone morphogenetic protein	182
bone multicellular unit	84
bone volume fraction	89
boosted	66
B-Spline 曲面式	10
BV/TV	89
B タイプ炭酸アパタイト	186

【C】

$Ca_{10-a}(PO_4)_{6-b}(CO_3)_c(OH)_{2-d}$	182
$Ca_{10}(PO_4)_6(OH)_2$	182
$Ca_{10}(PO_4)_6(OH)_{2-x}F_x$	186
$Ca_3(PO_4)_2$	182
$CaCO_3$	182
CAD	194
CaF_2	186
CAM	194
captive bubble 法	149
$CaSO_4 \cdot 0.5H_2O$	188
$CaSO_4 \cdot 2H_2O$	182
cell	3
cell dispense robot	199
Codman のパラドックス	22
compliance matching	194
computer-assisted design	194
computer-assisted manufacturing	194

concentric contraction	87
contact angle	146
Couette の流れ	28
co-contraction	87
Co-Cr-Mo 合金	69
CPA	40
critical surface tension	147
cryoprotective agent	40
cryosurgery	36

【D】

DDS	124, 142
delamination	64, 88
Denavit-Hartenberg の方法	76
dental porcelain	189
D-H. の方法	76
DNA	57, 116
DNA チップ	122
DNA プローブ	119
D-RECS	128
drug delivery responding to cellular signal	128
drug delivery system	142
D 体と L 体	115
d 電子合金設計法	169

【E】

EB	57
eccentric contraction	87
echo planar imaging	47
ECM	192
EGF	217
EHL	66

elastohydrodynamic lubrication 66
electromyogram 8
electro-spinning 195
ELISA 121
ELSP 195
embryo stem cell 7, 217
EMG 8
engineered tissue 201
enhanced permeability and retention 127
epidermal growth factor 217
EPR 効果 127
epstein-barr 57
ES 細胞 7, 210, 217
Euler angles 75
extracellular matrix 192

【F】

fabrication technology 193
face-centered cubic 158
FEM 85
femoral roll backing 86
FCC 158
finite element method 85
fMRI 47
free body diagram 5
functional MRI 47

【G】

gastric carcinoma with lymphoid stroma 57
Gough-Joule 効果 141
gypsum 188

【H】

HCP 158
HE 55
heat treatment 159
HEMA 142
hexagonal close-packed 158
homeostasis 1
hyalin cartilage 65
hyperthermia 35

【I】

implant 157
inverse problem 47
in situ hybridization 法 57
ISH 57

【J】

J-K 膜 91
joint reaction force 85

【K】

kinematics 77

【L】

laser ablation 194
LDL 30
liver lobule-like structure 208
LLS 208
load-deformation curve 87
loosening 6, 64

【M】

magnetic resonance imaging 43
magnetoencephalography 43
mechano-active scaffold 193
mental rotation 46
metaboric rate 34
microcomputed tomography 89
microsoft stamp 法 201
microstructure control 157
Mikuritz 線 4
Mindlin のモデル 177
modification 185
moment arm 79

【N】

NaCl 濃度 173
National Institute of Health 3

【O】

osseointegration 96
osteoblast 184
osteoclast 184
osteoconductivity 181
osteoinduction 182
osteointegration 182
osteolysis 64
OT 73
Owens の方法 148

【P】

PCSA 11
PEG 126
Pennes の生体熱輸送方程式 37
pH 172
phase transformation 159

physiological cross sectional area 11
pitting index 163
PLA 145
PNIPAM 142
PT 73
PUF 207
pulley 87
PVA 72

【Q】

QOL 2, 73
quality of life 2, 73

【R】

rapid prototyping 197
RBSM 85
remodeling 1
rigid body spring model 85
RNA 57, 116

【S】

salt impregnation 法 194
scaffold 7, 192
Schaeffler 161
screw home movement 86
SFG 153
SQUID 45
stereolithography 197
stress-strain curve 87
structural stiffness 83
superalloy 165
superconducting quantum interference device 45
superelasticity 168
surface tension 146
synovial joint 64

【T】

Tb.N 89
Tb.Sp 89
Tb.Th 89
TE 211
thermally induced phase separation 法 194
thermophysical property 39
thermoregulation 33
tissue engineering 211
trabecular number 89
trabecular separation 89
trabecular thickness 89

transcranial magnetic stimulation 43	Wolff の法則 1, 84	$\alpha+\beta$ 型チタン合金 166
transmural endothelialization 195	【Y】	$\alpha\pi\alpha\tau\alpha\omega$ 185
TRIP 効果 165	Young-Dupre の式 147	β 安定化元素 167
【U】	【Z】	β 型チタン合金 166
UHMWPE 64	Zisman プロット 147	β 型リン酸三カルシウム 182
ultra-high molecular weight polyethylene 64	ZrO_2 181	β 細胞 208
unit cell 158	α アルミナ 185	β-シート構造 116
【W】	α 安定化元素 167	β トランザス 169
weeping 66	α 型チタン合金 166	$\beta\to\alpha$ 相変態開始温度 169
	α 細胞 208	γ-グロブリン 68
	α-ヘリックス 116	I 型コラーゲン 83
		8 字コイル 44

―― 編著者略歴 ――

1970年　九州大学工学部機械工学科卒業
1975年　九州大学大学院工学研究科博士課程修了（機械工学専攻）
1978年　工学博士（九州大学）
1988年　九州大学教授
1999年　九州大学大学院教授
　　　　現在に至る

生体工学概論
Bioengineering and Biomedical Engineering

© Teruo Murakami 2006

2006年4月5日　初版第1刷発行

検印省略	編著者	村　上　輝　夫
	発行者	株式会社　コロナ社
	代表者	牛来辰巳
	印刷所	新日本印刷株式会社

112-0011　東京都文京区千石4-46-10
発行所　株式会社　コロナ社
CORONA PUBLISHING CO., LTD.
Tokyo Japan
振替 00140-8-14844・電話(03)3941-3131(代)
ホームページ http://www.coronasha.co.jp

ISBN 4-339-07087-4　　（大井）　　（製本：愛千製本所）
Printed in Japan

無断複写・転載を禁ずる
落丁・乱丁本はお取替えいたします

ME教科書シリーズ

(各巻B5判)

■(社)日本生体医工学会編
■編纂委員長　佐藤俊輔
■編纂委員　稲田　紘・金井　寛・神谷　瞭・北畠　顕・楠岡英雄
　　　　　　戸川達男・鳥脇純一郎・野瀬善明・半田康延

	配本順			頁	定価
A-1	(2回)	生体用センサと計測装置	山越・戸川共著	256	4200円
A-2	(16回)	生体信号処理の基礎	佐藤・吉川・木竜共著	216	3570円
B-1	(3回)	心臓力学とエナジェティクス	菅・高木・後藤・砂川編著	216	3675円
B-2	(4回)	呼吸と代謝	小野功一著	134	2415円
B-3	(10回)	冠循環のバイオメカニクス	梶谷文彦編著	222	3780円
B-4	(11回)	身体運動のバイオメカニクス	石田・廣川・宮崎・阿江・林 共著	218	3570円
B-5	(12回)	心不全のバイオメカニクス	北畠・堀編著	184	3045円
B-6	(13回)	生体細胞・組織のリモデリングのバイオメカニクス	林・安達・宮崎共著	210	3675円
B-7	(14回)	血液のレオロジーと血流	菅原・前田共著	150	2625円
B-8	(20回)	循環系のバイオメカニクス	神谷　瞭編著	204	3675円
C-1	(7回)	生体リズムの動的モデルとその解析 ―MEと非線形力学系―	川上　博編著	170	2835円
C-2	(17回)	感覚情報処理	安井湘三編著	144	2520円
C-3	(18回)	生体リズムとゆらぎ ―モデルが明らかにするもの―	中尾・山本共著	180	3150円
D-1	(6回)	核医学イメージング	楠岡・西村監修 藤林・田口・天野共著	182	2940円
D-2	(8回)	X線イメージング	飯沼・舘野編著	244	3990円
D-3	(9回)	超音波	千原國宏著	174	2835円
D-4	(19回)	画像情報処理(I) ―解析・認識編―	鳥脇純一郎編著 長谷川・清水・平野共著	150	2730円
E-1	(1回)	バイオマテリアル	中林・石原・岩崎共著	192	3045円
E-3	(15回)	人工臓器(II) ―代謝系人工臓器―	酒井清孝編著	200	3360円
F-1	(5回)	生体計測の機器とシステム	岡田正彦編著	238	3990円

以下続刊

A	生体電気計測	山本尚武編著		A	生体用マイクロセンサ	江刺正喜編著
A	生体光計測	清水孝一著		B	肺のバイオメカニクス ―特に呼吸調節の視点から―	川上・西村編著
C	脳磁気とME	上野照剛編著		D-5	画像情報処理(II) ―表示・グラフィックス編―	鳥脇純一郎編著
D-6	MRI・MRS	松田・楠岡編著		E	電子的神経・筋制御と治療	半田康延編著
E	治療工学(I)	橋本・篠原編著		E	治療工学(II)	菊地　眞編著
E	人工臓器(I) ―呼吸・循環系の人工臓器―	井街・仁田編著		E	生体物性	金井　寛著
E	細胞・組織工学と遺伝子	松田武久著		F	地域保険・医療・福祉情報システム	稲田　紘編著
F	臨床工学(CE)とME機器・システムの安全	渡辺　敏編著		F	医学・医療における情報処理とその技術	田中　博著
F	福祉工学	土肥健純編著		F	病院情報システム	石原　謙編著

定価は本体価格+税5%です。
定価は変更されることがありますのでご了承下さい。

図書目録進呈◆

コロナ社創立80周年記念出版　　　　　　　　内容見本進呈

再生医療の基礎シリーズ
―生医学と工学の接点―

（各巻B5判）

■編集幹事　赤池敏宏・浅島　誠
■編集委員　関口清俊・田畑泰彦・仲野　徹

再生医療という前人未踏の学際領域を発展させるためには，いろいろな学問の体系的交流が必要である。こうした背景から，本シリーズは生医学（生物学・医学）と工学の接点を追求し，生医学側から工学側へ語りかけ，そして工学側から生医学側への語りかけを行うことが再生医療の堅実なる発展に寄付すると考え，コロナ社創立80周年記念出版として企画された。

シリーズ構成

配本順			頁	定価
1.（2回）	再生医療のための 発生生物学	浅島　誠編著		近刊
2.	再生医療のための 細胞生物学	関口清俊編著		
3.（1回）	再生医療のための 分子生物学	仲野　徹編	270	4200円
4.	再生医療のための バイオエンジニアリング	赤池敏宏編著		
5.（3回）	再生医療のための バイオマテリアル	田畑泰彦編著		近刊

定価は本体価格+税5％です。
定価は変更されることがありますのでご了承下さい。

図書目録進呈◆